Wladimir Reschetilowski

Technisch-Chemisches Praktikum

T0172238

⟨Ⓦ⟩WILEY-VCH

Wladimir Reschetilowski

Technisch-Chemisches Praktikum

unter Mitwirkung von
Dr. rer. nat. Klaus Iseke
Dr. rer. nat. Klaus Michael
Dr. rer. nat. Andreas Zimmer

Professor Dr. rer. nat. habil. Wladimir Reschetilowski
Lehrstuhl für Technische Chemie
Fakultät für Mathematik und Naturwissenschaften
Technische Universität Dresden
Mommsenstr. 13
D-01069 Dresden

Die Deutsche Bibliothek – CIP-Einheitsaufnahme
Ein Titeldatensatz für diese Publikation ist bei
Der Deutschen Bibliothek erhältlich.

© Wiley-VCH Verlag GmbH, Weinheim, 2002

ISBN 978-3-527-30619-0

Gedruckt auf säurefreiem Papier.

Satz: Mitterweger & Partner, Plankstadt

Inhaltsverzeichnis

Vorwort

Liebe Studentinnen und Studenten,

ein wesentlicher Bestandteil der obligatorischen technisch-chemischen Ausbildung an den Universitäten und Hochschulen ist das Technisch-chemische Praktikum. Das Anliegen dieses Praktikums ist es, Ihnen ausgehend von soliden Grundkenntnissen der Thermodynamik von Phasengleichgewichten und der chemischen Kinetik, die physikalisch-chemischen Grundlagen für die Auslegung von Prozesseinheiten zur mechanischen und thermischen Stofftrennung sowie für prinzipielle Möglichkeiten der Reaktionsführung mit der dazugehörigen Mess- und Regelungstechnik zu vermitteln. Dadurch sollen Sie in die Lage versetzt werden, Ihre experimentellen Fähigkeiten und Ihr bisheriges Wissen auf dem Gebiet der Technischen Chemie oder des Chemieingenieurwesens zu vertiefen, um damit für die Ausarbeitung von technisch-chemischen Verfahren in der chemischen Industrie in Ihrem späteren Berufsleben gerüstet zu sein.

Entsprechend dieser Zielstellung sind die zu behandelnden Praktikumsversuche in drei Komplexen zusammengefasst, in denen mess- und regelungstechnische, verfahrenstechnische und reaktionstechnische Praktikumsaufgaben als technologische Problemstellungen konzipiert sind. Die Versuchskomplexe sind in weitere inhaltliche Abschnitte unterteilt, denen jeweils kurze theoretische Einführungen unter dem einheitlichen Gesichtspunkt der Behandlung von Stoff-, Wärme- und Impulsbilanzen vorangestellt sind. In den Beschreibungen zu den einzelnen Praktikumsversuchen finden Sie weitere theoretische Erläuterungen, die in Verbindung mit dem notwendigen Selbststudium der empfohlenen weiterführenden Literatur Sie befähigen sollen, die gestellten Versuchsaufgaben experimentell-methodisch sowie auswertetechnisch zu bearbeiten. Außerdem enthält das Praktikumsbuch ein unter Berücksichtigung der IUPAC-Empfehlungen erstelltes Symbolverzeichnis, das Ihre Vorbereitung auf die Praktikumsversuche erleichtern soll.

Um Ihnen eine moderne Chemie- und Chemieingenieurausbildung zu ermöglichen, werden viele Praktikumsversuche rechnergestützt durchgeführt. Dadurch wird dem Einfluss der Mikroelektronik und Rechentechnik auf die Technische Chemie, insbesondere bei der online Erfassung, Verarbeitung und Auswertung von Messdaten sowie bei der Prozessregelung und -steuerung Rechnung getragen (s. Kapitel 1). Dieses Kapitel umfasst einige typische mess- und regelungstechnische Praktikumsaufgaben sowie spezielle Messverfahren, die in der industriellen Praxis eine breite Anwendung finden.

Aus bereits gehörten Vorlesungen in Technischer Chemie ist Ihnen bekannt, dass die technische Durchführung chemischer Reaktionen eine Vielzahl von physikalischen und chemischen Prozessstufen einschließt. Für die Wirtschaftlichkeit eines technisch-chemischen Verfahrens ist entscheidend, dass alle Prozessstufen aufeinander optimal abgestimmt sind. Deshalb ist es für Sie auch wichtig zu wissen, welche Verfahren für die Vorbereitung der Ausgangsstoffe und Aufbereitung der Reaktionsprodukte jeweils in Frage kommen, um eine wirtschaftlich optimale Reaktionsführung zu realisieren. Die verfahrenstechnischen Praktikumsaufgaben (s. Kapitel 2) sollen Sie dazu befähigen, mit Hilfe typischer experimenteller Methoden für die Untersuchung von Stofftrennproblemen, die für die Auslegung der Grundoperationen Rektifikation, Extraktion, Adsorption und Absorption benötigten Daten festzulegen sowie technologisch geeignete Prozesseinheiten auszuwählen.

Mit den reaktionstechnisch orientierten Praktikumsaufgaben (s. Kapitel 3) erlernen Sie die bewährten experimentellen Methoden zur Bestimmung kinetischer und thermodynamischer Daten für Flüssigphasen- und heterogen-katalysierte Gasphasenreaktionen sowie zur Ermittlung des Verweilzeitverhaltens chemischer Reaktoren. Das soll Sie dazu befähigen, die Art der Reaktionsführung (kontinuierlich, diskontinuierlich), das Temperaturregime (isotherm, adiabatisch, polytrop), den geeigneten Reaktortyp (Rührkessel, Strömungsrohr) auszuwählen, die Reaktionsbedingungen festzulegen und mit den ermittelten kinetischen Daten den Reaktor für eine vorgegebene Produktionskapazität auszulegen.

Das Praktikumsbuch wurde für Sie von einem erfahrenen Lehrkörper nach den neuesten Gesichtspunkten der technisch-chemischen Ausbildung von Studenten der Chemie und des Chemieingenieurwesens an den Universitäten und Hochschulen entsprechend den Empfehlungen im neu herausgegebenen „Lehrprofil Technische Chemie" des DECHEMA-Unterrichtsausschusses für Technische Chemie erarbeitet. Dabei fanden auch zahlreiche Hinweise und Anregungen vieler Lehrender und Fachkollegen aus der Industrie Berücksichtigung, denen dafür herzlicher Dank gebührt. Ein besonderer Dank gilt allen Mitarbeiterinnen und Mitarbeitern, die sich während ihrer Tätigkeit am Institut für Technische Chemie der Technischen Universität Dresden beim Aufbau der Praktikumsversuche, deren Probelauf und Erstellen von Dokumentationen engagierten: Dr. Andreas Klemt, Dr. Anja Morgenschweis, Dr. Konrad Morgenschweis sowie CI Gabriele Lerche, CI Monika Hartwich und Günter Reichel. Ina Wittig sei für die sorgfältige Fertigstellung des Manuskripts und dem Verlag Wiley-VCH für die allseits fördernde und konstruktive Zusammenarbeit herzlich gedankt.

Alle am Zustandekommen des Praktikumsbuches Beteiligten wünschen Ihnen, liebe Studentinnen und Studenten, viel Erfolg und Freude bei dessen Nutzung im Technisch-chemischen Praktikum, das Ihnen durch seinen Anwendungsbezug eine gute Möglichkeit zum Erwerb der für die berufliche Praxis wichtigen Kenntnisse bietet.

Dresden, im Dezember 2001   *W. Reschetilowski*

Symbolverzeichnis

Symbol	Bedeutung	Gleichung	SI-Einheit
A	Fläche, Querschnittsfläche, Phasengrenz-fläche,		m^2
$A, B, ..., O$	Edukte, Reaktionspartner		
$A_{P,k}$	Ausbeute an einem Reaktionsprodukt P, bezogen auf eine die Reaktion stöchio-metrisch begrenzende Bezugskomponente k	$A_P = \dfrac{n_P - n_{P,0}}{n_{k,0}} \cdot \dfrac{|v_k|}{v_P}$	
A_S	Stoffaustauschfläche		m^2
A_V	auf das Volumen V_R der Reaktionsmasse bezogene spezifische Phasengrenzfläche	$A_V = A/V_R$	$m^2 \, m^{-3}$
$A_{W,V}$	auf das Volumen V_R der Reaktionsmasse bezogene spezifische Wärmeaustausch-fläche	$A_{W,V} = A_W/V_R$	$m^2 \, m^{-3}$
A_W	Wärmeaustauschfläche		m^2
a	Temperaturleitkoeffizient	$\alpha = \lambda/\rho c_p$	$m^2 \, s^{-1}$
a_i	Aktivität der Komponente i		
a_m	Platzbedarf eines adsorbierten Moleküls		m^2
c_i	(Stoffmengen-) Konzentration der Komponente i	$c_i = n_i/V$; $c_i = n_i/V_R$	$mol \, m^{-3}$, $mol \, l^{-1}$
$c_{i,0}$	Konzentration des Stoffes i zu Beginn eines Prozesses (t = 0)		$mol \, m^{-3}$, $mol \, l^{-1}$
c_i^{ein}, c_i^{aus}	Konzentration der Komponente i am Eingang bzw. Ausgang des Bilanz-raumes bei kontinuierlichem Betrieb		$mol \, m^{-3}$, $mol \, l^{-1}$
$c_{i,k}^{ein}$, $c_{i,k}^{aus}$	Konzentration des Stoffes i am Eingang bzw. Ausgang des k-ten Reaktors einer Kaskadenschaltung (k = 1, 2, ..., N)		$mol \, m^{-3}$, $mol \, l^{-1}$
$c_{i,end}$	Endkonzentration der Komponente i bei diskontinuierlichem Betrieb		$mol \, m^{-3}$, $mol \, l^{-1}$

Symbol	Bedeutung	Gleichung	SI-Einheit
c_p	spezifische Wärmekapazität bei konstantem Druck		$J\ kg^{-1}\ K^{-1}$
$C_{p,i}$	molare spezifische Wärmekapazität bei konstantem Druck für den Stoff i		$J\ mol^{-1}\ K^{-1}$
C_S	Strahlungszahl des schwarzen Körpers		$J\ s^{-1}\ m^{-2}$
D	Diffusionskoeffizient		$m^2\ s^{-1}$
D	Durchmesser (vorgegebener Wert)		m
D_{eff}	effektiver Diffusionskoeffizient		$m^2\ s^{-1}$
D_i	molekularer Diffusionskoeffizient der Komponente i		$m^2\ s^{-1}$
D_l	axialer Dispersionskoeffizient		$m^2\ s^{-1}$
D_r	radialer Dispersionskoeffizient		$m^2\ s^{-1}$
DQS	Defektquadratsumme einer Variablen x		$(Einheit\ (x))^2$
d	Durchmesser (Variable, Koordinate)		m
d_P	Partikeldurchmesser		m
E	Elektrodenpotenzial		V
E	Verstärkungsfaktor		
$E(\Theta)$	Wahrscheinlichkeitsdichtefunktion für die reduzierte Verweilzeit $\Theta = t/\tau$	$E(\Theta) = \tau \cdot E(t)$	
$E(t)$	Wahrscheinlichkeitsdichtefunktion für die Verweilzeit t (external age distribution) (Berechnung aus der Impuls-Antwort)	$E(t_i) = c_I(t_i)/\int_0^\infty c_I(t) \cdot dt$	s^{-1}
$E_{A,j}$	Aktivierungsenergie der Reaktion j		$J\ mol^{-1}$
F	Kraft		N
$F(\Theta)$	Verweilzeit-Summenfunktion für die reduzierte Verweilzeit $\Theta = t/\tau$	$F(\Theta) = F(t)$	
$F(t)$	Verweilzeit-Summenfunktion für die Verweilzeit t (= Verteilungsfunktion der Verweilzeit, Sprung-Antwortfunktion)	$F(t_i) = \int_0^{t_i} E(t) \cdot dt$	
$F(x)$	Verteilungsfunktion der Zufallsgröße x	$F(x_i) = \int_0^{x_i} f(x) \cdot dx$	
FQS	Fehlerquadratsumme einer Variablen x		$(Einheit\ (x))^2$
f	Drehzahl		s^{-1}
f	Frequenz, Abtastrate		$Hz,\ s^{-1}$

Symbol	Bedeutung	Gleichung	SI-Einheit
f_i	Fugazität der Komponente i		Pa
$f(x)$	Wahrscheinlichkeitsdichtefunktion der Zufallsgröße x		(Einheit $(x))^{-1}$
$\Delta_R G_T^{\ominus}$	freie Standard-Reaktionsenthalpie beim Standarddruck $p^{\ominus} = 10^5$ Pa und bei der Temperatur T = 298,15 K		J mol^{-1}
$\Delta_R H_T^{\ominus}$	Standard-Reaktionsenthalpie beim Standarddruck $p^{\ominus} = 10^5$ Pa und der Temperatur T = 298,15 K		J mol^{-1}
H_l	relative Häufigkeit der Klasse l ($l \in j$, j = 1, ..., k)	$H_l = h_l / \sum_{j=1}^{k} h_j$	
H	HENRY-Konstante		Pa
h	Höhe		m
h_k	Variationsschrittweite der Variablen x_k		Einheit (x_k)
h_j	absolute Häufigkeit der Klasse j (j = 1,...,k)		
I	Stromstärke		A
I(t)	Wahrscheinlichkeitsdichtefunktion für die innere Altersverteilung (internal age distribution) bzgl. der Zeit t	$I(t) = (1 - F(t))/\tau$	s^{-1}
$I(\Theta)$	Wahrscheinlichkeitsdichtefunktion für die innere Altersverteilung (internal age distribution) bzgl. der reduzierten Zeit $\Theta = t/\tau$	$I(\Theta) = \tau \cdot I(t)$	
I_i	Massenstromdichte der Komponente i	$I_i = \dot{m}_i/A = w_z \cdot c_i \cdot M_i$	kg m^{-2} s^{-1}
i	Stromdichte	$i = I / A$	A m^{-2}
J_i	Stoffmengenstromdichte (Molenstromdichte) der Komponente i	$J_i = \dot{n}_i/A$	mol m^{-2} s^{-1}
K	Allgemeine Konstante		
K	NERNSTsche Konstante		
K_a	Thermodynamische (wahre) Gleichgewichtskonstante mit den im Gleichgewicht vorliegenden Aktivitäten a_i	$K_a = \prod^{i}(a_i^*)^{\nu_i}$	
K_c	Gleichgewichtskonstante mit den im Gleichgewicht vorliegenden Konzentrationen c_i	$K_c = \prod^{i}(c_i^*)^{\nu_i}$	(mol m^{-3})$^{\Sigma \nu_i}$

Symbol	Bedeutung	Gleichung	SI-Einheit
K_i	Konstante für das Adsorptions-gleichgewicht der Komponente i		
K_p	Gleichgewichtskonstante mit den im Gleichgewicht vorliegenden Partialdrücken p_i	$K_p = \prod^i (p_i^*)^{\nu_i}$	$Pa^{\Sigma \nu_i}$
K_x	Gleichgewichtskonstante mit den im Gleichgewicht vorliegenden Stoff-mengenanteilen x_i	$K_x = \prod^i (x_i^*)^{\nu_i}$	
k_{eff}	effektive Reaktionsgeschwindigkeits-konstante bei Reaktionen in mehrphasigen Systemen; weitere Indizes siehe r_{eff}		
k_{0j}	Frequenz-(Häufigkeits-)faktor, präexpo-nentieller Faktor für die Reaktion j	$k_j = k_{0j} \cdot \exp(-E_{A,j}/RT)$	$(m^3 \, mol^{-1})^{n-1} \, s^{-1}$
k_j	Reaktionsgeschwindigkeitskonstante, Geschwindigkeitskonstante für die Reaktion j	$k_j = k_{0j} \cdot \exp(-E_{A,j}/RT)$	$(m^3 \, mol^{-1})^{n-1} \, s^{-1}$
k_W	Wärmedurchgangskoeffizient		$J \, s^{-1} \, m^{-2} \, K^{-1}$
L	Länge (vorgegebener Wert), kenn-zeichnende Abmessung		m
$L_{P,V}$	spezifische Reaktorleistung, Reaktor-kapazität, Raum-Zeit-Ausbeute	$L_{P,V} = \dot{n}_P^{aus}/V_R$	$mol \, m^{-3} \, s^{-1}$
l	Länge (Variable, Koordinate)		m
M_i	molare Masse der Komponente i		$kg \, mol^{-1}$
m	Gesamtmasse der Reaktionsmischung		kg
m_i	Masse der Komponente i		kg
m_{Kat}	Katalysatormasse		kg
$\dot{m}$	gesamter Massenstrom		$kg \, s^{-1}$
$\dot{m}_i$	Massenstrom der Komponente i		$kg \, s^{-1}$
$\dot{m}_P$	Produktionsleistung bzgl. Stoff P		$kg \, s^{-1}$
$\dot{m}_i^{ein}, \dot{m}_i^{aus}$	Massenstrom der Komponente i am Eingang bzw. Ausgang des Bilanzraumes bei kontinuierlichem Betrieb		$kg \, s^{-1}$
N	Anzahl der Reaktoren in einer Serien-(Kaskaden-)Schaltung (k = 1, 2, ..., N)		
$N_{äq}$	äquivalente Rührstufenzahl	$N_{äq} = 1/s_\Theta^2$	
n	Gesamtstoffmenge der Reaktionsteilnehmer	$n = \sum_{i=A}^{Z} n_i$	mol

Symbol	Bedeutung	Gleichung	SI-Einheit
n	Reaktionsordnung		
n	Rührerdrehzahl		s^{-1}
n_i	Stoffmenge der Komponente i		mol
$\dot{n}_i^{ein}$, $\dot{n}_i^{aus}$	Stoffmengenstrom der Komponente i am Eingang bzw. Ausgang des Bilanzraumes bei kontinuierlichem Betrieb		$mol\ s^{-1}$
$\dot{n}_{i,k}^{ein}$, $\dot{n}_{i,k}^{aus}$	Stoffmengenstrom der Komponente i am Eingang bzw. Ausgang des k-ten Reaktors (k = 1, 2, ..., N)		mol
$\dot{n}_P$	molare Produktionsleistung bzgl. Stoff P		$mol\ s^{-1}$
$\dot{n}$	gesamter Stoffmengenstrom	$\dot{n} = \sum_{i=A}^{Z} \dot{n}_i$	$mol\ s^{-1}$
$\dot{n}_i$	Stoffmengenstrom der Komponente i		$mol\ s^{-1}$
P, R,..., Z	Reaktionsprodukte		
P	Leistung		$J\ s^{-1}$
P	Wahrscheinlichkeit	$P(X < x) = F(x)$	
P	Gesamtdruck		Pa
$p^{\ominus}$	Standarddruck	$p^{\ominus} = 10^5\ Pa$	Pa
P_0	Normaldruck, Luftdruck		Pa oder bar
p_{0i}	Dampfdruck der reinen Komponente i		Pa
p_k	Partialdruck der Komponente k (k ∈ i, i = A, B, ..., Z)		Pa
p_{krit}	kritischer Druck		Pa
Q	Wärmemenge		J
$\dot{Q}$	Wärmestrom	$\dot{Q} = dQ/dt$	$J\ s^{-1} (= W)$
$\dot{Q}_D$	Wärmedurchgangsstrom	$\dot{Q}_D = k_W \cdot A_W \cdot \Delta T$	$J\ s^{-1}$
$\dot{Q}_L$	Wärmeleitungsstrom	$\dot{Q}_L = \lambda(A_W/d)\Delta T$	$J\ s^{-1}$
$\dot{Q}_R$	durch chemische Reaktion pro Zeiteinheit gebildete (verbrauchte) Wärmemenge	$\dot{Q}_R = V_R \sum_{j=1}^{n} r_j\ (-\Delta_R H_j)$	$J\ s^{-1}$
$\dot{Q}_S$	Wärmeübertragungsstrom bei Strahlung	$\dot{Q}_S = C_S \cdot \varepsilon \cdot A_W \cdot T^4$	$J\ s^{-1}$
$\dot{Q}$	durch Wärmeübergang pro Zeiteinheit ab- oder zugeführte Wärmemenge	$\dot{Q}_{\ddot{U}} = \alpha \cdot A_W \cdot \Delta T$	$J\ s^{-1}$
$\dot{Q}_W$	Wärmeaustauschstrom		$J\ s^{-1}$

Symbol	Bedeutung	Gleichung	SI-Einheit
$\dot{q}$	Wärmestromdichte	$\dot{q} = \dot{Q}/A_W$	$J\ s^{-1}\ m^{-2}$ $(= W\ m^{-2})$
R	Radius (vorgegebener Wert)		m
R	elektrischer Widerstand	$R = U\ /\ I$	$V/A = \Omega$
RQS	Restquadratsumme einer Variablen x		$(Einheit\ (x))^2$
r	Radius (Variable, Koordinate)		m
r	Rücklaufverhältnis	$r = \dot{m}_R/\dot{m}_D$ oder $r = \dot{n}_R/\dot{n}_D$	
r	Äquivalent-Reaktionsgeschwindigkeit	$r = \dfrac{r_i}{v_i} = \dfrac{r^*}{V_R} = \dfrac{1}{V_R} \cdot \dfrac{d\chi}{dt}$	$mol\ m^{-3}\ s^{-1}$
$r_{eff,m}$	effektive Reaktionsgeschwindigkeit bei Fluid/Feststoff-Reaktionen, bezogen auf die Masseneinheit des Feststoffes	$r_{eff,m} = \dfrac{1}{m_s} \cdot \dfrac{d\chi}{dt}$	$mol\ kg^{-1}\ s^{-1}$
$r_{eff,m_{Kat}}$	effektive Reaktionsgeschwindigkeit bei het. kat. Reaktionen, bezogen auf die Masse des Katalysators	$r_{eff,m_{Kat}} = \dfrac{1}{m_{Kat}} \cdot \dfrac{d\chi}{dt}$	$mol\ kg^{-1}\ s^{-1}$
$r_{eff,S}$	effektive Reaktionsgeschwindigkeit bei Fluid/Feststoff-Reaktionen, bezogen auf die Einheit der Feststoffoberfläche	$r_{eff,S} = \dfrac{1}{A_S} \cdot \dfrac{d\chi}{dt}$	$mol\ m^{-2}\ s^{-1}$
r_{eff,V_R}	effektive Reaktionsgeschwindigkeit bei Reaktionen in mehrphasigen Systemen, bezogen auf die Volumeneinheit der Reaktionsmasse	$r_{eff,V_R} = \dfrac{1}{V_R} \cdot r^*$	$mol\ m^{-3}\ s^{-1}$
r^*	extensive Reaktionsgeschwindigkeit	$r^* = \dfrac{1}{v_i} \cdot \dfrac{dn_i}{dt} = \dfrac{d\chi}{dt}$	$mol\ s^{-1}$
r_i	Stoffumwandlungsgeschwindigkeit für den Stoff i, spezifisch	$r_i = \sum\limits_{j=1}^{n} v_{ij} \cdot r_j$	$mol\ m^{-3}\ s^{-1}$
r_{ij}	Stoffumwandlungsgeschwindigkeit bei zusammengesetzten, homogenen Reaktionen für die Komponente i in der Reaktion j	$r_{ij} = v_{ij} \cdot r_j$	$mol\ m^{-3}\ s^{-1}$
r_j	Reaktionsgeschwindigkeit für die j-te Reaktion in einem komplexen System	$r_j = \dfrac{1}{V_R} \cdot \dfrac{1}{v_{ij}} \cdot \dfrac{dn_{ij}}{dt} = \dfrac{1}{V_R} \cdot r_j^*$	$mol\ m^{-3}\ s^{-1}$
r_m	Reaktionsgeschwindigkeit einer homogenen Reaktion, bezogen auf die Reaktionsmasse	$r_m = \dfrac{r^*}{m} = \dfrac{1}{m} \cdot \dfrac{d\chi}{dt}$	$mol\ kg^{-1}\ s^{-1}$
S	Oberfläche eines porösen Feststoffes		m^2
S_m	spezifische Oberfläche	$S_m = S/m$	$m^2\ kg^{-1}$

Symbol	Bedeutung	Gleichung	SI-Einheit
$S_{P,k}$	Selektivität für das Produkt P, bezogen auf eine die Reaktion stöchiometrisch begrenzende Bezugskomponente k	$S_P = \dfrac{n_P - n_{P,0}}{n_k - n_{k,0}} \cdot \dfrac{|v_k|}{v_P}$	
s_x	empirische Standardabweichung einer Zufallsgröße x	$s_x = \sqrt{\dfrac{\sum\limits_{i=1}^{n}(x_i - \bar{x})^2}{n-1}}$	Einheit (x)
$s_{\bar{x}}$	empirische Standardabweichung des Mittelwertes einer Zufallsgröße x	$s_{\bar{x}} = s_x/\sqrt{n}$	Einheit (x)
s_x^2	empirische Streuung der Einzelmessung einer Zufallsgröße x	$s_x^2 = \dfrac{\sum\limits_{i=1}^{n}(x_i - \bar{x})^2}{n-1}$	(Einheit (x))^2
$s_{\bar{x}}^2$	empirische Streuung des Mittelwertes einer Zufallsgröße x	$s_{\bar{x}}^2 = s_x^2/n$	(Einheit (x))^2
s_t^2	Streuung einer experimentell ermittelten Wahrscheinlichkeitsdichtefunktion E(t) für die Verweilzeit t	$s_t^2 = \int\limits_0^{\infty}(t - \bar{t})^2 \cdot E(t) \cdot dt$	s^2
s_{Θ}^2	Streuung einer experimentell ermittelten Wahrscheinlichkeitsdichtefunktion E(Θ) für die reduzierte Verweilzeit Θ	$s_{\Theta}^2 = s_t^2/\tau^2$	
T	thermodynamische (absolute) Temperatur	$T = \vartheta + 273{,}15$	K
T_0	Normaltemperatur		273,15 K
T_{krit}	kritische (thermodynamische) Temperatur		K
ΔT_{ad}	adiabatische Temperaturänderung bei vollständigem Umsatz		K
t	Zeit, Reaktionszeit		s
$t_{1/2}$	Halbwertszeit		s
t_{DIK}	Reaktionszeit im DIK, um einen vorgegebenen Umsatz U_A zu erreichen	$t_{DIK} = -c_{A,0} \int\limits_{U_A=0}^{U_A} \dfrac{dU_A}{r_A}$	
t_{tot}	Totzeit		s
t_w	Wahrscheinlichste Verweilzeit		s
$\bar{t}$	mittlere Verweilzeit (bei vollständiger Segregation)	$\bar{t} = \int\limits_0^{\infty} t \cdot E(t) \cdot dt$	s
U	Spannung (elektrisch)		V
$\bar{U}$	Umsatz, als Mittelwert aus einer Verweilzeitverteilung berechnet	$\bar{U} = \int\limits_0^{\infty} U(t) \cdot E(t) \cdot dt$	
$U_{A,k}^{ein}$, $U_{A,k}^{aus}$	Umsatz des Stoffes A am Eingang bzw. Ausgang des k-ten Reaktors		

Symbol	Bedeutung	Gleichung	SI-Einheit
U_A^*, U_k^*	Umsatz (Umsatzgrad) des Stoffes A bzw. der Bezugskomponente k im chemischen Gleichgewicht		
U_k	Umsatz (Umsatzgrad) der Bezugskomponente k (k $\in$ i, i = A, B, ..., O)	$U_k = (c_{k,0} - c_k) / c_{k,0}$	
V	Volumen		m^3
V_m	molares Volumen		$m^3 \, mol^{-1}$
V_M	spezifisches (auf die Masseneinheit bezogenes) Volumen		$m^3 \, kg^{-1}$
V_R	Volumen der Reaktionsmasse (bei gasförmigen Stoffen identisch mit Reaktorvolumen)		m^3
$V_{Reaktor}$	Reaktorvolumen		m^3, l
V_S	Schüttvolumen		m^3
V_Z	Zwischenkornvolumen		m^3
$\dot{v}$	Volumenstrom, Volumendurchsatz		$m^3 \, s^{-1}$
$\dot{v}^{ein}, \dot{v}^{aus}$	Volumenstrom am Eingang bzw. Ausgang des Bilanzraumes bei kontinuierlichem Betrieb		$m^3 \, s^{-1}$
W_j	spezifischer Energieverbrauch		$J \, kg^{-1}$
w_l, w_r	lineare Strömungsgeschwindigkeit in Längsrichtung (axialer) bzw. radialer Richtung im zylindrischen Koordinatensystem		$m \, s^{-1}$
w_k	Massenanteil der Komponente k (k $\in$ i)	$w_k = m_k / \sum_{i=A}^{Z} m_i$	
w_x, w_y, w_z	lineare Strömungsgeschwindigkeit in x; y und z-Richtung im kartesischen Koordinatensystem		$m \, s^{-1}$
$\vec{w}$	Vektor der linearen Strömungsgeschwindigkeit		$m \, s^{-1}$
X	Beladung in der Abgeberphase		kg/kg
X	absolute Luftfeuchtigkeit	$X = m_{WD}/m_{Luft}$	$\dfrac{kg \, WD}{kg \, Luft}$
x	allgemeine unabhängige Variable		
x	Regelgröße		
x, y, z	Ortskoordinaten im kartesischen Koordinatensystem		m

Symbol	Bedeutung	Gleichung	SI-Einheit
x_k	Stoffmengenanteil (Molenbruch) der Komponente k ($k \in i$)	$x_k = n_k / \sum\limits_{i=A}^{Z} n_i$	
Y	Beladung in der Aufnehmerphase		kg/kg
Y	Stellgröße		
y_k	Stoffmengenanteil (Molenbruch) der Komponente k in der Gasphase ($k \in i$)	$y_k = n_k / \sum\limits_{i=A}^{Z} n_i$	
z	allgemeine Anzahl (Chargen, …)		
z	Störgröße		
z	Zielgröße		
z_R	Zahl der umgesetzten Elektronen bei einer elektrochemischen Reaktion		

Griechische Symbole

Symbol	Bedeutung	Gleichung	SI-Einheit
α	BUNSEN-Absorptionskoeffizient	$\alpha_i = V_i / V_L$	$m^3\ m^{-3}$
α	Inertgasanteil der gasförmigen Reaktionsmasse	$\alpha = V_I / \left(V_I + \sum V_i \right)$	
α	relative Flüchtigkeit	$\alpha = p_{0A} / p_{0B}$	
α	Wärmeübergangskoeffizient		$J\ s^{-1}\ m^{-2}\ K^{-1}$
α_j	Stromausbeute	$\alpha_j = I_j / I$	
β	Stoffübergangskoeffizient	$\beta = D / \delta$	$m\ s^{-1}$
γ	Aktivitätskoeffizient		
$\dot{\gamma}$	Schergefälle	$\dot{\gamma} = dw_x / dy$	s^{-1}
γ_j	Energieausbeute		
Δ	Differenz von		
$\Delta_{ads} H$	Adsorptionsenthalpie		$J\ mol^{-1}$
$\Delta_L H$	Lösungsenthalpie		$J\ mol^{-1}$
$\Delta_R H_j$	Reaktionsenthalpie für die j-te Reaktion		$J\ mol^{-1}$
$\Delta_S H_i$	Schmelzwärme der Komponente i		$J\ mol^{-1}$
$\Delta_S H_i$	Sorptionswärme für die Komponente i		$J\ mol^{-1}$
ΔT_{ad}	adiabatische Temperaturdifferenz		K

Symbol	Bedeutung	Gleichung	SI-Einheit
$\delta(t)$	Einheitsimpulsfunktion (DIRAC-Impuls)		s^{-1}
δ	Grenzschicht-(Film-)Dicke		m
ε	Leerraumanteil, relatives Kornzwischen-raumvolumen einer Teilchenschüttung	$\varepsilon = V_Z/V_S$	
ε_A	relative Volumenänderung	$\varepsilon_A = \dfrac{V_{R,U_A=1} - V_{R,U_A=0}}{V_{R,U_A=0}}$ $= (1-\alpha)\left(\sum\limits_A^Z v_i / \sum\limits_A^0 \lvert v_i\rvert\right)$	
η	dynamische Viskosität	$\eta = \tau/\dot{\gamma}$	$N\,m^{-2}\,s = Pa\,s$
η	Katalysatorwirkungsgrad, Poren-nutzungsgrad des Katalysators	$\eta = r_{eff}/r$	
η	Überspannung		V
η	Verstärkungsverhältnis		
η	Wirkungsgrad		
Θ	normierte (relative) Zeit	$\Theta = t/\tau$	
Θ_i	Bedeckungsgrad der Oberflächenplätze durch den Stoff i	$\Theta_i = \dfrac{K_i p_i}{1 + K_i p_i}$ mit $K_i = \dfrac{k_{i\,ads}}{k_{i\,des}}$	
ϑ	Temperatur		°C
κ	spezifische Leitfähigkeit		$\Omega^{-1}\,cm^{-1}$
$\lambda(t)$	Intensitätsfunktion	$\lambda(t) = E(t)/I(t)$	
$\bar{\lambda}$	mittlere freie Weglänge		m
λ	Wärmeleitfähigkeitskoeffizient		$J\,s^{-1}\,m^{-1}\,K^{-1}$
λ	Wellenlänge		m
λ_{eff}	effektiver Wärmeleitfähigkeitskoeffizient		$J\,s^{-1}\,m^{-1}\,K^{-1}$
μ	chemisches Potential (partielle molare GIBBS-Energie)	$\mu_k = (\partial G/\partial n_k)_{T,p,i\neq k}$	$J\,mol^{-1}$
ν	stöchiometrischer Koeffizient		
ν	kinematische Viskosität	$\nu = \eta/\rho$	$m^2\,s^{-1}$
ν_{ij}	stöchiometrischer Koeffizient des Stoffes i für die j-te Reaktion	Edukte: $\nu_{ij} < 0$ Produkte: $\nu_{ij} > 0$	
ν_k	stöchiometrische Zahl einer die Reaktion stöchiometrisch begrenzenden Bezugskomponente k ($k \in i$)		

Symbol	Bedeutung	Gleichung	SI-Einheit
ρ	Dichte	$\rho = m/V$	$kg\ m^{-3}$
ρ_i	Partialdichte der Komponente i	$\rho_i = m_i/V_R$	$kg\ m^{-3}$
ρ_S	Dichte des Feststoffes (Katalysators)		$kg\ m^{-3}$
$\rho_{Schütt}$	Schüttdichte einer Teilchenschüttung	$\rho_{Schütt} = m_{Schütt}/V_R$	$kg\ m^{-3}$
τ	Raumzeit (hydrodynamische oder technologische Verweilzeit, space time, auch Füllzeit)	$\tau = V_R/\dot{v}$	s
τ	Schubspannung	$\tau = F/A$	Pa
τ_{KIK}	Raumzeit für den KIK, um einen vorgegebenen Umsatz U_A am Reaktorausgang zu erreichen	$\tau_{KIK} = c_{A,0}\dfrac{U_A^{aus}}{-r_A}$	s
τ_{IR}	Raumzeit für das IR, um einen vorgegebenen Umsatz U_A am Reaktorausgang zu erreichen	$\tau_{IR} = c_{A,0}\displaystyle\int_{U_A^{ein}}^{U_A^{aus}}\dfrac{dU_A}{-r_A}$	s
ξ	modifizierte Umsatzvariable (Reaktionslaufzahl)	$\xi = \dfrac{\chi}{V_R} = \dfrac{1}{V_R}\cdot\dfrac{n_i - n_{i,0}}{v_i}$	$mol\ m^{-3}$
σ	Grenzflächenspannung	$\sigma = (\partial G/\partial A)_{T,p}$	$J\ m^{-2},\ N\ m^{-1}$
$\sigma\,(t)$	Einheitssprungfunktion		
σ_x^2	Streuung der Grundgesamtheit der Zufallsgröße x	$\sigma_x^2 = \displaystyle\int_0^{\infty}(x - \mu)^2\cdot E(x)\cdot dx$	$(Einheit\ (x))^2$
σ_t^2	Streuung der Wahrscheinlichkeitsdichtefunktion E(t)	$\sigma_t^2 = \displaystyle\int_0^{\infty}(t - \bar{t})^2\cdot E(t)\cdot dt$	s^2
σ_Θ^2	Streuung der Wahrscheinlichkeitsdichtefunktion E(Θ) für die reduzierte Verweilzeit Θ	$\sigma_\Theta^2 = \sigma_t^2/\tau^2$	
φ	relative Luftfeuchtigkeit	$\varphi = p_W/p_{W,satt}$	
Φ	Kreislauffaktor	$\Phi_{Kr} = \dot{n}_{A,0}^{Kr}/\dot{n}_{A,0}^{Fr}$	
χ	Fortschreitungsgrad	$\chi = \dfrac{n_i - n_{i,0}}{v_i}$	mol
ϕ	Verhältnis der Phasenvolumina	$\phi = V^{(1)}/V^{(2)}$	
ω	Winkelgeschwindigkeit	$\omega = 2\pi f$	s^{-1}

Indizes, tiefgestellte

Symbol	Bedeutung
0	auf den Beginn, die Zeit t = 0, bezogen
0i	auf die reine Komponente i bezogen
A,B,...,O	Edukte, Reaktionspartner
abs	Absorption
ad	adiabatisch
ads	Adsorption
äq	äquivalent
D	Diffusion
d	disperse Phase
eff	effektiv
end	am Ende, Endgröße bei Satzbetrieb
g	Gas, gasförmig, in der Gasphase
ges	gesamt
i	Laufindex für die an den Reaktionen beteiligten chemischen Stoffe A,B,...,P,R,...
j	Laufindex für die Kennzeichnung der chemischen Reaktion: j = 1,2,...,n
k	Bezugskomponente k
k	an der Kaltseite, im kälteren Medium
k	Laufindex für die Reaktornummer in Reihenschaltung: k = 1,2,...,N
Kat	auf den Katalysator bezogen
krit	kritisch
l	axial, in Längsrichtung eines Rohres
l	Flüssigkeit, flüssig (liquidus), in der flüssigen Phase
m	bezogen auf die Masseneinheit des Feststoffes
max	maximal, Maximalwert einer Größe
min	minimal, Minimalwert einer Größe
mono	monomolekular
opt	optimal, Optimalwert
P,R,...,Z	Reaktionsprodukte
p	bei konstantem Druck, isobar
pol	polytrop
R	Reaktionsmasse, Reaktionsmischung
r	radial
red	reduziert
rel	relativ
S	auf den Schmelzvorgang bezogen
S	auf die Festkörperoberfläche bezogen

Symbol	Bedeutung
s	Feststoff, fest (solidus), Sättigungsgröße
st	stationär
T	bei der Temperatur T
V	bezogen auf die Einheit des Reaktionsvolumens
w	an der Warmseite, im wärmeren Medium
W	Wärmeaustausch, Wand
x, y, z	Ortskoordinaten im kartesischen System

Indizes, hochgestellte

Symbol	Bedeutung
(1), (2)	in der Phase 1 bzw. 2
*	bezogene (dimensionslose) Größe, z. B. $c_A^* = c_A/c_{A,0}$; $l^* = 1/L...$
*	an der Phasengrenze, im Gleichgewichtszustand
⊖	bei thermodynamischen Größen und Funktionen: Standardgröße
ein	bei Fließ- und Teilfließbetrieb: Größe (Konzentration, Massenstrom, Stoffmengenstrom, Volumenstrom, Temperatur ...) am Eingang des Bilanzraumes
aus	bei Fließ- und Teilfließbetrieb: Größe (Konzentration, Massenstrom, Stoffmengenstrom, Volumenstrom, Temperatur ...) am Ausgang des Bilanzraumes
Fr	Frischzulauf zur Mischstelle
Kr	Kreislauf (Rückführung) zur Mischstelle

Zeichen über dem Symbol

Symbol	Bedeutung
$\bar{t}$	Mittelwert
$\overline{AB}$	Strecke
$\vec{w}$	Vektor; hier: Vektor der Strömungsgeschwindigkeit (in m/s) $\vec{w} = \begin{pmatrix} w_x \\ w_y \\ w_z \end{pmatrix}$

Abkürzungen

Symbol	Bedeutung
DIK	diskontinuierlicher Idealkessel (diskontinuierlich betriebener Rührkessel, batch reactor, Batchreaktor (BR))
IR	Idealrohr (idealer Rohrreaktor, Pfropfenströmungsreaktor, plug flow tube reactor (PFTR))
KIK	kontinuierlich betriebener Idealkessel (idealer Duchflussmischreaktor (DMR), continuous stirred tank reactor (CSTR))
RR	Rohrreaktor mit Rückvermischung, Realrohr
SBR	Semi-Batchreaktor (diskontinuierlich betriebener Idealkessel mit Stoffzufuhr oder Stoffabfuhr während der Reaktion, halbkontinuierlich betriebener idealer Mischreaktor)

Konstanten

Symbol	Bedeutung	
F	FARADAY-Konstante	$96485\ \mathrm{A\ s\ mol^{-1}}$
g	Erdbeschleunigung	$9{,}8066\ \mathrm{m\ s^{-2}}$
N_A	AVOGADRO-Konstante	$6{,}02213 \cdot 10^{23}\ \mathrm{mol^{-1}}$
R	Gaskonstante	$8{,}3145\ \mathrm{J\ K^{-1}\ mol^{-1}}$

Umrechnungen

Symbol	Bedeutung
1 cal	4,1868 J
1 atm	101325 Pa
1 Torr	133,3 Pa

Dimensionslose Kennzahlen

Symbol	Bedeutung	Gleichung
Ar	ARCHIMEDES-Zahl (Auftriebs-/Scherkraft)	$Ar = (g \cdot L^3 / v^2)\,((\rho_S - \rho_l) / \rho_l)$
$(E_{A,j}/RT)$	ARRHENIUS-Zahl (Aktivierungsenergie/ calorische Energie)	$E_{A,j}/RT$
Bo	BODENSTEIN-Zahl (Konvektions-/Dispersionsstrom)	$Bo = w_l \cdot L/D_l = Sc\,Re$
Da_I	1. DAMKÖHLER-Zahl (abreagierende/zuströmende Masse)	$Da_I = k \cdot \tau \cdot c_0^{n-1} = r \cdot L/w_l \cdot c_0^{n-1}$
Da_{II}	2. DAMKÖHLER-Zahl (abreagierende/zudiffundierende Masse)	$Da_{II} = r \cdot L^2/D_l \cdot c_0^{n-1}$
Da_{III}	3. DAMKÖHLER-Zahl (Reaktionswärme/konvektiv transportierte Wärme)	$Da_{III} = \dfrac{r \cdot L \cdot (-\Delta_R H)}{c_p \cdot \rho \cdot w_l \cdot T}$
Da_{IV}	4. DAMKÖHLER-Zahl (Reaktionswärme/durch Leitung transportierte Wärme)	$Da_{IV} = \dfrac{r \cdot L^2 \cdot (-\Delta_R H)}{\lambda \cdot T}$
Fr	FROUDE-Zahl (Trägheits-/Schwerkraft)	$Fr = w^2/a \cdot L$
Ga	GALILEI-Zahl (Trägheits-/Schwerkraft)	$Ga = Fr^{-1} \cdot Re^2$
Gr	GRASHOF-Zahl (Auftrieb infolge Dichteunterschied innerhalb eines fluiden Mediums/innere Reibung)	$Gr = L^3 \cdot \rho^2 g\beta\Delta T/\eta^2$
Ha	HATTA-Zahl (Stoffübergang mit/Stoffübergang ohne chemische Reaktion)	$Ha = (k \cdot D)^{1/2}/\beta$
Le	LEWIS-Zahl (Wärmeleitung/Diffusion)	$Le = \lambda/\rho \cdot c_p \cdot D = Sc/Pr$
Ne	NEWTON-Zahl (Antriebs-/Trägheitskraft)	$Ne = F/\rho \cdot w^2 L^2$
Nu	NUSSELT-Zahl (Wärmeübergang/Wärmeleitung)	$Nu = \alpha \cdot L/\lambda$
Pe	PÉCLET-Zahl (Wärmekonvektion/Wärmeleitung)	$Pe = L \cdot w_l \cdot \rho \cdot c_p/\lambda = Re/Pr$
Pr	PRANDTL-Zahl (Viskosität/Wärmeleitung)	$Pr = c_p \cdot \eta/\lambda = Pe/Re$
Re	REYNOLDS-Zahl (Trägheits-/Scherkraft)	$Re = w_l \cdot L \cdot \rho/\eta = w_l \cdot L/v$ (Rohr: L = d!)
Sc	SCHMIDT-Zahl (Viskosität/Diffusion)	$Sc = v/D = Bo/Re$
Sh	SHERWOOD-Zahl (Stoffübergang/Diffusion)	$Sh = \beta \cdot L/D$
Φ	THIELE-Zahl (reagierende/diffundierende Stoffmenge)	$\Phi = R_0 \cdot \sqrt{kc^{n-1}/D_{eff}}$
We	WEBER-Zahl (Trägheits-/Oberflächenkraft)	$We = w_i^2 \cdot \rho \cdot L/\sigma$

1
Mess- und regelungstechnische Praktikumsaufgaben

1.1
Messen und Regeln von Prozessgrößen

Die Untersuchung und die Durchführung chemischer Reaktionen sowie die Charakterisierung der dabei eingesetzten bzw. erzeugten chemischen Stoffe oder Stoffsysteme sind nur dann zuverlässig möglich, wenn entsprechende Methoden und Geräte zum Messen, Regeln und Steuern von Prozessgrößen zur Verfügung stehen. Das gilt unabhängig davon, ob es sich um Aufgaben im Labor-, Technikums- oder Betriebsmaßstab handelt. Eine Besonderheit der Chemie besteht darin, dass neben einer Vielzahl allgemein üblicher Messmethoden (z. B. Temperatur-, Druck-, Masse- oder Volumendurchfluss-, Füllstandsmessung) ganz speziell entwickelte chemische Mess- und Analysenverfahren (z. B. GC, HPLC, GPLC, Coulometrie, Dead-stop-Titrationen, Injection-flow-Methoden) eingesetzt werden.

Das **Messen** ist ein experimenteller Vorgang, bei dem ein spezieller Wert einer physikalischen Größe (z. B. Leitfähigkeit, pH-Wert, Konzentration, Viskosität) als Teil oder Vielfaches einer Einheit oder eines Bezugswertes ermittelt wird. Das Ergebnis einer Messung ist demzufolge ein Messwert in Form eines Produktes aus Zahlenwert und Einheit (z. B. $c_{H^+} = 10^{-4}$ mol/l).

Als Messvorrichtung dient ein Sensor, der an die Auswerte- und Anzeigeeinheit Signale liefert. Diese können physikalisch völlig anderer Art sein als die zu messende Größe (z. B. Piezo-Spannungen zur Druckmessung), müssen aber in einem exakt definierten und reproduzierbaren Zusammenhang mit dem Wert der Messgröße stehen. Sie können analog oder digital sein. Der Zusammenhang zwischen dem Wert des Anzeigesignals und dem Wert der Messgröße wird über eine Kalibrierung definiert. Wird diese Kalibrierung amtlich durchgeführt, handelt es sich um eine Eichung.

Bei speziellen Messungen an komplexen Systemen (z. B. Konzentration einzelner Komponenten in Stoffgemischen) müssen oft mehrere Messverfahren miteinander kombiniert werden oder eine für die Messung benutzte Hilfsgröße wird über einen bestimmten Wertebereich variiert („gescannt": Wellenlänge des Lichtes bei spektralen Messverfahren, Temperatur bei der Differential Scanning Analyse).

In der Regel besteht ein Messsystem, von einfachen Fällen abgesehen (z. B. Temperaturmessung mit Bimetallfeder oder mit Thermoelement und Voltmeter), aus mehr Bestandteilen als nur aus Sensor und Anzeigeeinheit. Dazu können gehören: stabilisierte Energieversorgungseinheiten, vorgeschaltete Trenneinheiten (z. B. Trennsäulen unterschiedlichster Art), Signal- oder Messgrößenwandler (Transducer), Messumformer (Transmitter), Signalumsetzer (A/D- oder D/A-Wandler), (elektronische) Messstellenumschalter (Multiplexer), Verstärker, Filter und andere Einrichtungen zur Rauschunterdrückung, Signalüberträger, Schnittstellen zum Anschluss an Rechner, komplexe Auswerteeinheiten (Mikrorechner, Personalcomputer) mit Messkarten und Auswerteprogrammen.

Wichtige Kriterien für die Beschaffung oder Eigenentwicklung von Messsystemen sind: hohe Empfindlichkeit (Änderung der Anzeige/Änderung der Messgröße), möglichst großer Abstand zwischen Nutz- und Rauschsignal, minimale zeitliche Drift von Grundlinie und Messsignal, einfache Kalibrierbarkeit, Langzeitkonstanz der Kalibrierfunktion, geringe Störanfälligkeit gegen Umgebungseinflüsse, geringe Zeitkonstante zur Vermeidung größerer dynamischer Fehler bei der Messung von Größen, deren Wert sich zeitlich schnell und stark ändert.

Für fast alle Messaufgaben sind Geräte im kommerziellen Angebot, die mit Mikroprozessoren ausgestattet oder für den Anschluss an einen Computer vorbereitet sind. Das ermöglicht den Einsatz für automatische Langzeitmessungen, gestattet die Ergebnisdarstellung am Bildschirm („virtuelle Instrumente") und erleichtert den Aufbau einer Prozessregelung.

Für die Automatisierung und die Gewährleistung der Sicherheit von chemischen Prozessabläufen spielt die Steuerungs- und Regelungstechnik eine entscheidende Rolle. Voraussetzung für die Regelung eines Prozesses ist die kontinuierliche Messung der für den Prozessablauf entscheidenden Prozessgrößen. Das **Regeln** ist ein Vorgang, bei dem der Wert für die zu regelnde physikalische Größe (Temperatur, Druck, Konzentration etc.) fortlaufend erfasst und mit einem vorgegebenen Wert verglichen wird mit dem Ziel, eine Angleichung an diesen zu erreichen (DIN 19226). Die kontinuierlich als Messgröße erfasste physikalische Größe wird als Regelgröße bezeichnet, ihr jeweils aktueller Wert als Istwert. Im Regler wird laufend die Differenz zwischen dem Istwert und dem Wert einer einstellbaren Führungsgröße gebildet. Ist die Führungsgröße konstant, wird sie als Sollwert bezeichnet. Sie kann auch variabel, z. B. eine Zeitfunktion sein. Die ermittelte Differenz (Regeldifferenz) bewirkt eine Aktion des Reglers auf ein Stellglied in Richtung einer Verringerung der Differenz zwischen Istwert und Sollwert. Auf diese Weise ergibt sich ein geschlossener Regelkreis. Die zu regelnde Einheit (z. B. Temperatur der Reaktionsmasse in einem Rührkessel) einschließlich Stellgerät (z. B. Tauchsieder mit Schalter) und Messstelle wird als Regelstrecke bezeichnet. Regelstrecke und Regler haben je nach Aufbau ein bestimmtes Zeitverhalten. Um zu sichern, dass das Ziel der Regelung, der Abbau der Differenz zwischen Ist- und Sollwert, in minimaler Zeit erreicht wird, ist der Regler entsprechend dem Zeitverhalten der Regelstrecke auszuwählen und in seinen Parametern anzupassen. Das Zeitverhalten der Regelstrecke kann experimentell ermittelt werden. Eine bevorzugte Methode dafür besteht darin, dass am Stellgerät sprungartig die Stellgröße verändert und an der Messstelle der zeitliche Verlauf der Messgröße registriert wird (Übergangsverhalten, Sprung-Antwort-Funktion). Regeln zur Auswahl und Berechnungsformeln für die Anpassung von Reglern an die Regelstrecke unter Verwendung der Sprung-Antwort-Funktion gehören zu den theoretischen Grundlagen der Regelungstechnik, die auch ein Chemiker kennen sollte. Moderne mikroprozessorgestützte Regler verfügen über Modi zur Selbstanpassung an die Regelstrecke (Auto- oder Self-tuning-Funktion).

In vielen Fällen ist eine **Steuerung** von Prozessgrößen oder Prozessabläufen erforderlich. Der Unterschied zwischen Steuerung und Regelung besteht darin, dass eine Steuerung keine Signalrückführung von der Messgröße besitzt. Es liegt also kein geschlossener Kreis, sondern eine offene Kette zwischen Eingangsgröße, Steuereinrichtung, Stellgerät, Steuergröße und Ausgangsgröße vor.

Werden die Mess-, Steuerungs- und Regelungsgeräte einer Anlage miteinander verknüpft und komplett durch Rechner gestützt, so spricht man von **Prozessleittechnik**, die ein unabdingbarer Bestandteil moderner chemischer Prozesstechnologien ist.

Literatur

SIMIC, D.; HOCHHEIMER, G.; REICHWEIN, J.: „Messen, Regeln und Steuern", *VCH, Weinheim* **1992**.
STROHRMANN, G.: „Meßtechnik im Chemiebetrieb", *R. Oldenburg Verlag, München/Wien* **1995**.

1.1.1
Elektrische Temperaturmessung

Technisch-chemischer Bezug

Der optimale Verlauf chemischer Prozesse wird maßgeblich durch die Einhaltung eines konkreten Temperaturregimes bestimmt. Aus diesem Grund ist die Messung der Temperatur am Reaktionsort von überragender Bedeutung. Die Messwerte müssen sowohl bei Hoch- als auch bei Tieftemperaturreaktionen schnell und präzise erfasst und oft weit entfernt vom Messort angezeigt bzw. weiterverarbeitet werden. Dazu sind direkt anzeigende Thermometer meist ungeeignet. Man benötigt vielmehr solche Messwertaufnehmer, die an Stelle des Temperaturwertes ein temperaturproportionales elektrisches Signal erzeugen, das am Anzeigeort verfügbar ist. Für diese Aufgabe eignen sich **Thermoelemente** und **Widerstandsthermometer** zur berührenden Messung und **Pyrometer** für solche Messobjekte, deren Temperatur wegen zu hoher Werte oder Bewegung berührungsfrei gemessen werden muss.

Grundlagen

Die Temperatur ist eine Zustandsgröße, die zusammen mit der Masse und der Wärmekapazität den Energieinhalt eines Körpers bestimmt.

Zur allgemeinsten Temperaturdefinition kann man die Bewegungsenergie der Moleküle heranziehen:

$$W_{trans} = \frac{2}{3} \, kT, \text{ mit } k = 1{,}381 \cdot 10^{-23} \text{ J K}^{-1}.$$

Damit gibt es einen nicht unterschreitbaren Nullpunkt der Temperatur, an dem die Moleküle völlig ruhen, also W und T null sind.

Mit der SI-Einheit „Kelvin" wird der Sonderstellung der Temperatur als „Wärmeinhalt" Rechnung getragen (1 K ist der 0,01te Teil der Differenz zwischen Gefrier- und Siedepunkt des Wassers bei einem Druck von 1,013 bar).

Zur Temperaturmessung sind prinzipiell alle Größen geeignet, die reproduzierbar von der Temperatur abhängen. So wird z. B. für Flüssigkeitsthermometer die Ausdehnung von Quecksilber oder Alkohol zur Temperaturmessung genutzt. Zur Eichung nutzt man Fixpunkte, die durch Schmelz-, Erstarrungs- oder Siedepunkte verschiedener Stoffe festgelegt sind. Als interpolierendes Thermometer im Bereich von − 259 bis 961 °C ist das Platin-Widerstandsthermometer amtlich eingeführt. Damit dieses Thermometer die thermodynamischen Temperaturwerte möglichst gut reproduziert, sind Forderungen an die Materialreinheit des Platins und die Kalibrierung an vorgegebenen Fixpunkten zu erfüllen. Als einer dieser Fixpunkte ist der Tripelpunkt des Wassers bei 273,16 K international festgelegt. Er liegt 0,01 K über dem Schmelzpunkt des Eises, dem Nullpunkt der CELSIUS-Skala.

Thermoelemente

Thermoelemente werden aus zwei elektrischen Leitern unterschiedlicher Werkstoffe gebildet, die an einem Ende miteinander verlötet und zum Schutz vor gegenseitiger Berührung entsprechend konfektioniert sind. Auf Grund des SEEBECK-Effektes lässt sich an den freien Enden eine Berührungsspannung (Thermospannung) messen, die im geschlossenen Leiterkreis einen Stromfluss bewirkt. Die gemessene Thermospannung ist abhängig von der Temperaturdifferenz zwischen Lötstelle und Klemmenstelle am Messgerät, von der Leiterkombination und der Reinheit der Leiterwerkstoffe. Die folgenden im praktischen Einsatz bewährten Thermopaare liefern zwischen 0 °C und 100 °C die in Klammern gesetzten Thermospannungen: Fe-CuNi (5,37 mV), NiCr-Ni (4,10 mV), PtRh-Pt (0,643 mV). Die Eigenschaften der Metallkombinationen, insbesondere deren Zusammensetzung, ist genormt, so dass sich für jedes genannte Thermopaar eine von der Temperatur abhängige genormte Spannungsreihe aufstellen und daraus die Kalibrierfunktion $\vartheta = f(U_{Th})$ ableiten lässt.

Zur Temperaturmessung wird die Messspitze des Thermoelementes am Messobjekt plaziert und für eine konstante Klemmenstellentemperatur gesorgt. Um das sicher zu gewährleisten, wird der Thermokreis um ein zweites Thermopaar gleichen Materials erweitert und dieses einer leicht konstant zu haltenden Temperatur (z. B. Eiswasser) ausgesetzt. Aus der Spannungsdifferenz wird dann die Temperatur des Messobjektes mit Hilfe der Kalibrierfunktion bestimmt. Falls sich die Vergleichsstelle im beträchtlichen Abstand zur Messstelle befindet, muss die leitende Verbindung aus Material hergestellt sein, das die gleichen thermoelektrischen Eigenschaften wie das Material des Thermopaares besitzt. Ist das nicht der Fall, entstehen an den jeweiligen Verbindungsstellen neue Thermopaare, die die Temperaturmessung verfälschen. Das ist auch dort der Fall, wo die Klemmenstellen des Thermoelementes direkt mit einer Kupferleitung verbunden sind, um die Thermospannung an einem anderen Ort anzuzeigen (s. Abb. 1.1).

Thermoelemente müssen bei ihrem Einsatz gegen äußere Einflüsse geschützt untergebracht werden. Dazu werden die zwischen 0,5 und 3 mm dicken Thermodrähte in

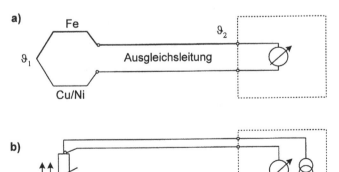

Abb. 1.1. Elektrische Temperatursensoren
a) Anschluss von Thermoelementen mit Ausgleichsleitung
b) Anschluss von Widerstandsthermometern in 3-Leiter-Schaltung

Keramikhülsen oder in einem Edelstahlrohr, das zur Isolation mit oxidischem Material gefüllt ist (Mantelthermoelemente), untergebracht. Versehen mit einem Anschlusskopf ergibt es das handelsübliche Thermoelement. Mantelthermoelemente sind in unterschiedlichen Dicken und Längen erhältlich.

Widerstandsthermometer

Die Temperaturmessung mit Widerstandsthermometern basiert auf der Änderung des Widerstandes von elektrischen Leitern. Es wird zwischen Heiß- und Kaltleitern unterschieden. Bei Heißleitern nimmt der elektrische Widerstand mit steigender Temperatur ab, sie besitzen also einen negativen Temperaturkoeffizienten (NTC-Widerstand). Es sind vor allem Metalloxide, die diese Eigenschaften aufweisen. Zu den Kaltleitern zählen metallische Leiter, ihr Temperaturkoeffizient ist positiv (PTC-Widerstand). Der elektrische Widerstand reiner Metalle steigt mit der Temperatur auf Grund der Behinderung der Leitungselektronen durch die verstärkt um ihre Ruhelage schwingenden Atome des Metallgitters. Der Zusammenhang zwischen der Temperatur und dem elektrischen Widerstand ist im Temperaturbereich von einigen hundert Grad nicht mehr linear und wird durch ein Polynom höherer Ordnung beschrieben:

$R(\vartheta) = R_0(1 + a\vartheta + b\vartheta^2 + ...)$, mit R_0 Nennwiderstand bei $0\,°C$, ϑ Messtemperatur, a, b Materialkonstanten.

Als Material für den Messwiderstand wird Platin, seltener Nickel verwendet. Zu den Vorteilen des Platins zählen die chemische Beständigkeit, die leichte Verarbeitung, die hohe Alterungsbeständigkeit verbunden mit einer guten Reproduzierbarkeit der elektrischen Eigenschaften. Der Platinmesswiderstand ist im Bereich von $-200\,°C$ bis $850\,°C$ einsetzbar. Nach der DIN ist für den Nennwiderstand R_0 ein Wert von $100,00\ \Omega$ definiert (Pt-100-Widerstand). Die Widerstandsänderung beim Pt-100-Widerstand beträgt ca. $0,4\ \Omega K^{-1}$.

Zur Signalerfassung muss der Messwiderstand von einem hochkonstanten Strom gespeist werden, der über ihn einen messbaren Spannungsabfall bewirkt. Um dabei eine Eigenerwärmung des Sensors zu vermeiden, darf der Messstrom nur 1 mA betragen. Der Spannungsabfall beträgt dann nach dem OHMschen Gesetz 0,1 V. Diese Spannung muss unverfälscht an den Anzeigeort übertragen werden. Sind lange Übertragungswege erforderlich, addiert sich zum Messwiderstand der Leitungswiderstand, was zu einem höheren Spannungsabfall und damit zu einer fehlerhaften Temperaturanzeige führt. Diese Übertragungsfehler können gemindert bzw. ausgeschlossen werden, wenn die Sensoren nach der Drei- oder Vierleitertechnik verschaltet oder wenn Messumformer verwendet werden (s. Abb. 1.1b).

Pyrometer

Zur berührungslosen Temperaturmessung eignen sich Pyrometer. Der prinzipielle Aufbau dieser Geräte basiert darauf, dass die von einem heißen Körper emittierte Wärmestrahlung von einer Optik erfasst und auf eine Thermosäule geleitet wird.

Die gebildete Thermospannung steht dann als Ausgangssignal zur Temperaturmessung zur Verfügung.

Aufgabenstellung

Es sind Messschaltungen für Thermoelemente und Widerstandsthermometer aufzubauen. Am Beispiel typischer Messschaltungen sollen Temperaturmessfehler erkannt und unterdrückt werden. Außerdem ist das Zeitverhalten von Thermoelementen und Messwiderständen in unterschiedlicher Messumgebung zu untersuchen. Mittels ausgewählter Temperaturfixpunkte sind für verschiedene Sensoren Messwerte zu bestimmen und mit den Werten der Spannungsreihe für Thermoelemente bzw. den Grundwerten für Pt-100 Messwiderstände zu vergleichen.

Es ist ein vorgegebenes Temperatur-Messsystem auf Fehler zu untersuchen. Dabei ist zu prüfen, ob die Komponenten der Messeinrichtung optimal aufeinander abgestimmt sind:

- Aufnehmer (Sensor) zur Messwerterfassung
- Weiterleitung und Anpassung des Messsignals
- Ausgabe zur Messwertanzeige

Versuchsaufbau und -durchführung

Als Konstantwärmequellen für die Temperaturmessung mit verschiedenen Sensoren stehen widerstandsbeheizte Metallblocköfen, Flüssigkeitsbäder und Fixpunktmessstellen zur Verfügung. Die Temperatur der Wärmequellen ist regelbar und wird mit einem kalibrierten Thermometer mit 0,01 °C Teilung gemessen. Die angezeigte Temperatur wird als „exakt" angesehen.

Vorbereitung der Messungen

- Die Verschaltung der zu testenden Sensoren erfolgt nach Vorlagen am Arbeitsplatz.
- Anschließend werden die o. g. Wärmequellen bis zur Temperaturkonstanz aufgeheizt.

Durchführung der Messungen

- Die zur Testung vorgesehenen Sensoren werden nacheinander an den bezeichneten Stellen der Konstantwärmequellen platziert.
- Das temperaturproportionale Messsignal wird registriert.
- Die Messung ist beendet, wenn das Messsignal einen konstanten Wert erreicht hat.
- Aus den Grundwertetabellen für Thermoelemente und Pt-100 Widerstandsthermometer lassen sich dann die den Messwerten entsprechenden Temperaturwerte in Grad CELSIUS ablesen und mit der „exakten" Temperatur vergleichen.

Hinweise zur Auswertung und Diskussion

1. Die Messergebnisse, die mit Hilfe der verschiedenen Messschaltungen erhalten wurden, sind tabellarisch zusammenzustellen.
2. Für möglichst genaue Temperaturmessungen sind geeignete Schaltungen zu benennen.
3. Messungen, die mit Thermoelementen durchgeführt wurden, sind mit den mit Widerstandsthermometern gemessenen zu vergleichen. Es sind die Vor- und Nachteile der verschiedenen Sensoren, sowie erkannte Fehlerquellen zu diskutieren.

Literatur

ULLMANN's Enzyklopädie der Technischen Chemie, 4. Auflage, *Verlag Chemie, Weinheim* **1980**, Bd. 5, Kapitel „Betriebsmeßtechnik".
WEBER, D.; NAU, M.: „Elektrische Temperaturmessung", *Firmenschrift der M. K. Juchheim GmbH* **1991**.

1.1.2
Temperaturregelung

Technisch-chemischer Bezug

Bei der Automatisierung chemischer Prozesse kommt der selbsttätigen Regelung von Prozessgrößen eine entscheidende Bedeutung zu. Die Regelung sorgt im Ablauf der Reaktion dafür, dass bestimmte Größen wie Temperatur, Druck, Füllstand, Drehzahl und Spannungen bestimmte, als günstig erkannte konstante Werte annehmen oder in Abhängigkeit von anderen Größen konstant gehalten werden. Das sichere Betreiben von großen chemischen Prozesseinheiten (Erdölspaltanlagen, Synthese von Methanol und Ammoniak u. a.) oder parameterempfindlichen Prozessen (biochemische Reaktionen) erfordern eine zuverlässige Regelung beim Auftreten von Störungen.

Grundlagen

Regelkreis

Die Regelung soll eine bestimmte physikalische oder technische Größe, die **Regelgröße (Istwert) x** genannt wird, an eine von außen vorgegebene Größe **Führungsgröße (Sollwert) w**, angleichen. Den dazu notwendigen Eingriff in den veränderlichen Masse oder Energiestrom nennt man **Stellen**, die erforderliche Einrichtung, die den Stellvorgang ausführt, **Stelleinrichtung (Stellglied)** und die entsprechende Größe, die gestellt wird, **Stellgröße y**.

Damit ein Eingreifen des Reglers notwendig wird, muss zunächst eine Abweichung der Regelgröße von der Führungsgröße, eine **Regeldifferenz**, auftreten. Diese Abweichungen werden durch **Störgrößen z** ausgelöst.

Die Regeldifferenz erfasst man mit Messeinrichtungen (Sensoren), die diese zur Verarbeitung an den Regler weitergeben. Die Reglerausgangsgröße y_R ist dann maßgebend für die Betätigung der Stelleinrichtung.

Der Regelvorgang kann also in einem Wirkungskreis, dem **Regelkreis**, dargestellt werden.

Der Regelkreis wird von der Regelstrecke (zu regelnde Anlage, z. B. beheizter Reaktor, Füllstand oder Drehzahl des Rührers im Reaktor) und dem Regler gebildet (s. Abb. 1.2).

Der Regler hat die Aufgabe, die Regelgröße zu erfassen und mit der Führungsgröße zu vergleichen, um daraus eine entsprechende Stellgröße zu bilden. Vom Regler wird gefordert, dass die Dynamik des zu regelnden Prozesses gut ausgeglichen wird. Der Istwert sollte den Sollwert möglichst schnell erreichen und dann möglichst wenig um ihn schwanken.

Wird die Regelgröße sprungartig geändert, so wird der Eingriff des Reglers in den Regelkreis durch folgende Größen bestimmt:
- die Anregelzeit T_{an} (der Istwert erreicht den neuen Sollwert)
- die Ausregelzeit T_a (der Istwert erreicht den Toleranzbereich)

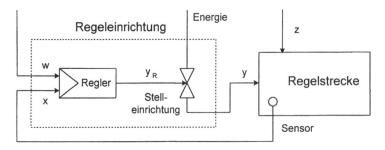

Abb. 1.2. Elemente des Regelkreises

- die Überschwingweite x_m (idealerweise ist die Überschwingweite null)
- die Toleranzgrenze $+/-\Delta x$ (vorgegebene Schwankungsbreite des Istwertes um den Sollwert)

Der Regler hat „ausgeregelt", wenn der Prozess mit einem konstanten Stellgrad geführt wird, d. h. wenn sich die Regelgröße innerhalb eines vereinbarten Toleranzbandes bewegt (s. Abb. 1.3).

Damit der Regler den Bezug zwischen Regelgröße und Führungsgröße herstellen und daraus die Stellgröße bilden kann, müssen die von den Sensoren bereitgestellten analogen oder digitalen Signale verarbeitet werden. Das kann mechanisch, pneumatisch, elektrisch oder mathematisch erfolgen. Im letzteren Falle wird der am Regler beispielsweise anliegende analoge Istwert digitalisiert und anschließend von einem Mikroprozessor entsprechend der Reglerstruktur verarbeitet. Die vom Regler errechnete Stellgöße wird wieder in ein analoges Signal zurückverwandelt und dient zur Ansteuerung des Stellgliedes. Das Stellglied ist nun in der Lage, einen Masse- oder Energiestrom zu dosieren. Die Masseströme können fest, flüssig, oder gasförmig

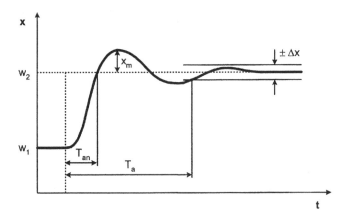

Abb. 1.3. Parameter für einen Reglereingriff

sein, die über Stellventile, -klappen, oder -schieber dosiert werden. Bei den Energie-
strömen handelt es sich vorwiegend um elektrische Energie, die über Kontakte, Relais
unstetig oder Stelltrafo bzw. Stellwiderstand stetig zugeführt wird.

Arten von Regelstrecken und ihr Zeitverhalten

Die Regelstrecke stellt den zu regelnden Prozess (z. B.: isotherme Prozessführung im
KIK) oder die zu regelnde Anlage (z. B.: Temperaturkonstanz in einem Brennofen)
dar. Eingangsgröße für die Regelstrecke ist die vom Regler über das Stellglied wir-
kende Stellgröße y. Die Ausgangsgröße der Regelstrecke ist die Regelgröße x. Außerdem wirken Störgrößen auf die Regelstrecke ein.

Wichtig für den Aufbau eines Regelkreises ist es zu wissen, wie die Regelstecke
reagiert, wenn sich eine der o. a. Einflussgrößen ändert. Welchen neuen Wert nimmt
die Regelgröße nach bestimmten Änderungen an? Wie ist der zeitliche Verlauf des
Überganges in den neuen Beharrungszustand? Das entsprechende Verhalten wird
als **Dynamik der Regelstrecke** bezeichnet.
Man gliedert Regelstrecken in:
- Regelstrecke mit linearem oder nichtlinearem Verhalten
- Regelstrecke mit und ohne Ausgleich
- Regelstrecke mit und ohne Totzeit

Eine Voraussetzung für die Auslegung von Regelungen ist eine genaue Charakterisierung der Regelstrecke. Nur so ist es möglich, geeignete Regler auszuwählen und diese
zu parametrieren. Die Beschreibung des Zeitverhaltens ist wichtig, um die Dynamik
des technischen Systems zu beherrschen und ihm gegebenenfalls einen anderen Zeitverlauf aufzuprägen.

Betrachtet man das Ausgangssignal einer Regelstrecke x in Abhängigkeit vom Eingangssignal y, so stellt man für viele praktische Regelkreise in begrenzten Bereichen
lineares Verhalten fest, d. h. bei Vergrößerung des Stellgrades des Stellgliedes (Öffnen
eines Ventils) wird der Istwert (Durchfluss) linear vergrößert. Die **statische Kennlinie**
dieser Regelstrecke ist linear. Für die Festlegung des Arbeitspunktes sollte die Mitte
der Kennlinie bei voller Leistung gewählt werden. Wählt man den unteren oder oberen
Bereich der Kennlinie, so wird die Regelbarkeit der Strecke erschwert.

Im Falle eines elektrisch beheizten Ofens wird mit steigender Heizleistung die
Temperatur im Ofen nicht linear ansteigen, weil sich mit steigender Temperatur
die Wärmeabstrahlung verstärkt. Das Verhalten dieser Regelstrecke ist nichtlinear.

Die **dynamische Kennlinie** beschreibt, wie sich das Ausgangssignal der Strecke
verhält, wenn sich das Eingangssignal zeitlich verändert. Man kann das am einfachsten dadurch testen, indem man den Istwertverlauf über der Zeit bei einer sprunghaften
Änderung der Stellgröße verfolgt. Die Vorgehensweise ist vergleichbar mit der Aufnahme eines Verweilzeitspektrums, z. B. eines KIK, nach einer Sprungmarkierung.

Reagiert eine Regelstrecke auf eine Änderung der Stellgröße oder eine andauernde
Störung mit der Ausbildung eines neuen stabilen Istwertes, spricht man von einer
Regelstrecke mit Ausgleich. Der neue Beharrungszustand kann sich verzögerungs-

frei oder mit Verzögerung einstellen. Zwischen Regelgröße x und Stellgröße y gilt im einfachsten Fall der Zusammenhang:

$\Delta x = k_S \cdot \Delta y$, mit k_S Übertragungsbeiwert der Regelstrecke mit Ausgleich.

Stellgrößenänderungen über Hebel und Getriebe sind Beispiele für Strecken mit Ausgleich.

Reagiert eine Strecke auf eine Änderung der Stellgröße mit einer stetig größer werdenden Änderung des Istwertes, wie es z. B. bei einer Kursänderung eines Fahrzeuges der Fall ist, so spricht man von einer **Regelstrecke ohne Ausgleich**. Bei einer sprunghaften Änderung der Stellgröße y wächst die Regelgröße x proportional mit der Zeit an.

Bei **Regelstrecken mit Totzeit** reagiert der Prozess erst nach Ablauf einer Zeitspanne auf die Änderung der Stellgröße mit einer sprunghaften Änderung der Regelgröße. Als Beispiel sei die Druckregelung in Gasleitungen genannt. Totzeiten können sowohl bei Strecken mit als auch ohne Ausgleich auftreten.

Wirkt eine Störung oder sprunghafte Änderung der Stellgröße zeitverzögert aber stetig bis zum Erreichen eines neuen Istwertes der Regelgröße, so spricht man von **Regelstrecken mit Verzögerung** (1. Ordnung). Ein Beispiel ist das Entladen eines Kondensators über einen Widerstand. Die Regelgröße ändert sich bei Regelstrecken dieser Art nach:

$$x = k_S \cdot \Delta y \left(1 - \exp \left(- \frac{t}{T_S} \right) \right), \text{ mit } T_S \text{ Zeitkonstante.}$$

In der Praxis kommen außerdem Regelstrecken mit mehreren Verzögerungen (Regelstrecken höherer Ordnung) vor.

Regler

Der Regler führt den Vergleich zwischen Regelgröße und Führungsgröße durch und bildet in Abhängigkeit von der Regelabweichung eine Stellgröße (s. Abb. 1.4). Man unterscheidet zwischen **stetigen Reglern**, bei denen am Ausgang ein stetiges Signal (Strom, Spannung) anliegt, das zwischen Anfangs- und Endwert beliebige Zwischenwerte annehmen kann und **unstetigen Reglern**, bei denen das Ausgangssignal die Stellgröße ein- oder ausschaltet (Zweipunktregler). Über stetige Regler werden entsprechende Stellglieder angesteuert, die ein stetiges Signal benötigen (z. B. Stellventile, Thyristor-Leistungssteller).

Die stetigen Regler lassen sich entsprechend ihrem wirkungsmäßigen Verhalten einteilen (s. Abb. 1.5):

Der **Proportionalregler (P-Regler)** bildet aus der Differenz zwischen Regelgröße und Führungsgröße die Regelabweichung. Das Signal der Regelabeichung muss verstärkt werden, um als Stellgröße ein entsprechendes Stellglied bedienen zu können. Mit Hilfe der Verstärkung, die am Regler einstellbar ist, lässt sich der Regler an die

Änderung der Stellgröße

Regelstrecke ohne Ausgleich

Regelstrecke mit Ausgleich und Verzögerung

Regelstrecke mit Ausgleich, Totzeit und Verzögerung

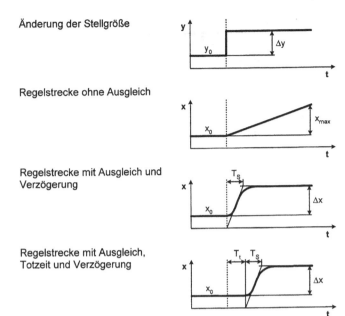

Abb. 1.4. Übergangsverhalten von Regelstrecken auf sprunghafte Änderungen der Stellgröße y (T_S Zeitkonstante; T_t Totzeit)

Regelstrecke anpassen. Das stetige Ausgangssignal des Reglers ist der Regelabweichung proportional:

$$y = k_P \, (w - x), \text{ mit } k_P \text{ Reglerverstärkung.}$$

Da in der Praxis die Stellgröße technisch begrenzt ist (die Heizleistung eines Ofens z. B. lässt sich nicht beliebig erhöhen), kann die Proportionalität zwischen Regelabweichung und Stellgröße nur für einen bestimmten Bereich gelten. Dieser Bereich heißt **Proportionalbereich X**.

Proportionalbereich und Reglerverstärkung stehen in folgendem Zusammenhang:

$$X_P = \frac{1}{k_P} \cdot 100\%,$$

d. h. ein großer Proportionalbereich entspricht einer kleinen Verstärkung und umgekehrt.

Der Regler gibt nur dann eine Stellgröße aus, wenn eine Regelabweichung vorliegt, d. h. erreicht die Regelgröße die Führungsgröße, so wird die Führungsgröße null. Für einen elektrisch beheizten Ofen heißt das, dass keine Heizleistung mehr zugeführt wird und der Ofen abkühlt. Ist die Regelabweichung nur gering, reagiert der P-Regler nur mit einer geringen Stellgröße. Diese reicht nicht aus, um die Regelabweichung

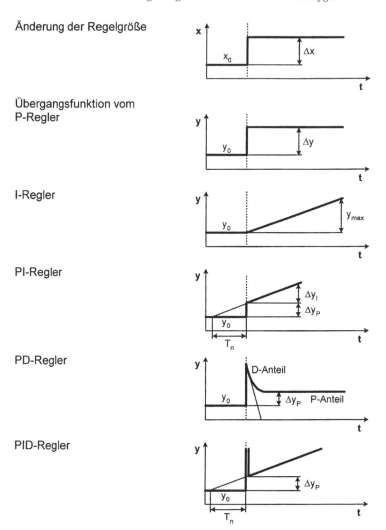

Änderung der Regelgröße

Übergangsfunktion vom
P-Regler

I-Regler

PI-Regler

PD-Regler

PID-Regler

Abb. 1.5. Übergangsverhalten verschiedener Regler auf eine sprunghafte Änderung der Regelgröße x (T_n Nachstellzeit)

auszuregeln. Die Abweichung vom Sollwert wird immer größer, bis die Stellgröße ausreicht, einen konstanten Wert zu halten. Das Resultat ist eine **bleibende Regelabweichung des P-Reglers**.

Durch Verkleinern des Proportionalbereiches lässt sich die bleibende Regelabweichung verringern. Da der Regler aber dann auf kleine Regelabweichungen stark reagiert, kann es zu Schwingungen der Regelgröße kommen. Man erkennt, dass es sich beim P-Regler um einen statischen Regler handelt, da sein Verhalten von der zeitlichen Bildung der Regelabweichung unabhängig ist.

Der **Integralregler (I-Regler)** dagegen summiert die Regelabweichung über die Zeit auf. Je länger eine Regelabweichung dauert, desto größer wird die Stellgröße des I-Reglers, d. h. die Stellgeschwindigkeit ist proportional zur Regelabweichung. Nach entsprechend langer Zeit wird die Regelabweichung gleich null. Der I-Anteil lässt sich an vielen Reglern über die sogenannte Nachstellzeit T_n einstellen. Der I-Regler erzeugt keine bleibende Regelabweichung. Ein Nachteil dieses Reglertyps besteht darin, dass er in Kombination mit bestimmten Arten von Regelstrecken Schwingungen des Regelkreises verursacht.

Die Nachteile der beiden Reglerarten versucht man durch Regler mit gemischtem Verhalten: **PI-Regler** oder durch solche Regler zu beheben, die zusätzlich noch eine **differentielle** Wirkungsweise zeigen: **PD-Regler, PID-Regler**.

Ein reiner D-Regler ist in der Praxis ohne Bedeutung, da er das Ausmaß der Regelabweichung unberücksichtigt lässt und lediglich auf die Änderungsgeschwindigkeit der Regelabweichung reagiert. Der D-Anteil eines PD-Reglers wirkt sich dahingehend aus, dass sich bei einer Regelabweichung die Stellgröße zusätzlich zum P-Anteil kurzzeitig vergrößert. Anschließend wird die Stellgröße bei Verringerung der Regelabweichung rechtzeitig wieder reduziert. Auch der D-Anteil ist an den meisten Reglern über die sogenannte Vorhaltezeit T_v einstellbar.

Der **PID-Regler** vereinigt die günstigen Eigenschaften des P-Reglers mit denen des D- und I-Reglers. Der P-Anteil reagiert nach dem Auftreten einer Regelabweichung sofort mit einer entsprechenden Stellgröße. Die bleibende Regelabweichung wird durch Addition des I-Anteils beseitigt. Der D-Anteil verbessert das Anlaufverhalten indem er zu Beginn des Reglereingriffs die Stellgröße kurzzeitig und zusätzlich vergrößert.

Bei unstetigen Reglern muss zwischen Reglern mit und ohne Zeitverhalten unterschieden werden. Ein unstetiger Regler ohne Zeitverhalten ist ein Grenzwertschalter, der die Stellgröße beim Über- bzw. Unterschreiten eines vorgegebenen Sollwertes ein- oder ausschaltet (z. B. Kontaktthermometer). Wird das Ausgangssignal eines stetigen Reglers in Schaltfolgen umgewandelt, so erhält man einen unstetigen Regler, mit dem sich ebenfalls P-, PI-, PD-, und PID-Verhalten realisieren lässt. Man könnte annehmen, dass unstetige Regler mit einer so groben Abstufung der Stellgröße nur ein wenig befriedigendes Regelverhalten zeigen. Das ist aber nicht so. Wegen des einfachen Aufbaus der Stellglieder sind unstetige Regler mit Zeitverhalten stark verbreitet. Sie sind zur Temperaturregelung im Einsatz, wenn die Regelstrecken relativ langsam und mit schaltenden Stellgliedern gut zu beherrschen sind.

Aufgabenstellung

Regler mit unterschiedlichen Reglerstrukturen sind an eine Regelstrecke in Form eines beheizten Reaktionsrohres anzupassen. Dazu sind Regelparameter nach vorgegebenen Kriterien zu bestimmen und der jeweilige Regler optimal auf die vorgegebene Regelstrecke einzustellen.

Versuchsaufbau und -durchführung

In Abb. 1.2 ist die Regelstrecke durch den in Abb. 1.6 dargestellten Versuchsaufbau zu ersetzen:

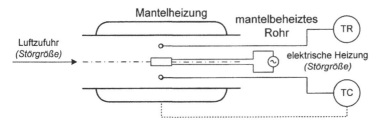

Abb. 1.6. Schematische Darstellung des Versuchsaufbaus

Ein mantelbeheiztes Glasrohr dient im Versuch als Regelstrecke. Es können Störgrößen in Form der Luftzufuhr und der Wärmeentwicklung eines Heizelementes im Inneren des Rohres die Regelung beeinflussen.

Die Temperaturmessung erfolgt mittels eines Fe-Konstantan-Thermoelementes, welches im Inneren des Rohres in einem Gazegeflecht positioniert ist.

Der zeitliche Temperaturverlauf im Rohr wird mit Hilfe einer Registriereinrichtung verfolgt. Als Messfühler dient gleichfalls ein Fe-Konstantan-Thermoelement.

Als Regler kommen handelsübliche Temperaturregler mit schaltendem Ausgang (unstetige Regler) zum Einsatz.

Durchführung der Messungen

- Regler, Gebläse und/oder Heizelement sowie die Registriereinrichtung sind mit der Stromversorgung zu verbinden und vorgegebene Regler- und Regelstreckenwerte sind einzustellen.
- Nach dem Ausregeln auf einen vorgegebenen Sollwert, ist die Führungsgröße sprungartig auf einen genau 20 °C höheren Wert einzustellen.
- Es ist die Übergangsfunktion aufzunehmen und daraus die Parameter Verzugszeit T_u und Ausgleichszeit T_g (s. Abb. 1.7) zu ermitteln.
- Außerdem ist die Anregelzeit, Ausregelzeit und Überschwingweite unter den eingestellten Bedingungen zu bestimmen.
- Aus der Übergangsfunktion ist die maximale Anstiegsgeschwindigkeit $v_{max} = \dfrac{\Delta x}{\Delta t}$ und daraus folgende Reglereinstellwerte zu berechnen:

Proportionalbereich $X_P \approx 0{,}83\, v_{max} T_u$
Nachstellzeit $T_n \approx 2\, T_u$
Vorhaltzeit $T_v \approx 0{,}22\, T_n\, x$

Die angegebenen Regler-Einstellkriterien wurden experimentell ermittelt und haben sich in der Praxis bewährt.

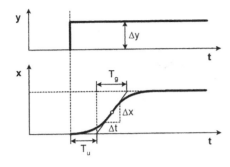

(a)

Reglerstruktur	Einstellung
P	$X_p \approx v_{max}\, T_u$
PI	$X_p \approx 1{,}2\ v_{max}\, T_u$
PD	$X_p \approx 0{,}83\ v_{max}\, T_u$
	$T_v \approx 0{,}25\ T_u$
PID	$X_p \approx 0{,}83\ v_{max}\, T_u$
	$T_n \approx 2\ T_u$
	$T_v \approx \dfrac{T_n}{4{,}5}$
PD/PID	$X_p \approx 0{,}4\ v_{max}\, T_u$
	$T_n \approx 2\ T_u$
	$T_v \approx \dfrac{T_n}{4{,}5}$

$$\frac{T_g}{T_u} > 10 \qquad \text{gut regelbar}$$

$$3 \le \frac{T_g}{T_u} \le 10 \qquad \text{noch regelbar}$$

$$\frac{T_g}{T_u} < 3 \qquad \text{schwer regelbar}$$

(b)

Abb. 1.7. Hinweise zur Auswertung
(a) Übergangsfunktion auf einer sprunghaften Änderung der Stellgröße
(b) Berechnung der Regelparameter

- Der Regelkreis ist für mindestens zwei Reglerstrukturen zu testen. Dazu sind die berechneten Werte am Regler einzustellen und bei geschlossenem Regelkreis das Ausregeln mit dem Registriergerät aufzuzeichnen. Folgende Diagramme geben Hinweise auf mögliche Einschwingvorgänge (s. Abb. 1.8).

Weitere Möglichkeiten zu einer verbesserten Anpassung des Reglers an die Regelstrecke sind:
- Veränderung der Schaltperiodendauer
- Variation der Schaltdifferenz
- Anwendung der FUZZY-Logik

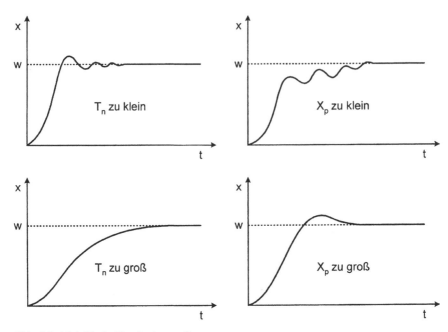

Abb. 1.8. Nichtideale Einschwingvorgänge

Hinweise zur Auswertung und Diskussion

1. Die getestete Regelstrecke ist zu beurteilen. Wie ist die Regelbarkeit der Strecke einzuschätzen?
2. Welche der getesteten Reglerstrukturen zeigt das beste Anfahrverfahren, d. h. möglichst steile Anfahrkurve ohne Überschwingungen? Das Verhalten ist zu begründen.

Literatur

Simic, D.; Hochheimer, G.; Reichwein, J.: „Messen, Regeln und Steuern", *VCH, Weinheim* **1992**.
Blasinger, F.: „Regelungstechnik", *Firmenschrift der M. K. Juchheim GmbH* **1996**.

1.1.3
Durchflussmessung

Technisch-chemischer Bezug

Kontinuierliche chemische Prozessabläufe sind durch eine stetige Zu- und Abführung von Edukt- bzw. Produktströmen gekennzeichnet. Um während des Prozesses die Stöchiometrie der Reaktion zu gewährleisten, müssen diese Ströme reproduzierbar mess- und regelbar sein. Auf diese Weise wird unter sonst konstanten Reaktionsbedingungen am Reaktorausgang ein einheitliches Produkt erhalten. Die zur Messung von Stoffströmen benötigten Geräte heißen **Durchflussmesser**.

Grundlagen

Als Durchfluss wird die pro Zeiteinheit durch einen Strömungsquerschnitt (z. B. Rohrquerschnitt) fließende Stoffmenge bezeichnet. Je nach der Einheit der Stoffmenge wird der Volumen- oder Massenstrom gemessen. Bei Kenntnis der Dichte des strömenden Mediums ist eine Umrechnung möglich. Massenströme sind Volumenströmen vorzuziehen, weil sie vergleichbare Werte zur weiteren Verrechnung liefern. Gasvolumina werden häufig in einen Normzustand umgerechnet, um sie vergleichbar zu machen. Die Vergleichbarkeit ist aber nur dann gegeben, wenn sich im Apparat die Molzahl nicht ändert (z. B. durch chemische Reaktion).

Durchflussmesser lassen sich auch als Volumenzähler verwenden, wenn der Messwert über die Zeit integriert wird. Nach der Wirkungsweise lassen sich Durchflussmesser wie folgt unterscheiden:

Wirkdruckdurchflussmesser

Das Wirkdruckverfahren ist ein in der Technik weitverbreitetes Verfahren zur Durchflussmessung. Das Wirkprinzip beruht auf der Verengung des Rohrquerschnitts durch Einfügen von Blenden oder Düsen. Der beim Durchfluss eines Mediums auftretende Druckabfall – Wirkdruck genannt – dient zur Berechnung des Stoffstromes. Ausgehend von der BERNOULLI-Gleichung für ideale Strömungen, ergibt sich für zwei unterschiedliche Rohrquerschnitte (s. Abb. 1.9):

$$\frac{\rho}{2} w_1^2 + p_1 = \frac{\rho}{2} w_2^2 + p_2 \quad \text{und} \quad \Delta p = \frac{\rho}{2} (w_2^2 - w_1^2),$$

mit ρ Dichte des strömenden Mediums,
  w Strömungsgeschwindigkeit,
  p Druck.

Es ist zu erkennen, dass sich durch Vergrößerung der Strömungsgeschwindigkeit in der Verengung der Rohrleitung der statische Druck p_2 gegenüber p_1 verringert. Die sich beim Durchfluss ergebende Druckdifferenz Δp lässt sich durch Kalibrierung eines

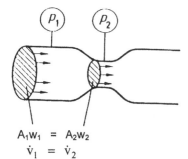

$$A_1 w_1 = A_2 w_2$$
$$\dot{v}_1 = \dot{v}_2$$

Abb. 1.9. Strömung durch eine Rohrverengung (A Querschnittsfläche, w Strömungsgeschwindigkeit, v̇ Durchfluss)

Differenzdruckmanometers direkt anzeigen oder von Messumformern in ein Einheitssignal zur weiteren Verarbeitung umformen.

Blenden und Düsen werden für den industriellen Einsatz in genormten Abmessungen hergestellt. Als Beispiel sei die VENTURI-Düse genannt.

Durchflussmessung aus dem Druckabfall in Rohren (Kapillardurchflussmesser)

Fluide erzeugen beim Durchströmen von Rohren (Kapillaren) einen Reibungswiderstand, der mit wachsendem Durchfluss ansteigt und zu dessen Überwindung ein Druckgefälle nötig ist. Das Widerstandsgesetz für laminare Strömungen (Gesetz von HAGEN-POISEULLE) beschreibt diesen Sachverhalt:

$$\dot{v} = \frac{\pi\, r^4}{8\, \eta l} \cdot \Delta p, \text{ mit } \quad r, l \text{ Radius und Länge der Kapillare, } \quad \eta \text{ Viskosität des Fluids.}$$

Aus Abb. 1.10 ist die einfache Herstellbarkeit eines Kapillarströmungsmessers erkennbar. Im Labor werden häufig austauschbare Glaskapillaren unterschiedlichen Durchmessers verwendet, um den Differenzdruck dem Durchfluss anzupassen.

Schwebekörper-Durchflussmesser

Ein in einem senkrecht stehenden konischen Rohr frei beweglicher Schwebekörper wird bei Durchströmung des Rohres soweit angehoben, bis die Gravitationskraft G durch die Summe von Auftriebskraft A und der Kraft S, die den Schwebekörper durch

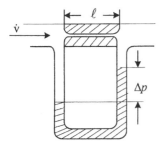

Abb. 1.10. Kapillardurchflussmesser

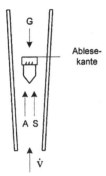

Abb. 1.11. Schwebekörper-Durchflussmesser

Strömung anhebt, kompensiert ist (s. Abb. 1.11). Das Kräftegleichgewicht G = S + A lässt den Schwebekörper dann an seiner Position verharren. Das wird durch den über die Länge des Rohres veränderlichen Ringspalt erreicht. Jedem Durchflusswert entspricht somit ein bestimmter Ringspalt, der wiederum einer definierten Höhenstellung des Schwebekörpers im Rohr entspricht.

Magnetisch-induktive Durchflussmesser

Lässt man eine elektrisch leitende Flüssigkeit durch ein senkrecht zur Flussrichtung erzeugtes Magnetfeld fließen, so wird im Fluid, ähnlich einem metallischen Leiter, eine Spannung induziert, die an zwei Elektroden abgreifbar ist (s. Abb. 1.12). Die gemessene Spannung ist dabei dem gemessenen Stoffstrom und der magnetischen Induktion proportional.

Der Volumenstrom in einem Rohr errechnet sich wie folgt:

$$\dot{v} = \frac{U}{K \cdot B} \cdot \frac{\pi}{4} \, l, \text{ mit}$$

U induzierte Spannung,
B Stärke des Magnetfeldes,
l Elektrodenabstand,
K Gerätekonstante.

Zur Durchflussmessung ist dieses Messprinzip im industriellen Maßstab im Einsatz. Es ist auf elektrisch leitfähige Fluide beschränkt.

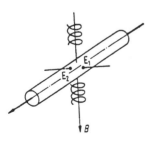

Abb. 1.12. Schema eines magnetisch-induktiven Durchflussmessers

Thermische Durchflussmesser

Wird einem Stoffstrom aus einer Konstantwärmequelle Energie zugeführt, so lässt sich aus der Temperaturdifferenz, die vor und nach dem Heizelement gemessen wurde, über eine Wärmebilanz der Durchfluss berechnen:

für den Massestrom: $\dot{m} = \dfrac{\dot{Q}}{c_p \Delta T}$ bzw. den Volumenstrom: $\dot{v} = \dfrac{\dot{Q}}{\rho c_v \Delta T}$.

Im thermischen Durchflussmesser wird nicht das gesamte Fluid erwärmt und aus der Temperaturdifferenz der Stoffstrom ermittelt, sondern die Messeinrichtung wird in einen Bypass verlegt, wobei dafür zu sorgen ist, dass die Splittung durchflussproportional erfolgt (s. Abb. 1.13).

Die entsprechenden Messgeräte sind sowohl für den Labor- als auch den Industrie-Einsatz erhältlich.

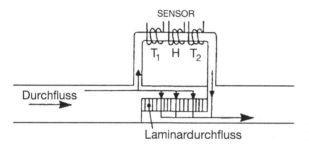

Abb. 1.13. Prinzip eines thermischen Durchflussmessers

Aufgabenstellung

Die vorgenannten Durchflussmesser sind auf ihre Wirkungsweise hin zu testen. Die einzelnen Messgeräte sind entsprechend ihrem Messbereich und ihrer Eignung für den Gas- oder Flüssigkeitsdurchfluss zu kalibrieren.

Versuchsaufbau und -durchführung

Vorbereitung der Messungen
- Zur Kalibrierung eines Wirkdruckdurchflussmessers (Kapillarströmungsmesser) ist dieser mit einem Differenzdruckmanometer zu verbinden. Der Durchflussmesser wird an eine Druckgasleitung angeschlossen.
- Der Volumenstrom ist über ein Druckminderventil und ein Dosierventil in einem dem Durchflussmesser angepassten Bereich variabel einstellbar. Zur Vermeidung des Austrags von Manometerflüssigkeit werden dem Durchflussmesser Sicherheitsgefäße vor und nachgeschaltet.

Durchführung der Messungen

- Durch Variation des Durchflusses erhält man am Messschenkel des Manometers unterschiedliche Höhenstände der Manometerflüssigkeit. Die an einem nachgeschalteten kalibrierten Durchflussmesser abgelesenen Durchflusswerte sind den zu kalibrierenden Kapillarströmungsmessern zuzuordnen. Es sind zwei Messreihen mit auf- und absteigendem Durchfluss und jeweils 10 Einstellungen des Durchflusses aufzunehmen.
- Die Kalibrierung eines Schwebekörper-Durchflussmessers erfolgt im Flüssigkeitsstrom, der im Kreislauf gepumpt wird. Mit Hilfe eines Dosierventils sind variable Werte des Durchflusses einstellbar. Der Durchfluss wird mit Mensur und Stoppuhr bestimmt und der Messwert dem Höhenstand des Schwebekörpers zugeordnet. Es sind gleichfalls zwei Messreihen mit auf- und absteigendem Durchfluss aufzunehmen.
- Magnetisch-induktive Durchflussmesser sind im Versuchsstand 2.3.2 „Bestimmung des Wärmetransports durch Leitung und Konvektion" eingebaut. Die Kalibrierung dieser Geräte erfolgt an diesem Versuchsstand.
- Zur Kalibrierung eines thermischen Durchflussmessers steht ein Digital Mass Flow Controller (DMFC) der Firma BROOKS zur Verfügung. Die Kalibrierung wird mit Hilfe des Operator-Interface-Programms DTMF durchgeführt. Am Gerät selbst gibt es keine mechanische Einstellmöglichkeit (Potentiometer) mehr, um das Gerät zu konfigurieren.

Hinweise zur Auswertung und Diskussion

1. Die Messergebnisse der Kalibrierversuche sind in Form von Wertetabellen aufzunehmen. Dabei sollte die Zeit als unabhängige, der Durchfluss als abhängige Variable erscheinen. Aus den Messwerten sind die jeweiligen Mittelwerte zu bilden.
2. Es ist eine Regressionsrechnung durchzuführen und der funktionelle Zusammenhang zwischen Durchfluss und Zeit anzugeben.
3. Bei Differenzdruckmessungen ist die funktionelle Abhängigkeit zwischen Druck und Strömungsgeschwindigkeit zu berechnen.
4. Zur Vergleichsmessung bei der Kalibrierung der Durchflussmessgeräte werden Volumenmessungen herangezogen. Welche Fehler sind dabei zu erwarten? Dazu ist eine Fehlerrechnung durchzuführen und die Ergebnisse sind zu diskutieren.

Literatur

STROHRMANN, G.:„Meßtechnik im Chemiebetrieb", *R. Oldenburg Verlag, München/Wien* **1995**.

SIMIC, D.; HOCHHEIMER, G.; REICHWEIN, J.: „Messen, Regeln und Steuern", *VCH, Weinheim* **1992**, Kapitel 1.6.

VAUCK, W.; MÜLLER, H.: „Grundoperationen chemischer Verfahrenstechnik", 10. Auflage, *Deutscher Verlag für Grundstoffindustrie, Leipzig/Stuttgart* **1994**, Kapitel 2.2.5.

1.2
Spezielle Messverfahren

Für viele technisch-chemische Anwendungen disperser Systeme (feste, flüssige oder gasförmige Partikel) ist eine reproduzierbare Herstellbarkeit physikalischer Partikeleigenschaften und die Prozesskontrolle darüber unverzichtbar. Dabei gilt es, die in Frage kommenden Disperoide mit Hilfe geeigneter physikalischer und physikalisch-chemischer Messverfahren auf ihre Partikelmerkmale hin so umfassend wie möglich und so gut wie nötig zu charakterisieren. Das Einsatzspektrum spezieller Messtechniken zur Charakterisierung der Partikelphase umfasst das Erfassen der Partikelgröße und -morphologie, der stofflichen Zusammensetzung sowie der Anzahlkonzentration. Handelt es sich bei den zu untersuchenden Partikeln um feste und zugleich poröse Stoffe, so gehört zur Routineüberwachung außerdem die Bestimmung von Porenstruktur und Porenvolumen der Partikel, einschließlich der für die Anwendung nutzbaren Oberfläche, Porengrößenverteilung und Zugänglichkeit von Molekülen zum Porensystem. Anwendungsbeispiele hierfür sind: Adsorption, Katalyse, Korrosion und Passivierung, Tribologie, Adhäsion von Bindern, Oberflächenbehandlungen bzw. Beschichtungen von Polymeren und Metallen etc. Insbesondere im Bereich der Entwicklung von Heterogenkatalysatoren sowie später bei der Überwachung der Katalysatorproduktion ist der Einsatz spezieller festkörperanalytischer Messmethoden unerlässlich. Denn bei der Herstellung einer technisch einsetzbaren Form des Katalysators kommt es besonders darauf an, dass die optimierten Eigenschaften der katalytisch aktiven Komponente (Aktivität, Selektivität, Standzeit, Regenerierbarkeit) sichergestellt werden. Die Güte der wichtigen Katalysator-Kenngrößen, wie die Oberflächen- und Porenbeschaffenheit, Korngröße und -verteilung, Phasenreinheit, Kristallinität sowie Dispersität der aktiven Komponenten etc., wird mit Hilfe gebräuchlicher festkörperanalytischer Methoden, beispielsweise Adsorptions- und Chemisorptionsverfahren (N_2, Ar, CO), Röntgendiffraktometrie (XRD), Partikelgrößenanalyse, thermische Analyse (TG, DTA) u. a. ermittelt. Demgegenüber stehen die apparativ sehr aufwendigen Messmethoden der modernen Oberflächencharakterisierung, wie z. B. Rasterelektronenmikroskopie (REM), Transmissionselektronenmikroskopie (TEM), Elektronenspektroskopie zur chemischen Analyse (ESCA), Festkörper-NMR u. a. der industriellen Praxis viel seltener zur Verfügung. Für eine erfolgreiche Katalysatorentwicklung bilden jedoch diese Methoden in Kombination mit dem Routineverfahren der Katalysatorcharakterisierung eine verläßliche Informationsbasis zur Aufklärung katalytisch relevanter Strukturen und ihrer Verteilung in einem technischen Katalysator.

Literatur

ULLMANN's Encyclopedia of Industrial Chemistry, 5th Edition, B6, *VCH, Weinheim/New York* **1994**, Chapter: Surface Analysis, Thermal Analysis, Microscopy.

1.2.1
Bestimmung der Oberflächengröße poröser Feststoffe durch Gasadsorption

Technisch-chemischer Bezug

Die Größe der Oberfläche von Festkörpern ist für viele Anwendungen von entscheidender Bedeutung. So sind die physikalischen Eigenschaften wie Abrasion, Fließverhalten, Sinkgeschwindigkeit und Dichte sowie die chemischen Eigenschaften, vor allem die katalytische Aktivität der Festkörper von ihrer Oberflächengröße abhängig.

Die kostengünstige, schnelle und einfache Ermittlung der **Oberflächengröße** feindisperser Stoffe ist daher von grundlegendem Interesse für Forschung und Industrie.

Grundlagen

Es gibt einige Standard-Verfahren zur Bestimmung der Oberflächengröße von feindispersen Stoffen. Mittels **fotometrischer** und **Permeabilitätsverfahren** wird die makroskopische Oberfläche, auch **äußere** Oberfläche genannt, gemessen. Dagegen lässt sich mit Hilfe von **Adsorptionsverfahren** zusätzlich die **innere** Oberfläche bestimmen, welche aus Rissen, Spalten und Poren bestehen kann. Die Molekülgröße des zu adsorbierenden Stoffes bestimmt, welche Porenöffnungen der Feststoffprobe für das Adsorptionsmolekül noch zugänglich sind.

Die Oberfläche von pulverigen Festkörpern oder von porösem Material kann durch Gasadsorption bestimmt werden, indem man die Gasmenge ermittelt, die auf der Probe eine sogenannte monomolekulare Schicht ausbildet. Diese Adsorption wird bei einer Temperatur nahe dem Siedepunkt des adsorbierten Gases durchgeführt. Unter den gegebenen Bedingungen ist der Platzbedarf dieser Gasmoleküle recht genau bekannt. Zur Berechnung der Oberfläche muss man lediglich die Zahl der adsorbierten Moleküle mit dem Platzbedarf multiplizieren.

Die Messung des adsorbierten Gasvolumens erfolgt nach der statischen oder dynamischen Methode. Bei der **statischen Methode** dosiert man unter Adsorptionsbedingungen ein bekanntes Gasvolumen und wartet, bis sich der entsprechende Gleichgewichtsdruck eingestellt hat und ausgewertet werden kann. Dies kann einige Minuten oder Stunden dauern, was diese Methode sehr zeitaufwendig macht. Bei der **dynamischen Methode** leitet man einen konstanten Gasstrom über die Probe und misst entweder die Zeit bis zum Erreichen eines bestimmten Druckes, oder man wählt eine Gasmischung mit einem Inertgas (welches nicht adsorbiert wird) und misst die Konzentration des zu adsorbierenden Stoffes im Gasstrom bis zu dessen Konstanz.

Adsorptionsisotherme

Die Anlagerung von Gasmolekülen in porösen und oberflächenreichen Feststoffen wird als **Adsorption** bezeichnet. Darüber hinaus bezeichnet man den entsprechenden Feststoff als **Adsorbens**, die adsorbierte Phase als **Adsorbat** und die freien, nichtadsorbierten Moleküle als **Adsorptiv** (s. Abb. 1.14).

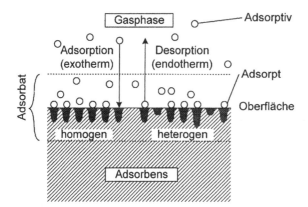

Abb. 1.14. Adsorption von Gasmolekülen an der Feststoffoberfläche

Im Verlaufe des Adsorptionsprozesses stellt sich ein Gleichgewicht zwischen den an der Grenzfläche des Adsorbens gebundenen und im Gasraum befindlichen Molekülen ein, das bei gegebener Temperatur mittels spezieller **Adsorptionsisothermen**-Gleichungen beschrieben werden kann. Hier sollen nur die bekanntesten Gleichungen angeführt werden (s. auch Versuch 2.2.5 „Adsorption an zeolithischen Molekularsieben").

Die Gleichung von LANGMUIR wurde auf der Basis kinetischer Vorstellungen für eine homogene Adsorbensoberfläche, monomolekulare Bedeckung und Vernachlässigung der Wechselwirkungen von Adsorbatmolekülen untereinander hergeleitet:

$$n_{ads} = n_{max} \frac{K_A p_A}{1 + K_A p_A}, \quad \text{mit} \quad \begin{array}{l} p_A \text{ Partialdruck des Adsorptivs,} \\ K_A \text{ Adsorptionskoeffizient.} \end{array} \tag{1}$$

Mit n_{max} wird unter diesen Annahmen die maximal adsorbierbare Stoffmenge bezeichnet, die sich mit der Temperatur ändert. Adsorptionsgleichgewichte von Mehrkomponenten-Systemen lassen sich nur unter Einbeziehung von Aktivitätskoeffizienten zur Berücksichtigung auftretender Wechselwirkungskräfte zufriedenstellend berechnen (vgl. real adsorbed solution (RAS) theory).

Während die LANGMUIR-Gleichung für Gase im Allgemeinen nur bei kleinen Partialdrücken Gültigkeit besitzt, konnten BRUNAUER, EMMET und TELLER (BET) Beziehungen ableiten, die für einen großen Druckbereich gelten. Sie gingen von der Annahme aus, dass bei höheren Partialdrücken bzw. tiefen Temperaturen Mehrschichtadsorption auftreten kann und berücksichtigten ferner eine mögliche Kapillarkondensation. Diese Gleichungen haben für Strukturuntersuchungen und genaue Oberflächenbestimmungen von Katalysatoren und Adsorptionsmitteln große Bedeutung.

Die Isothermengleichung von FREUNDLICH

$$n_{ads} = K_A' p_A^n, \quad \text{mit} \quad 0 < n < 1 \tag{2}$$

wurde ursprünglich empirisch aufgestellt. Unter der Voraussetzung einer logarithmischen Abnahme der Adsorptionsenthalpie mit steigender Beladung (energetisch inhomogene Oberfläche) kann sie aus der LANGMUIR-Gleichung abgeleitet werden. Bei der Mehrzahl der technisch eingesetzten Adsorbentien liegt zwar eine energetisch heterogene Oberfläche vor, entscheidender Nachteil der FREUNDLICH-Gleichung ist jedoch, dass sie bei hohen Partialdrücken nicht einem Grenzwert der Adsorption zustrebt.

Basierend auf der von POLANYI aufgestellten Potenzialtheorie haben DUBININ und Mitarbeiter eine Isothermengleichung für mikroporöse Adsorbentien vorgeschlagen:

$$n_{ads} = n_{max} \cdot \exp\left[-(A/E)^2\right]. \tag{3}$$

Das Adsorptionspotenzial A ist definiert als

$$A = RT \cdot \ln(p_s/p), \tag{4}$$

wobei im Gebiet oberhalb der kritischen Temperatur ($T > T_{krit}$) der Sattdampfdruck mit

$$p_s = (T/T_{krit})^2 \cdot p_{krit} \tag{5}$$

bestimmt wird. Nach dieser Theorie führt das als flüssige Phase aufgefasste Adsorbat im Bereich der Mikroporen durch Überlappung der Adsorptionspotenziale gegenüberliegender Wände zur völligen Ausfüllung des Porenvolumens. Diese Gleichung hat sich insbesondere zur Beschreibung der Adsorption an Aktivkohlen, Kohlenstoffmolekularsieben, aber auch an Zeolithen, bewährt.

Temperaturabhängigkeit der Adsorption, Adsorptionsenthalpie

Die Temperaturabhängigkeit der Adsorption kann durch die Beziehung

$$K = K_0 \cdot \exp\left(-\Delta_{ads}H/RT\right) \tag{6}$$

wiedergegeben werden; $\Delta_{ads}H$ ist die Adsorptionsenthalpie. Sie ist für ein gegebenes System keine Konstante, sondern von der Temperatur T und vor allem von der Beladung des Adsorbens abhängig.

Die Adsorptionsenthalpie liegt bei physikalischer Gas- und Dampfadsorption in der Größenordnung der Kondensationsenthalpie (ca. 20 kJ/mol), da lediglich VAN DER WAALSCHE Kräfte der Oberfläche und der adsorbierten Moleküle für die Adsorption verantwortlich sind.

Die theoretische Grundlage dieses Versuches bildet die Adsorptionsisotherme nach BRUNAUER-EMMETT-TELLER (BET). Eine Form der BET-Gleichung, die die Adsorption eines Gases auf der Oberfläche eines Festkörpers beschreibt, ist die folgende Geradengleichung:

$$\frac{p_A}{V_{ads}\,(p_s \,-\, p_A)} = \frac{1}{V_{mono}C} + \frac{C \,-\, 1}{V_{mono}C} \cdot \frac{p_A}{p_s}, \tag{7}$$

mit V_{ads} Volumen des adsorbierten Gases bei Standardbedingungen,

$\quad\ p_A$ Partialdruck des zu adsorbierenden Gases A,

$\quad\ p_s$ Sättigungsdruck (= Dampfdruck des verflüssigten Gases unter Adsorptionsbedingungen),

$\quad V_{mono}$ zur Ausbildung einer monomolekularen Adsorptionsschicht notwendiges Volumen,

$\quad\ C$ von der Adsorptionsenergie abhängige Größe.

Ermittelt man das Volumen V_{ads} des adsorbierten Gases bei verschiedenen (Partial-) Drücken, so erhält man V_{mono} und C (Mehrpunktmethode). Ist $y = a + bx$ die allgemeine Form einer Geradengleichung, so erkennt man in (7) das absolute Glied $a = 1/V_{mono} \cdot C$ und die Steigung $b = C - 1/V_{mono}C$. Daraus erhält man durch Umformen die gesuchten Größen V_{mono} und C zu: $V_{mono} = 1/(a + b)$ und $C = (a + b)/a$. Für $C > 60$ ist folgende Vereinfachung von Gleichung (7) zulässig:

$$\frac{p_A}{V_{ads}(p_s \,-\, p_A)} = \frac{1}{V_{mono}} + \frac{p_A}{p_s}. \tag{8}$$

Um V_{mono} zu bestimmen, genügt nunmehr ein einziger Messwert.
Die Oberfläche S der Probe berechnet sich danach zu:

$$S = \frac{V_{mono}\,N_A\,a_m}{V_m}, \tag{9}$$

mit N_A AVOGADRO-Zahl,

$\quad V_{mono}$ Volumen des Gases für die monomolekulare Bedeckung,

$\quad\ V_m$ Molvolumen des Gases bei Standardbedingungen,

$\quad\ a_m$ die vom adsorbierten Molekül eingenommene Fläche.

Für eine Gasmischung, bestehend aus 30 % N_2 und 70 % He, die bei der Temperatur des flüssigen Stickstoffs adsorbiert wird, ergibt sich für ein Kalibriervolumen V von 1 cm^3 bei einer Umgebungstemperatur T_R von 22 °C und einem atmosphärischen Druck P_0 von 1013 mbar eine Fläche:

$$S = V \cdot \left(\frac{T^{\ominus}}{T_R}\right) \cdot \left(\frac{P_0}{p^{\ominus}}\right) \cdot \left(\frac{N_A \cdot a_m}{V_m}\right) \cdot \left(1 - \frac{0{,}3 \cdot P_0}{p_s}\right)$$

$$= V \cdot \left(\frac{273{,}2\ \text{K}}{295{,}2\ \text{K}}\right) \cdot \left(\frac{1013\ \text{mbar}}{1013\ \text{mbar}}\right) \cdot \left(\frac{6{,}023 \cdot 10^{23} \cdot 16{,}2 \cdot 10^{-20}}{22{,}414 \cdot 10^3}\right) \tag{10}$$

$$\cdot \left(1 - \frac{0{,}3 \cdot 1013\ \text{mbar}}{1020\ \text{mbar}}\right) = 2{,}84\ \text{m}^2,$$

mit $T^{\ominus}$ Standardtemperatur (273,2 K),

     $p^{\ominus}$ Standarddruck (1013 mbar),

     p_s Sättigungsdruck des flüssigen Stickstoffs (wird mit 1020 mbar angesetzt).

Aufgabenstellung

Die spezifische Oberflächengröße poröser Feststoffproben soll ermittelt werden. Zur Auswahl stehen verschiedene Adsorbentien (Aktivkohle, γ-Aluminiumoxid, Molekularsiebe u. a.).

Versuchsaufbau und -durchführung

Zur Adsorptionsmessung kann z. B. ein kommerzielles Gerät der Firma Micro-meritics, Flowsorb II 2300, verwendet werden. In Abb. 1.15 ist der schematische Aufbau des Gerätes wiedergegeben. Für die Messung wird ein Gasgemisch, bestehend aus 30% N_2 und 70% He, benötigt, das einer Druckgasflasche (Vordruck 1,5-2,0 bar) entnommen wird.

Vorbereitung der Messungen
- Zuerst wird der Gasstrom eingeschaltet, um den Wärmeleitfähigkeitsdetektor (WLD) mit Messgas zu spülen, bevor dann nach ca. 15 min. das Gerät elektrisch eingeschaltet wird. Der Gasfluss muss am Flowmeter zu sehen sein, d. h. der Schwebekörper steht an der roten Markierung! Während dieser Zeit sollte das Dewar-Gefäß, in dem sich während der Messung die Kühlfalle befindet, bereits mit flüssigem Stickstoff gefüllt sein. Es dauert ca. 30 Minuten, bis die Temperatur der Messvorrichtung den stationären Zustand erreicht hat und mit der Kalibrierung begonnen werden kann.
- Das Gerät wird kalibriert, indem man 1 ml reinen Stickstoff durch das Septum einspritzt und den angezeigten Wert für die Oberfläche auf den zuvor mit Hilfe

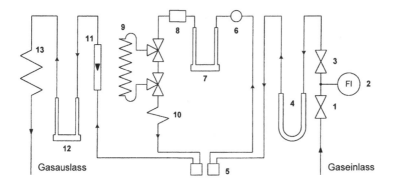

1	Einlassventil	6	Septum	11	Durchflussmesser
2	Durchflussmesser	7	Küvette	12	Probenaktivierung
3	Regelventil	8	Filter	13	Rückdiffusionssperre
4	Kühlfalle	9	lange Strecke		
5	gekoppelte WLD-Zellen	10	kurze Strecke		

Abb. 1.15. Schematischer Aufbau der Adsorptionsapparatur

der Messwerte für Luftdruck und Umgebungstemperatur errechneten Wert abgleicht. Hierzu wird der Knopf „Calibrate" verwendet.

Hinweis: Es dauert ca. 150 s vom Einspritzzeitpunkt bis ein Signal vom WLD ausgegeben wird. Die Messung ist beendet, wenn die Diode „Threshold" nicht mehr aufleuchtet.

- Die zur Adsorption verwendete Probe muss zunächst getrocknet werden. Dies geschieht durch Ausheizen mit dem Heizstrumpf auf 250 °C an der Anschlussstelle „Degas". Das Ausheizen kann beendet werden, wenn kein Kondensat mehr zu erkennen ist.

Durchführung der Messungen

- Bevor mit der eigentlichen Messung begonnen wird, muss der Integrator auf Null zurückgestellt werden. Hierzu drückt man „Clear SA Display". Im Anschluss daran wird die eingewogene und ausgeheizte Probe montiert und das Dewar-Gefäß mit dem flüssigen Stickstoff auf das Klapptischchen unter die Probe gestellt.
- Nach beendeter Messung wird der Wert für die Oberflächengröße notiert, der Integrator auf Null gesetzt und das Dewar-Gefäß entfernt, um mit der Desorptionsmessung zu beginnen. Es sollen wenigstens drei Ad- und Desorptionsmessungen erfolgen, um die Reproduzierbarkeit zu ermitteln. Es ist sinnvoll, die gemittelten Werte für die Desorption und die Adsorption zu vergleichen und eventuelle Unterschiede zu diskutieren.
- Die Einwaage muss so bemessen sein, dass die Oberfläche im Messbereich des Gerätes (0,1-280 m^2) liegt. Für Aktivkohle sind z. B. 70-100 mg sinnvoll.

Weitere Hinweise

- Der WLD ist im eingeschalteten Zustand gegen Sauerstoff empfindlich. Deshalb muss das Gerät zunächst im ausgeschalteten Zustand mit Messgas gespült werden. Sollte zu irgendeinem Zeitpunkt Sauerstoff in die Leitungen des Gerätes gelangen, muss das Gerät ausgeschaltet und erneut gespült werden.
- Es ist wichtig, darauf zu achten, dass nur trockene Proben zur Adsorption eingesetzt werden, da Wasserablagerungen im Gerät alle folgenden Messungen verfälschen.

Hinweise zur Auswertung und Diskussion

1. Bei 1013 mbar (Atmosphärendruck) und 22 °C wird als Sollwert für die angezeigte Fläche S_{soll} bei der Kalibrierung mit 1 ml N_2 eine Fläche von 2,84 m^2 verwendet (s. Gleichung (10)). Dieser Wert muss nach

$$S_{soll} = 2{,}84 \cdot \left(\frac{295{,}2 \text{ K}}{T_R}\right) \cdot \left(\frac{P_0}{1013 \text{ mbar}}\right) \tag{11}$$

auf die Werte der am Versuchstag herrschenden Temperatur T_R und Druck P_0 korrigiert werden.
2. Die angezeigten Flächen für die Ad- und Desorptionen müssen gemittelt und auf 1 g Einwaage bezogen werden. Geben Sie die Ergebnisse mit Fehlerabschätzung des absoluten und relativen Fehlers des Messwertes (Reproduzierbarkeit) an!

Literatur

ULLMANN's Encyclopedia of Industrial Chemistry, 5th Edition, B3, *VCH, Weinheim/New York* **1994**, Chapter 9.

1.2.2
Partikelgrößenbestimmung durch Laserbeugung

Technisch-chemischer Bezug

Mechanische Verfahren der Stoffaufbereitung verändern bestimmte physikalische Eigenschaften disperser Systeme. Feindisperse Feststoffe weisen danach z. B. verbesserte Löse- und Reaktionsfähigkeit gegenüber grobdispersen auf. Deshalb kommen Farbpigmente, Glasuren, Zemente und teilweise auch Katalysatoren meist in feinverteilter Form (Suspension) zur Verarbeitung bzw. Anwendung. Gleiches gilt auch für Emulsionen und Aerosole.

Während sich bei den thermischen Stoffumwandlungsverfahren der Systemzustand durch die thermischen Zustandsgrößen als Mittelwerte der molekularen Zustände beschreiben lässt, ist bei den dispersen Systemen eine Bestimmung der **Partikelgrößen** und deren **Verteilung** erforderlich.

Grundlagen

Partikelgrößenverteilungen lassen sich nach verschiedenen Verfahren bestimmen.

Bei **Sedimentationsverfahren** werden die Einzelpartikel eines dispersen Systems einer massenproportionalen Kraft ausgesetzt. Dabei können die Teilchen in einem ruhenden, sie benetzenden Dispersionsmittel sedimentieren. Als Messgröße wird die stationäre Sinkgeschwindigkeit gemessen.

Bei der Anwendung von **Trennverfahren** wird das disperse System (Aufgabegut) in Fraktionen zerlegt, die bestimmte Partikelgrößen enthalten. Als Beispiel gilt die **Siebanalyse**.

Die **Zählverfahren** gliedern sich in unmittelbare Zählverfahren, bei denen der Zählvorgang durch die Partikel selbst ausgelöst wird und mittelbare Zählverfahren, bei denen die Abbildung der Partikel gemessen wird. Zur Abbildung können optische Systeme (Lupen, Mikroskope, etc.) verwendet werden.

Moderne, wenig zeitaufwendige Zählverfahren nutzen die Streuung oder die Extinktion des Lichtes zur Messung der Partikelgrößenverteilung aus. Im Versuch wird die **Laserbeugung** zur Analyse der Partikelgröße verwendet. Dazu wird eine energiereiche kohärente Lichtquelle (He-Ne-Laser) genutzt. Das physikalische Prinzip, nach dem Beugungsspektren erzeugt werden, besteht darin, dass in einer optischen Anordnung (s. Abb. 1.16) monochromatisches Licht die Partikel beleuchtet. Dadurch wird in der Brennebene der nachgeschalteten Linse ein radialsymmetrisches FRAUNHOFERsches Beugungsspektrum sichtbar, bestehend aus einem hellen Kreis im Zentrum und umgeben von konzentrischen hellen und dunklen Ringen.

Der Durchmesser der Ringe ist umso größer, je kleiner die Partikel sind. Bringt man n gleichgroße Teilchen in einen Lichtstrahl, so wird die Intensität des Beugungsbildes n-mal so groß, die Form des Beugungsbildes (Zahl und Lage der Ringe) ändert sich nicht.

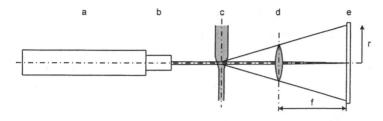

a	Laser	e	Detektor
b	Strahlaufweitung	f	Brennweite der Linse
c	Küvette	r	Radius der Brennebene
d	Linse		

Abb. 1.16. Optische Anordnung zur Erzeugung von Beugungsspektren

Befinden sich n_{ges} kugelförmige Partikel unterschiedlicher Größe im Strahlengang, so muss man zur Beschreibung ihres Beugungsspektrums die Intensitätsverteilung jedes Partikels berücksichtigen, d. h. man muss die Einzelintensitäten summieren.

Mit zunehmender Teilchenzahl unterschiedlicher Größe sind keine Ringe mehr erkennbar, sondern nur noch eine diffuse, radialsymmetrische Intensitätsverteilung des Lichtes.

Bei der computergestützten Auswertung wird die relative Lichtenergie innerhalb beliebiger Kreise der Brennebene ermittelt. Als Auswertegleichung erhält man ein lineares Gleichungssystem für die in den Kreisringen gemessene relative Lichtenergie. Die Gleichung lässt sich nach der Anzahl der Partikel in bestimmten Größenklassen lösen.

Gewisse Einschränkungen der Laserbeugungsmethode sind:

- Die Partikelgröße von nicht kugelförmigen Partikeln wird als Äquivalentdurchmesserverteilung beugungsgleicher **Kugeln** wiedergegeben.
- Die reproduzierte Breite einer gemessenen sehr engen oder monodispersen Partikelgrößenverteilung ist **größer** oder **gleich** der betreffenden Klassenbreite.
- Laserbeugungs-Sensoren erfordern geringe optische Partikelkonzentrationen, um den Beitrag von Mehrfachbeugung auf das Ergebnis ausschließen zu können. Die Partikelgrößenverteilung darf sich bei der Verdünnung mit dem Dispergiermedium nicht ändern.

Aufgabenstellung

Für die vorgegebenen Feststoffproben, Suspensionen, Emulsionen, Aerosole sind die Partikelgrößen bzw. ihre Verteilungen (Summenverteilungen, Dichteverteilungen) durch Laserbeugung zu bestimmen. **Achtung:** Der verwendete Laser ist eine He-Ne-Laser-Lichtquelle mit einer Leistung von 5 mW im sichtbaren Wellenlängenbereich und genügt der Schutzklasse 3A.

Versuchsaufbau und -durchführung

Die optische Anordnung, in der Beugungsmuster erzeugt und zur Analyse von Partikelgrößen genutzt werden können, zeigt Abb. 1.16.

Laser, Strahlaufweiter, Messstelle, Sammellinse und Multielement-Fotodetektor sind nacheinander in der optischen Achse des HELOS-Systems der Fa. SYMPATEC angeordnet.

Die im Strahlengang nachgeordnete Sammellinse bündelt die durch die in den Strahlengang eingebrachten Partikel (Suspension, Emulsion, Freistrahl) entstehenden FRAUNHOFERschen Beugungsspektren und bildet sie auf dem im Brennpunkt zentrisch angeordneten Multielement-Fotodetektor ab.

Die Auswertung der Beugungsspektren erfolgt mit einem internen Rechnerprogramm.

Zwischen dem im linken Gehäuseteil eingebauten Laser und dem rechten Gehäuseteil für Linse und Detektor befindet sich die Messzone.

Zur Partikelgrößenbestimmung lassen sich in den Laserstrahl die Teilchen als Suspension oder Emulsion (Küvettenmessung) oder als trockene Dispersion (Freistrahlmessung) einbringen. Im Falle der Küvettenmessung wird die Küvette mit Hilfe einer Klemmvorrichtung im Strahlengang fixiert. Ein stufenlos regelbarer Magnetrührer soll die Sedimentation der Partikel verhindern.

Bei der Freistrahlmessung mit Hilfe des Trocken-Dosier-Dispergier-Systems RODOS wird ein volumenkonstanter Gas-Feststoff-Freistrahl erzeugt, der es gestattet, Pulver im Korngrößenbereich von 1 bis 500 µm direkt in den Strahlengang des Lasers zu dosieren und die Korngrößenverteilung zu vermessen.

Die Versuchsanordnung ist als Draufsicht in Abb. 1.17 schematisch dargestellt. Im Bild sind die einzelnen Elemente des RODOS/HELOS-Systems gekennzeichnet. Sie bestehen aus der Zuteilrinne für das Probegut, einem Drehteller mit Nut, Abstreifer und Walze sowie einem Injektor mit vorgeschalteter Abnahmebürste und nachgeschalteter Prallflächenkaskade als Dispergiereinheit. Die Luftdosierung erfolgt aus einer Pressluftflasche und ist am RODOS einstellbar.

Das dispergierte Aerosol verlässt die Dispergierstufe als Freistrahl, der im Schnittpunkt mit dem im HELOS erzeugten Laserstrahl das Messvolumen bildet.

Mit der Aufnahme des Feststoffmassenstromes in den Injektor beginnt die Dispergierung. Die Absaugung des dispergierten Systems aus der Drehtellernut sowie die zunehmende Beschleunigung und Vermischung mit Transportluft beim Durchlauf durch den Injektor ist eine wichtige Voraussetzung zur Erziehung einer Partikelvereinzelung. Die Geometrie der Zentraldüse und die dem Injektor nachgeschaltete Prallflächenkaskade sorgen für eine gezielte Dispergierung.

Vorbereitung der Messungen
- Die Partikelgrößenbestimmung mit dem HELOS-System erfolgt rechnergestützt. Zunächst ist das HELOS-Messprogramm zu starten. Der Arbeitsablauf wird durch eine Menüführung erleichtert.

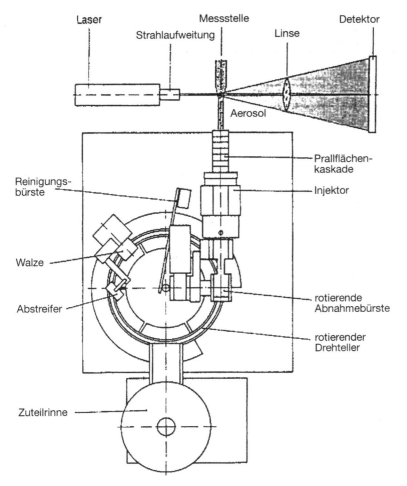

Abb. 1.17. Versuchsanordnung zur Messung der Partikelgrößenverteilung

- Nach Auswahl der Messmethode und Eintragung der für die Messung relevanten Daten, geht der Rechner in Messbereitschaft. Vor dem Start der Messung ist eine Probenvorbereitung erforderlich. Sie umfasst **Messbereichsanpassung** und **Mengenanpassung**. Die Messbereichsanpassung muss gewährleisten, dass sich **alle** zugeführten Partikel der Probe **unterhalb** der Obergrenze des gewählten Messbereichs befinden. Die Mengenanpassung muss durch repräsentative Probenteilung der Ausgangsprobenmenge an die Erfordernisse der Dosierung erfolgen. Die Probenahme muss repräsentativ erfolgen.
  Hinweis: Bei Fehleranzeige „Messbereichsüberschreitung" ist diese Anpassung ebenfalls notwendig.

• Das Gerät kann in folgenden Messbereichen betrieben werden:

	Brennweite in mm	Größenintervall in µm
R3	100	0,5/0,9 – 175
R4	200	0,5/1,8 – 350
R5	500	0,5/4,5 – 875

Veränderungen der Brennweite und Linsenaustausch sind möglich.

Durchführung der Messungen

• Zu Versuchsbeginn ist eine Referenzmessung unter gleichen optischen Bedingungen wie eine Normalmessung, aber ohne Partikel, durchzuführen. Sie dient dazu, das Null-Signal zu definieren und wird intern gespeichert. Referenzmessungen sind unbedingt notwendig nach Änderung der Brennweite und Wechsel der Messsubstanz. Damit ist das Gerät für Normalmessungen einsatzbereit.
• Nach dem Start der Probenmessung erfolgt eine nochmalige Auto-Fokussierung mit anschließender Messung bis zur vorgegebenen Messzeit (z. B. 30 s).
• Nach Ablauf der Messzeit wird die Summen- und Dichteverteilungskurve der Probe zusammen mit der Standarddruckliste ausgegeben.

Es sind Küvetten- und Freistrahlmessungen möglich.

Hinweise zur Auswertung und Diskussion

1. Die erhaltenen Verteilungskurven sind entsprechend der jeweiligen Aufgabenstellung zu diskutieren.
2. Wie ist die Reproduzierbarkeit der Messungen zu bewerten?
3. Werden die Ergebnisse von Vergleichsmessungen durch die Methode der Laserbeugung bestätigt?

Literatur

STIESS, M.: „Mechanische Verfahrenstechnik", Bd. 1, 2. Auflage, Springer-Lehrbuch, *Berlin/Heidelberg/New York* **1995**, Kapitel 3.4.2.

ULLMANN's, Encyclopedia of Industrial Chemistry, 5th Edition, B2, *VCH, Weinheim/New York* **1994**, Chapter 2.8.

1.3
PC-gestützte Messwerterfassung

Die personalcomputer-gestützte **Messwerterfassung** hat wegen ihrer großen Flexibilität, wegen der relativ leichten Automatisierbarkeit der Datenerfassung, Datenverwaltung, mathematischen Aufbereitung, Auswertung und der grafischen Darstellung im kommerziellen Mess- und Analysengerätebau und bei der Ausrüstung spezifischer Versuchsstände, Miniplant-Anlagen und Pilotanlagen breiten Eingang gefunden. Dabei lassen sich folgende typische **Hardware-Verknüpfungen** als gängige Prinzip-Lösungen unterscheiden:

Prinzip-Lösung	Bemerkungen
Sensor // spezifisches Messgerät mit Digitalausgang // RS232-Schnittstelle am PC	Aufwand beim Anschluss mehrerer Messstellen
Sensor // spezifisches Messgerät mit Analogausgang // PC mit Analog-Digital-Wandlerkarte	Der Anschluss mehrerer Messstellen ist durch die Multiplexerschaltung (elektronischer Messstellen-Umschalter) auf der A/D-Wandlerkarte problemlos möglich
Sensor // PC mit Analog-Digital-Wandlerkarte, die außer Spannungs- und Stromeingängen auch sensorspezifische Anschlüsse aufweisen kann. {Industrie-Standard!}	Der Anschluss mehrerer Messstellen ist problemlos möglich
Sensor // digitales Multimeter mit RS232-Schnittstelle // RS232-Schnittstelle am PC	Aufwand beim Anschluss mehrerer Messstellen
Sensor // digitales Multimeter // galvanisch getrennte Datenübertragung durch Optokopplung zur // RS232-Schnittstelle des PC	Aufwand beim Anschluss mehrerer Messstellen
Sensor // prozessnahe ADAM- oder ADAM-kompatible (z. B. NuDAM-Serie) Mess- und Steuer-Module mit RS485-Feldbusanschluss (nur 2 Leitungen erforderlich !) // RS485/RS232-Converter // RS232-Schnittstelle am PC {Industrie-Standard!}	Der direkte Anschluss mehrerer Messstellen mit unterschiedlichsten Signalquellen (Thermoelemente, Thermowiderstände, …) ist unter Verwendung der entsprechenden Module (bis 128 Module pro Netzwerk ohne Repeater) problemlos möglich
Sensor // prozessnahe „Intelligent Sensor Modules" (ISM) mit RS485-Feldbusanschluss (nur 2 Leiter (!) – Twisted-Pair) // [RS485/RS232-Converter // RS232-Schnittstelle am PC] oder [RS485-Schnittstellenkarte im PC] {Industrie-Standard!}	Die intelligenten Module mit Feldbusanschluss ermöglichen die vollständige Signalaufbereitung, Linearisierung, Skalierung, Formatierung, autonome Grenzwert-Überwachung, mathematische Funktionen und Kanalverknüpfungen direkt im Modul.

Mit dem bei den aufgeführten Prinzip-Lösungen benutzten Symbol „//" wird eine analoge oder digitale Datenübergabestelle (Schnittstelle) gekennzeichnet. Die Datenübertragung zwischen den einzelnen Elementen erfolgt über **Bus-Systeme**. Das sind bezüglich der Leitungsstruktur, Signalführung, Signalspannung und des Übertragungsprotokolls genormte Systeme. Besonders große Verbreitung finden unter anderen folgende Schnittstellen-Standards:

- Centronics: auch „Parallele Schnittstelle" genannt (Druckeranschluss am PC); 25-polige Ausführung (SubD)
- RS232: auch „Serielle Schnittstelle" oder in Europa „V-24" genannt; 9- oder 25-polige (SubD) Ausführung
- RS485: auch „Feldbus" genannt. Die Datenübertragung erfolgt über Zweidraht-Ausführung (Twisted-Pair, Halbduplex-Betrieb) oder Vierdraht-Ausführung (Vollduplex-Betrieb)
- IEEE488: auch „Laborbus" (HEWLETT-PACKARD) genannt

Für alle Schnittstellen gibt es zur Aufrüstung der Personalcomputer **Schnittstellenkarten**. Der Übergang von einem Schnittstellentyp zu einem anderen kann mit Schnittstellen-Convertern (Kompakt-Adaptern) auch außerhalb eines PC vollzogen werden. Dadurch ist eine hohe Flexibilität gewährleistet.

Bei allen genannten Lösungen wird vorausgesetzt, dass der Sensor ein mit dem Wert der Messgröße eindeutig korrelierendes elektrisches Signal in Form eines Spannungs- oder Stromwertes liefert. Andere Signalarten müssen mit einer Signalwandlerschaltung in die genannten Standardformen überführt werden. Eventuell ist über Operations- oder Instrumentationsverstärkerschaltungen eine Pegelanpassung und/oder eine Impedanzanpassung vom Ausgang der Signalquelle an den Eingang der angeschlossenen Messeinheit vorzunehmen. Um Messwertverfälschungen zu vermeiden, sollte bei Spannungsmessungen der Eingangswiderstand der Messschaltung wenigstens um den Faktor 10^3 höher sein als der Innenwiderstand der Spannungsquelle.

Beim Einsatz der Digitalrechentechnik zur Messwerterfassung sind zunächst die anfallenden analogen Signale in Spannungswerte zu wandeln. Mit Hilfe von **Analog-/Digital-Wandlern** (A/D-Wandler) werden diese dann in Binärsignale umgesetzt. Dafür gibt es verschiedene elektronische Verfahren. Wichtige Kriterien sind dabei die Umsetzgeschwindigkeit, die Stabilität und die Auflösung. Die Auflösung eines A/D-Wandlers wird in Bit angegeben:

n Bit	2^n	$(100/2^n)$ %
4	16	6,25
8	256	0,39
10	1024	0,098
12	4096	0,024
16	65 536	0,0015

Besitzt ein A/D-Wandler eine Auflösung von n Bit, dann wird der gesamte Messbereich in 2^n gleich große Abschnitte unterteilt. Ein Abschnitt stellt $(100/2^n)$ % des Gesamtbereiches dar. Wenn z. B. ein Spannungsintervall von -2 V bis $+2$ V in 1 mV-Schritten dargestellt werden soll, ist eine Auflösung von 12 Bit erforderlich.

Bei der Konzipierung einer PC-gestützten Messwerterfassung muss beachtet werden, dass möglichst hohe Auflösung nicht die einzige Voraussetzung für eine hohe Messgenauigkeit ist.

Die Zusammenschaltung von Personalcomputern, Wandler- und Messeinheiten führt unter bestimmten Umständen zu Erdschleifen, die erhebliche Verfälschungen und Instabilitäten bei der Messwerterfassung verursachen können. Es ist oft schwierig, solche Probleme zu beheben. Zunächst sollte darauf geachtet werden, dass alle Netzteile der beteiligten Geräte an die gleiche Phase des Stromnetzes angeschlossen sind. Signalquellen, bei denen ein Pol Massebezug aufweist, sollten möglichst differenziell, also zwischen den invertierenden und nichtinvertierenden Eingang an den Eingangsoperationsverstärker der Messschaltung (A/D-Wandlerkarte, Messmodul) geklemmt werden. Massefreie (floating) Signale sollten durch Zwischenschalten eines Instrumentationsverstärkers gemessen werden. Dessen Minuspol ist bei Gleichspannungsmessungen über einen Widerstand 10 kOhm $<$ R $<$ 100 kOhm auf die Systemmasse zu legen, bei Wechselspannungsmessungen betrifft das beide Pole. Die erfolgversprechendste Methode zur Behebung von Störungen durch Erdschleifen ist die galvanische Trennung zwischen Messquelle und PC-gestütztem Messsystem durch das Zwischenschalten eines optisch gekoppelten Instrumentationsverstärkers.

Bedingt durch die hohe Komplexität der PC-gestützten Messeinrichtung ist in der Regel immer eine **Kalibrierung** erforderlich. Dabei könnte z. B. an die Stelle des Sensorausgangs eine einstellbare Präzisionsspannungsquelle gelegt werden oder parallel zu dem von der Messeinrichtung festgehaltenen Digitalwert wird auf andere Weise (chemische Analyse) exakt der dazugehörige Analogwert der Messgröße ermittelt. Bei streng linearem Verhalten des Messsystems reicht eine 2-Punkt-Kalibrierung, um die Koeffizienten der Geradenfunktion zu ermitteln. Diese Kalibrierpunkte sollten im vorgesehenen Wertebereich so weit wie möglich auseinander liegen. Bei nichtlinearen Kalibrierfunktionen sind eine sinnvolle Anzahl von Kalibrierpunkten über den Messbereich zu verteilen. Gute Softwareprogramme zur Messwerterfassung verfügen über Kalibrierroutinen. Als Eichung darf eine Kalibrierung nur dann bezeichnet werden, wenn sie von einer amtlich dazu berechtigten Person nach festgelegten Vorschriften vorgenommen wird.

Der zeitliche Verlauf von Messgrößen, deren Wert sich periodisch ändert, wird bei ungünstig gewählter Abtastrate (= Anzahl der pro Zeiteinheit von ein und derselben Messgröße aufgenommenen Messwerte) erheblich verfälscht wiedergegeben. Diesen Effekt bezeichnet man als „Aliasing". Aliasing wird vermieden, wenn für die Abtastrate der 5- bis 10-fache Werte der höchsten Signalfrequenz gewählt wird.

PC-gestützte Messungen mit **Grundabtastraten** (Messfrequenzen) um 1 Hz und darunter sind für Echtzeitmessungen nicht zeitkritisch, die geringfügigen Unterschiede zwischen den Zeitpunkten der Abfrage der einzelnen Kanäle sind vernachlässigbar. Bei Grundabtastraten im Bereich von ca. 50 Hz aufwärts sind diese Unterschiede nicht mehr akzeptabel. Das Problem kann mit einem höheren Aufwand an Hardware durch simultane Messwerterfassung gelöst werden: jeder Sensor (Messkanal) verfügt über einen eigenen Instrumentationsverstärker mit nachfolgender Sample-and-Hold-Schaltung (Datenpufferschaltung). Auf ein Trigger-Signal werden gleichzeitig alle Daten-pufferschaltungen zur Übernahme der neuen Werte aktiviert. In der Zwischenzeit bis zur nächsten Mess-Triggerung werden die Werte aus den Datenpuffern der Reihe nach über einen Multiplexer (elektronischer Wahlschalter) an die A/D-Karte geleitet, in Binärcode gewandelt und unter der gleichen Messzeit abgespeichert.

Die Realisierung der Messwerterfassung mit Personalcomputern wird durch ein breites Angebot an Software in allen Preislagen unterstützt. Für einfache Messaufga-ben mit wenig Kanälen sind **Software-Lösungen** der untersten Preiskategorie ausrei-chend (z. B. DMM PROFILAB, DMM DIGISCOPE (CONRAD-Elektronik), Windows-Labor-software (ELV)), zumal die weitere mathematische und grafische Aufbereitung mit Tabellenkalkulationsprogrammen wie EXCEL, QUATTROPRO oder mit ORIGIN erfolgen kann. Für anspruchsvollere, Industriestandards erfüllende Messwerterfassungen sind Software-Systeme wie HP VEE (HEWLETT-PACKARD), DIA/DAGO oder DIADEM (GfS Aachen), LABVIEW (NATIONAL INSTRUMENTS), DAQ DESIGNER (NATIONAL INSTRU-MENTS), TESTPOINT (KEITHLEY), LABWINDOWS zu wählen. Diese eignen sich nicht nur zur Messwerterfassung an Versuchsständen und Anlagen, sondern auch zu deren Steuerung und Regelung, wenn entsprechende Hardware-Komponenten wie z. B. Digital-/Analog-Wandlerkarten und Schaltrelaiskarten zum Schalten oder Ansteuern von Heizungen, Pumpen, Ventilen vorhanden sind.

1.3.1
Messungen an einer rotierenden Scheibenelektrode

Technisch-chemischer Bezug

Die Messwerterfassung und -verarbeitung in Anlagen der chemischen Industrie erfolgt generell in digitalisierter Form über Rechnersysteme. Da die Messwerte gleichzeitig als Grundlage für die **Prozesssteuerung** dienen, sind höchste Anforderungen an die Präzision und Ausfallsicherheit zu stellen. Für besonders sicherheitsrelevante Elemente werden parallele Ausfall-Reserveschaltungen mit automatischer Zuschaltung vorgesehen (redundante Systeme). Anlagen dieser Komplexität werden von Spezialfirmen nach den Kundenvorgaben erstellt, eingefahren und gewartet. Der dafür erforderliche hohe finanzielle Aufwand geht in die Produktionskosten ein. Er ist unumgänglich zur Sicherung der Produktqualität sowie des effektiven und sicheren Betriebes von chemischen Anlagen.

Es gibt viele Labor- und Technikumsanlagen zur Durchführung und Untersuchung chemischer Prozesse, die bezüglich der Anzahl der Messstellen und der Sicherheitsproblematik so geringe Anforderungen stellen, dass die PC-gestützte Messwerterfassung, -verarbeitung und Prozessautomatisierung auf der Basis von kommerziell angebotenen modulartigen Hard- und Software-Komponenten von den Betreibern selbst aufgebaut werden kann.

Beispielsweise kann bei einer elektrochemischen Untersuchungsmethode (zyklische Voltametrie) ein für den Anschluss eines xy-Recorders konzipierter Potenziostat mit einem Personalcomputer verbunden werden. Der Vorteil gegenüber dem Anschluss an ein Registriergerät besteht in der Speicherbarkeit der Messdaten und deren mathematischer Aufbereitung vor der grafischen Darstellung, die dann auf beliebige Drucker ausgebbar sind.

Grundlagen

Aufbau und Arbeitsweise eines Potenziostaten

Zur Untersuchung der Kinetik **elektrochemischer Reaktionen** ist neben der dafür geeigneten Elektrolysezelle ein **Potenziostat** erforderlich. Er stellt eine komplexe elektronische Schaltung auf der Basis von Operationsverstärkern dar und fungiert als elektronischer Regler, der eine hohe Dynamik, Stabilität und Empfindlichkeit besitzt.

Ein Potenziostat weist eine breitere Funktionalität auf, als aus seiner Bezeichnung (potenziostatische Arbeitsweise: ein vorgegebenes Potenzial zwischen Arbeitselektrode und Bezugselektrode auch bei sich ändernden Elektrolysebedingungen zeitlich konstant halten) zu entnehmen ist. Die mit einem Potenziostaten möglichen Betriebsweisen einer Elektrolysezelle sind im Folgenden zusammengestellt:

Betriebsart	Beschreibung
Ruhepotenzialmessungen	Im stromlosen Zustand der Zelle wird das Ruhe- oder Gleichgewichtspotenzial der Arbeitselektrode gegen eine Bezugselektrode gemessen
Potenziostatische Messungen	Aus einer externen oder internen Spannungsquelle wird ein zeitlich konstantes Potenzial (U_S: Sollspannung) vorgegeben. Der Potenziostat regelt den Zellenstrom (Elektrolysestrom) I_Z zwischen der Arbeitselektrode und der Bezugselektrode so ein, dass das Potenzial U_{AB} zeitlich konstant den Wert U_S aufweist (Schalterstellung „P" in Abb. 1.18)
Potenziodynamische Messungen, zyklische Voltametrie	Mit einem Variator wird dem Potenziostaten ein Sollwert $U_S(t)$ vorgegeben, der sich definiert zeitlich ändert (z. B. dreieckiger Zeitverlauf von U_S, siehe Abb. 1.19). Der Potenziostat stellt als schneller Regler sofort den dazugehörigen und sich demzufolge ebenfalls zeitlich ändernden Zellenstrom $I_Z(t)$ so ein, dass $U_{AB}(t)$ zu jeder Zeit den gleichen Wert aufweist wie $U_S(t)$. (Schalterstellung „P" in Abb. 1.18). Der Prozess kann zyklisch geführt werden. Zur Auswertung wird $I_Z(t) = f\ (U_{AB}(t))$ grafisch dargestellt
Galvanostatische Messungen	Bei dieser Messart wird der Zellenstrom I_Z vom Potenziostaten so eingeregelt, dass der durch ihn am Messwiderstand R_M hervorgerufene Spannungsabfall gleich dem Spannungsabfall ist, der in einer Referenzschaltung durch den eingestellten Zellenstrom-Sollwert I_S an einem kalibrierten Widerstand hervorgerufen wird. (Schalterstellung „G" in Abb. 1.18: Der Potenziostat arbeitet jetzt als Galvanostat!)
Amperodynamische Messungen	Analog zur potenziodynamischen Messung wird hier statt eines zeitlich konstanten Zellenstrom-Sollwert I_S über den Variator ein sich zeitlich ändernder Zellenstrom-Sollwert $I_S(t)$ als Regelungsvorgabe festgelegt (Schalterstellung „G" in Abb. 1.18: Der Potenziostat arbeitet jetzt als Galvanostat!). Zur Auswertung wird $U_{AB}(t) = f\ (I_Z(t))$ grafisch dargestellt

In Abb. 1.18 ist das Prinzipschaltbild eines Potenziostaten dargestellt.

Zur Messung des Potenzials zwischen der Arbeitselektrode und Bezugselektrode dient der Operationsverstärker V1, geschaltet als hochohmiger Differenzverstärker mit einer Spannungsverstärkung $V_U = 1$. Durch die Differenzmessung zwischen AE_2 und BE (vgl. die Verknüpfungen zwischen Abb. 1.18 und Abb. 1.20 über gleichartig gekennzeichnete Anschlusspunkte) wird der Potenzialfehler eliminiert, der bei der Messung an der stromführenden Leitung AE_1 entstehen würde. Außerdem können durch die Differenzmessung mögliche Störungen durch Erdschleifen vermieden werden. Der Spannungsmessausgang U_{AB} ist niederohmig und liegt gegen Masse.

Die Funktionseinheit um den Verstärker V2 dient der Messung des Zellenstromes I_Z über den Spannungsabfall $I_Z \cdot R_M$ am Messwiderstand R_M, der sich in Serienschaltung zur Messzelle im Elektrolysestromkreis befindet. Dabei entspricht $I_Z \cdot R_M = 1$ V dem Vollausschlag pro Messbereich. Das am Ausgang von V2 gegen Masse liegende Anzeigeinstrument für den Zellenstrom arbeitet als Spannungsmesser.

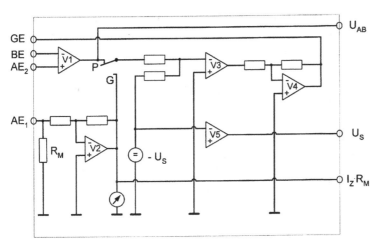

Abb. 1.18. Prinzipschaltbild eines Potenziostaten

Die Reglereinheit des Potenziostaten wird durch den Hauptverstärker V3 und die Leistungsendstufe V4 gebildet. Die mit negativem Wert in die Summierstelle am invertierenden Eingang von V3 aufgegebene Sollspannung $-U_S$ wird zu dem Spannungswert U_{AB} (potenziostatische oder potenziodynamische Messung: Schalterstellung „P") oder $I_Z \cdot R_M$ (galvanostatische oder galvanodynamische Messung: Schalterstellung „G") addiert. Je nach Wert der Summe wird der Strom am Ausgang von V4 so lange erhöht oder erniedrigt, bis die Bedingung $U_{AB} = U_S$ erfüllt ist. Diese Anpassung erfolgt im Zeitintervall von Millisekunden. Die elektronische Schaltung ist so dimensioniert, dass es dabei nicht zu Regelungsschwingungen kommt.

Wie aus der Schaltskizze zu erkennen ist, werden die synchron zu registrierenden Größen $U_{AB}(t)$ und $I_Z(t) \cdot R_M$ jeweils in analoger Form an den niederohmigen (also belastbaren) Ausgängen der Operationsverstärker V1 und V2 bereitgestellt.

In Abb. 1.19 ist der vom Variator erzeugte dreiecksförmige Zeitverlauf $U_S(t)$ für die externe Sollspannung und damit für die Spannung $U_{AB}(t)$ zwischen der Arbeits-

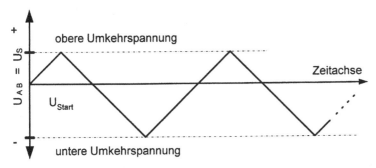

Abb. 1.19. Dreiecks – U(t) – Funktion

elektrode und Bezugselektrode für die zyklische Voltametrie dargestellt. Es können dabei das Startpotenzial, das obere und untere Umkehrpotenzial und der Spannungsvorschub (in mV/s) variiert werden.

Messung der Stofftransportgeschwindigkeit mit der rotierenden Scheibenelektrode

Elektrochemische Reaktionen laufen an Elektrodenoberflächen ab. Zur Beschreibung der Kinetik sind wie bei allen Oberflächenreaktionen mehrere Teilschritte zu beachten. Im einfachsten Falle sind das bei Abscheidungsreaktionen die Diffusion der zu entladenden Ionen aus der homogenen Elektrolytlösung durch die Grenzschicht an die Elektrodenoberfläche und die eigentliche elektrochemische Reaktion durch Elektronenaustausch an der Elektrodenoberfläche. Wenn die abzuscheidenden Ionen in der Elektrolytlösung in hoher Verdünnung vorliegen ($c_{Me^{n+}} \leq 1 \cdot 10^{-3}$ mol/l) und die Elektronenaustauschreaktion schnell verläuft, wird die Andiffusion der Ionen zum geschwindigkeitsbestimmenden Schritt. Quantitativ lässt sich der Stofftransport mit einer **rotierenden Scheibenelektrode** (RSE) erfassen. Sie besteht aus einem präzis gelagerten rotierenden Zylinder aus einem isolierenden Material, an dessen Stirnseite in eine eingedrehte Sitzfläche die eigentliche rotierende Elektrode rissfrei eingeklebt ist. Im Inneren des Zylinders stellt ein Draht die leitende Verbindung zwischen der Rückseite der Elektrode und einem Stromkollektor an der Antriebsseite des rotierenden Zylinders her.

Bei der Rotation des Zylinders in der Elektrolytlösung bildet sich eine stationäre Strömungsform aus, deren Strömungslinien unterhalb des Zentrums der rotierenden Elektrode senkrecht auf diese zulaufen. An der Elektrodenoberfläche werden sie um $90°$ umgelenkt und verlaufen parallel zur Elektrodenfläche turbinenschaufelartig gekrümmt radial nach außen. Die hydrodynamische Wirkung einer rotierenden Scheibenelektrode kann man als die einer ungekapselten Kreiselpumpe bezeichnen. Je nach Drehzahl kann die Strömung parallel zur Elektrodenoberfläche laminar oder turbulent verlaufen. Im laminaren Strömungsbereich, also bei REYNOLDS-Zahlen Re < 2300, liegt über die gesamte Oberfläche der RSE eine stabile hydrodynamische Grenzschicht mit konstanter Diffusionsschichtdicke vor. Nimmt die REYNOLDS-Zahl Werte über 10^4 an, tritt Turbulenz auf und der Stofftransport wird vom Radius der Scheibenelektrode abhängig. Für eine RSE wird die REYNOLDS-Zahl nach folgender Gleichung berechnet:

$$Re = \frac{r^2 \omega}{\nu}.$$

Danach ist sie proportional der Drehzahl f ($\omega = 2\pi f$, f in s^{-1}), wächst in 2. Potenz mit dem Radius der Scheibenelektrode und ist zu kinematischer Viskosität ν umgekehrt proportional.

Für die laminare Strömung an der RSE wird als Lösung der Grundgleichung für die konvektive Diffusion folgende Beziehung zwischen der Diffusionsschichtdicke δ, dem Diffusionskoeffizienten D, der kinematischen Viskosität ν und der Winkelgeschwindigkeit ω bestimmt:

$$\delta = 1{,}67 \cdot D^{1/3} \cdot \nu^{1/6} \cdot \omega^{-1/2}.$$

Unter der Annahme, dass die elektrochemische Reaktion an der Elektrodenoberfläche schneller verläuft als die Andiffusion neuer entladbarer Ionen, gilt für deren Konzentration c_0 an der Oberfläche $c_0 = 0$ mol/l. Wenn c_i die Konzentration der zu entladenden Ionen in der Elektrolytlösung ist, dann ergibt sich mit dem 1. FICKschen Gesetz die Diffusionsgrenzstromdichte i_{gr} zu:

$$i_{gr} = z_R F \cdot D \frac{c_i}{\delta}.$$

Wird für die Diffusionsschichtdicke δ die obige Lösung der Grundgleichung für die konvektive Diffusion eingesetzt, resultiert für die Diffusionsgrenzstromdichte die Beziehung:

$$i_{gr} = 0{,}60 \cdot z_R F \cdot D^{2/3} \cdot \nu^{-1/6} \cdot \omega^{1/2} \cdot c_i.$$

Für gegebene Werte von z_R, A und ν ist der Diffusionsgrenzstrom an der rotierenden Scheibenelektrode der Wurzel aus der Winkelgeschwindigkeit bzw. der Drehzahl proportional.

Diese Gleichung lässt sich so umformen, dass daraus eine dimensionslose Kennzahl (SHERWOOD-Zahl Sh) resultiert:

$$Sh = 0{,}60 \cdot \left(\frac{\nu}{D}\right)^{1/3} \cdot \left(\frac{r^2\omega}{\nu}\right)^{1/2}.$$

Die Ausdrücke innerhalb der Klammern entsprechen der SCHMIDT-Zahl Sc bzw. der REYNOLDS-Zahl Re:

$$Sh = 0{,}60 \cdot Sc^{1/3} \cdot Re^{1/2}.$$

Elektrochemische Modellreaktion

Als Modellreaktion dient in diesem Versuch die Abscheidung von Kupfer aus einer schwefelsauren Kupfersulfatlösung mit einer Konzentration von $c_{Cu^{2+}} \leq 1 \cdot 10^{-3}$ mol/l an einer rotierenden Scheibenelektrode. Das Elektrodenmaterial ist Kupferblech.

Zur Erhöhung der Grundleitfähigkeit und damit zur Verringerung des OHMschen Spannungsabfalls ist die Elektrolytlösung zusätzlich 0,5-molar an Kaliumsulfat.

Beim Abscheidungspotenzial laufen folgende Elektrodenreaktionen ab:

Kathode: $Cu^{2+} + 2e^- \leftrightarrow Cu$
Anode: $2OH^- \leftrightarrow \frac{1}{2}O_2 + H_2O + 2e^-$.

Aufgabenstellung

Die Abscheidung von Kupfer aus einer sauren Kupfersulfatlösung auf eine rotierende Scheibenelektrode aus Kupfer ist zyklovoltametrisch (Potenzial-Zeit-Profil: gleichseitiges Dreieck) zu untersuchen.

Folgende Versuchsparameter werden in der Aufgabenstellung vorgegeben: mehrere Werte für die Drehzahl der RSE, den Potenzialvorschub (mV/s), Start- und Umkehrpotenzial, Zyklenzahl, Grundabtastrate (Messwertsätze/s).

Mit Hilfe des Datenerfassungs- und -auswertungsprogramms DIA/DAGO sind die Werte für die Zeit t, $U_{AB}(t)$ und $I_Z(t)$ für die einzelnen Versuche in separaten Dateien abzuspeichern und anschließend in der Form $U_{AB}(t) = f(I_Z(t))$ grafisch darzustellen. Falls erforderlich, sind die Daten vorher zu glätten.

Im Gebiet der Kupferabscheidung ist durch langsames Abfahren der Potenzialbereich zu suchen, in dem sich für die gewählte Drehzahl der rotierenden Scheibenelektrode der Grenzstrom einstellt.

Die so bei Messungen mit unterschiedlichen Drehzahlen ermittelten Werte für den Grenzstrom sind grafisch über der Wurzel aus der Winkelgeschwindigkeit darzustellen.

Mit den in der Arbeitsplatzanleitung vorgegebenen Werten ist unter Verwendung der vorn dargestellten Gleichungen der Diffusionskoeffizient in der Elektrolytlösung zu bestimmen.

Versuchsaufbau und -durchführung

Der Versuchsstand besteht aus der Elektrolysezelle (s. Abb. 1.20), dem Potenziostaten, dem Variator und einem Personalcomputer mit A/D-Wandlerkarte.

Vorbereitung der Messungen

- Nach den Vorgaben in der Arbeitsplatzanleitung ist der Personalcomputer mit dem Messprogramm DIA/DAGO für die Messung vorzubereiten. Zur Kalibrierung des Mess-Systems mit der programminternen Kalibrierroutine werden an die Messkanäle für das Elektrodenpotenzial und den Elektrolysestrom mit Hilfe des Variators jeweils exakt definierte Spannungen gelegt (z. B. +5,000 V und −5,000 V).
- Die LUGGIN-Kapillare ist an die Abscheidungsfläche der rotierenden Scheibenelektrode mit Hilfe der beiliegenden Abstandslehre aus Kunststoff zu justieren. Die Kalomel-Bezugselektrode wird eingesetzt.
- Die Elektrolyseschale ist mit der Pt-Gegenelektrode und den Strombrechern zu versehen, anschließend ist diese auf der Laborhebebühne zentriert unter die

Motor mit Drehzahlregelung

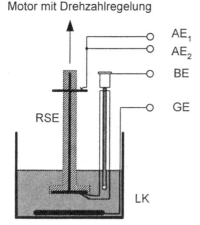

AE₁ Anschluss zur Potenzialmessung U_{AB} am Potenziostaten
AE₂ Anschluss für den Zellenstrom
BE   Bezugselektrode
GE   Gegenelektrode aus dünnem Pt-Blech
RSE Rotierende Scheibenelektrode
LK   LUGGIN-Kapillare

Abb. 1.20. Schematische Darstellung des Aufbaus der Elektrolysezelle

RSE zu positionieren. Mit der Höhenverstellung der Hebebühne ist der Markierungsstrich an der Schale auf das Niveau der RSE zu bringen.
- Unter Verwendung der Abb. 1.18 und 1.20 sind die Klemmenstellen gleicher Bezeichnung mit den ausliegenden Kabeln zu verbinden. Der Variator ist an den Potenziostaten anzuschließen.
- Der Potenziostat wird eingeschaltet und auf „Ruhepotenzialmessung" eingestellt, danach ist vorsichtig die Elektrolytlösung in die Elektrolyseschale zu füllen.
- Die LUGGIN-Kapillare ist auf Luftblasenfreiheit zu prüfen.

Durchführung der Messungen
- (*) Der Antriebsmotor für die RSE ist auf die vorgegebene Drehzahl einzustellen.
- Am Variator werden das obere und untere Umkehrpotenzial eingestellt. Als Startpotenzial ist der am Potenziostaten ablesbare Wert des Ruhepotenzials zu wählen. Der vorgegebene Potenzialvorschub ist einzustellen, die Betriebsarten „Dreieckspotenzialverlauf" und „zyklisch" sind einzugeben.
  Hinweis: Der Potenzialvorschub ist experimentell auf die bestmögliche Erfassung des Grenzstrombereiches zu optimieren. Im anodischen Auflösungsbereich ist nur so weit zu fahren, dass gerade deutlich ein Auflösungsstrom einsetzt.
- Das DIA/DAGO-Messprogramm wird gleichzeitig mit der Variatorsteuerung gestartet.

- Nach dem Durchfahren der angegebenen Zyklenzahl wird der Variator gestoppt und der Potenziostat wieder auf „Ruhepotenzialmessung" geschaltet.
- Die erhaltenen Werte sind abzuspeichern.
- Das Messprogramm ist mit der nächsten Drehzahl ab (*) zu wiederholen.
- Nach der letzten Messung ist der Potenziostat auf „Ruhepotenzial" zu stellen, die Kabel sind am Potenziostaten und an der Messzelle abzuklemmen, die Scheibenelektroden und alle mit Elektrolytlösung benetzten Zubehörteile sind mit Wasser zu spülen.

Hinweise zur Auswertung und Diskussion

1. Aus den gemessenen Werten für die Grenzstromdichte ist der Diffusionskoeffizient zu berechnen (Diagramm $i_{gr} = f(\omega^{1/2})$).
2. Unter Verwendung der Werte für den Diffusionskoeffizienten, die REYNOLDS-Zahl und die SCHMIDT-Zahl sind Werte für die SHERWOOD-Zahlen zu berechnen. Die Funktion Sh = f(Sc, Re) ist in der Form Sh = f(Re^{0,5}) und doppeltlogarithmisch grafisch darzustellen.
3. Die messprogramminternen Möglichkeiten von DIA/DAGO sind für die Datenbearbeitung und die grafische Darstellung entsprechend der konkreten Aufgabenstellung zu nutzen.
4. Die Daten ausgewählter Messreihen sind in das Tabellenkalkulationsprogramm EXCEL zu exportieren, in dem ebenfalls die Datenaufbereitung und die grafische Darstellung auszuführen sind.
5. Die beiden Programme sind bzgl. ihrer kalkulatorischen und grafischen Möglichkeiten und der Handhabbarkeit zu vergleichen.

Literatur

HEITZ, E.; KREYSA, G.: „Principles of Electrochemical Engineering", *VCH, Weinheim/New York* **1986**, Chapter 2.

1.3.2
Viskositätsmessungen mit dem Kegel-Platte-Viskosimeter

Technisch-chemischer Bezug

Viskositätswerte werden zur Charakterisierung fließfähiger Stoffe benötigt. Bei Heizölen oder Schmiermitteln ist es üblich, sie entsprechend ihrer Viskosität zu klassifizieren. **Fließeigenschaften** lassen Rückschlüsse auf die molekulare Struktur von Stoffen zu oder es werden umgekehrt, molekulare Strukturen z. B. von Polymeren entwickelt, die charakteristische Fließeigenschaften für deren Verarbeitung ergeben. Weiterhin benötigt man in der Praxis Viskositätsangaben von Stoffen, um Fließ-, Extrusions-, Beschichtungs- und andere Verarbeitungsvorgänge zu beherrschen. Da für eine Vielzahl von Stoffen und Stoffgemischen wie Pasten, Polymeren, Schmelzen oder Farben die Viskosität keine nur temperaturabhängige Stoffkonstante ist, sondern auch von der durch ein Schergefälle hervorgerufene Schubspannung nichtlinear abhängig ist, sind oft apparativ aufwendige **Viskositätsmessungen** zur Bewertung der Fließeigenschaften nötig.

Grundlagen

NEWTON hat im Grundversuch der Viskosimetrie eine Flüssigkeit zwischen zwei planparallelen Platten einer **Schubspannung** τ ausgesetzt mit dem Ergebnis, dass die Flüssigkeit im Spalt deformiert wurde. Die Geschwindigkeit der Deformation, das **Schergefälle** $\dot{\gamma}$, erwies sich als proportional der Schubspannung:

$$\tau = \eta \cdot \dot{\gamma}. \tag{1}$$

Der Proportionalitätsfaktor η ist die dynamische Viskosität der Flüssigkeit (vgl. auch kinematische Viskosität ν).

Flüssigkeiten, für die Gleichung (1) bei allen technisch vorkommenden Beanspruchungen erfüllt ist, heißen NEWTONsche Flüssigkeiten. Für sie ist η ein temperaturabhängiger Stoffwert. Bei einer Vielzahl anderer fließfähiger Stoffe führt ein variables Schergefälle zu einer nichtlinearen Änderung der Schubspannung (vgl. Abb. 2.5 im Versuch 2.1.2 „Rühren viskoser Flüssigkeiten").

Wird die Viskosität eines Stoffes mit wachsender Scherbeanspruchung erniedrigt, was bei Polymerlösungen und -schmelzen beobachtet wird, so spricht man von Strukturviskosität. Sie wird zum Beispiel durch Streckung der verknäuelten Polymermoleküle bei der Scherung hervorgerufen. Eine Viskositätsangabe ist dann nur sinnvoll, wenn das entsprechende Schergefälle mit angegeben wird.

Tritt mit wachsender Scherbeanspruchung eine Viskositätserhöhung auf, so wird dieses Verhalten als Dilatanz bezeichnet. Dieses Verhalten kann auf zwischenmolekulare Strukturveränderungen zurückgeführt werden.

Ist die Strukturveränderung im Scherfeld außerdem stark zeitabhängig, so heißt der mit einer Viskositätserniedrigung einhergehende Vorgang Thixotropie, bzw. Rheopexie bei einer Viskositätszunahme. Diese Strukturänderungen können sowohl reversibel als auch irreversibel sein.

Manche Substanzen fließen erst, wenn eine gewisse Schubspannung auf sie einwirkt. Der Mindestwert der Schubspannung bezeichnet die Fließgrenze, bis zu welcher zwischenmolekulare Kräfte ein Fließen verhindern. Bis zu dieser Grenze zählen Substanzen zu den Feststoffen und sind nur elastisch verformbar. Beispiele sind Fette, Druckfarben, Lippenstifte.

Weisen Flüssigkeiten o. g. Viskositätsanomalien auf, so sollte eine Viskositätsangabe in Verbindung mit dem Schergefälle nur für den Bereich erfolgen, der für einen Anwendungsfall relevant ist. Nachfolgend sind einige Schergefälle aufgeführt, die für charakteristische Vorgänge bestimmt wurden:

Vorgang	Schergefälle in 1/s
Schmierung des Kolbens im Motorzylinder	$> 10^5$
Spinnlösung durch Spinndüse	$> 10^4$
Extrusion von Polymerschmelzen	$> 10^3$
Fördern von Schlämmen durch Rohre	ca. 500
Zirkulation von Blut im Körper	bis 250
Fördern niedermolekularer Fluide in Rohren	ca. 150

Die Ergebnisse von Viskositätsmessungen werden in Form von Fließkurven $\tau = f(\dot{\gamma})$, Viskositätskurven $\eta = f(\dot{\gamma})$ oder Viskositäts-Zeitkurven $\eta = f(t)$ dargestellt. Wegen der großen überstrichenen Messbereiche wird oft die doppelt logarithmische Darstellung gewählt. NEWTONsche Flüssigkeiten stellen sich darin als Geraden mit der Steigung eins, Stoffe mit Fließanomalien mit Steigungen kleiner oder größer 1 dar. Für nicht-NEWTONsche Flüssigkeiten ist eine geschlossene mathematische Formulierung vielfach nicht möglich, so dass der Kurvenverlauf abschnittsweise interpretiert werden muss.

Zur Messung der Abhängigkeit der Schubspannung vom Schergefälle steht eine Vielzahl von Messgeräten zur Verfügung, deren Auswahl sich nach der konkreten Messaufgabe richten muss:

In **Kapillarviskosimetern** wird die durch laminare Strömung erzeugte Wandreibung zur Viskositätsmessung genutzt. Durch einfache Durchsatz- und Druckabfallmessung lässt sich Schubspannung und Schergefälle bestimmen und daraus die Viskosität nach (1) berechnen. Für Viskositätsmessungen im Bereich von 0,5 bis 50 000 mPas sind z. B. UBBELOHDE-Viskosimeter sehr gut geeignet.

In **Kugelfallviskosimetern** wird der Widerstand einer sinkenden Kugel, der durch Reibungs- und Druckkräfte entsteht, zur Viskositätsmessung genutzt. Diese Viskosimeter (z. B. HÖPPLER-Viskosimeter) eignen sich ausschließlich zur Viskositätsmessung NEWTONscher Flüssigkeiten.

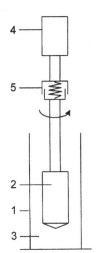 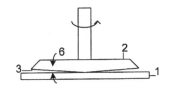

1 Außenzylinder, Platte
2 Innenzylinder, Kegel
3 zu scherende Substanz
4 regelbarer Antrieb
5 Drehmomentenmesser
6 Öffnungswinkel Kegel - Platte

Abb. 1.21. Prinzip des Rotationsviskosimeters und der Kegel-Platte-Anordnung

Rotationsviskosimeter sind universelle Messeinrichtungen, mit denen die zu untersuchenden Substanzen zwischen koaxialen Zylindern, zwischen planparallelen Platten oder Kegel und Platte einer Schubspannung bzw. einem Schergefälle unterworfen werden. In Abb. 1.21 ist das Schema eines Rotationsviskosimeters und einer Kegel-Platte-Anordnung dargestellt. Letztere eignet sich wegen des geringen Spaltes (kleiner Öffnungswinkel zwischen Kegel und Platte) zur Aufnahme der Fließkurve im Bereich größerer Schergefälle.

Schergefälle und Schubspannung werden für Kegel-Platte-Anordnungen wie folgt ermittelt:

Für das Schergefälle gilt: $\dot{\gamma} = \dfrac{1}{\tan \alpha} \, \omega \approx \dfrac{1}{\alpha} \, \omega$, mit $\dot{\gamma}_k$ Schergefälle im Spalt,

α Kegelöffnungswinkel,

ω Winkelgeschwindigkeit.

Für die Schubspannung gilt: $\tau_k = \dfrac{3}{2\pi} \cdot \dfrac{M_d}{r^3}$, mit τ_k Schubspannung am Kegel,

R Kegelradius,

M_d Drehmoment.

Daraus resultiert nach (1) für die Vikositätsrechnung:

$$\eta = \frac{M_d}{\omega} \cdot \frac{3\alpha}{2\pi r^3} = \frac{M_d}{\omega} \cdot K; \quad \text{K Geometriefaktor von Kegel-Platte.}$$

Die Kegel-Platte-Einrichtung ist besonders für Messungen an mittel- und hochviskosen Substanzen geeignet, weil sie leicht zu handhaben, im Vergleich zu koaxialen zylindrischen Messanordnungen leicht zu reinigen ist und ein äußerst geringes Probevolumen beansprucht.

Sie ermöglicht die Aufnahme von Fließkurven für NEWTONsche und nicht-NEWTONsche Fluide. Hochwertige Geräte erlauben auch die Messung der Normalspannungen viskoelastischer Substanzen.

Aufgabenstellung

Mit Hilfe eines Rotationsviskosimeters mit Kegel-Platte-Einrichtung ist bei Vorgabe eines definierten Schergefälles die resultierende viskositätsproportionale Schubspannung für vorgegebene viskose und viskoelastische Substanzen zu ermitteln. Durch Variation des Schergefälles über einen größeren Bereich sind von diesen Substanzen Fließkurven aufzunehmen und deren Verlauf zu interpretieren.

Versuchsaufbau und -durchführung

Die Untersuchungen werden am CONTRAVES Mess-System mit der RHEOMAT RM115 Kegel-Platte-Einrichtung durchgeführt. Das Geräteschema ist in Abb. 1.22 dargestellt.

Der auswechselbare Kegel ist am Messkopf 1 über eine Kugelkupplung starr eingespannt. Der Kegel stützt sich auf die Messplatte, die auch die Probesubstanz aufnimmt, ab. Die Anpresskraft ist manuell einstellbar und richtet sich nach der zu untersuchenden Substanz. Die Messplatte ist durch einen Konus mit Bajonett-Verschluss arretiert. Im Bild ist Kegel und Platte durch die Heizeinrichtung 3 verdeckt. Über zwei Hebel wird der Messkopf und der obere Heizring angehoben und damit werden Kegel und Platte zur Probenaufnahme zugänglich.

Die Temperierung wird mittels Strahlungskörper oberhalb des Kegels und unterhalb der Platte vorgenommen. Die Temperaturmessung erfolgt direkt an der Messplatte. Temperaturkonstanz wird durch einen externen Temperaturregler gewährleistet.

Der Messkopf ist über eine Steuerleitung mit der Steuereinheit verbunden. An der Steuereinheit lässt sich die Drehzahl des den Kegel antreibenden Synchronmotors

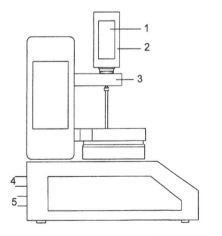

1 Messkopf
2 Anschluss Steuergerät
3 Kegel-Platte Einrichtung mit
   Heizung
4 Anschluss Temperaturregler
5 Kühlgasanschluss

Abb. 1.22. CONTRAVES Mess-System

manuell einstellen oder programmieren und variieren. Diese Einstellwerte und die durch die Scherung resultierenden Schubspannungswerte sind an zwei Digitalanzeigen ablesbar. Ein an die Steuereinheit angeschlossener Rechner ermöglicht die Datenspeicherung. Mit einer Auswertesoftware ist die Darstellung der Messergebnisse nach Bedarf möglich.

Für die Durchführung der Messung ist, die Funktion des Gerätes betreffend, keine besondere Reihenfolge der Messoperationen notwendig. Die Art und Weise der Messung wird auf die zu untersuchende Probe abgestimmt. Das betrifft insbesondere die Temperierung, die Auswahl des Messkegels und des Messprogramms selbst.

Vorbereitung der Messungen

- Zu Beginn der Untersuchungen sind Steuergerät, Temperaturregler, Auswerteeinheit und Rechner mit Netzspannung zu versorgen. Der für die Messung vorgeschriebene Kegel sowie die Platte sind nach Vorschrift einzubauen.
- Nach der Probeaufgabe wird der Kegel mit Hilfe einer Hebevorrichtung auf die Platte abgesenkt und ein vorzugebender Anpressdruck eingestellt.

Achtung: Der Messkegel darf in keinem Fall ohne Messgut auf der Messplatte rotieren.

Durchführung der Messungen

- Nach einer der Probe angemessenen Temperierzeit wird der erste Schergefällewert eingestellt und der Motor gestartet. Die gemessene Schubspannung wird angezeigt. Anstelle dieser Einpunktmessung ist eine programmierte Mehrpunktemessung möglich. Dazu ist der in der Bedienungssoftware angegebene Algorithmus abzuarbeiten.
- Für weitere Messungen (andere Substanzen) ist das Mess-System gründlich zu säubern. Dazu ist mittels der Hebevorrichtung Kegel und Platte zu trennen und abzuwischen. Gelingt das nicht gründlich genug, ist Kegel und Platte auszubauen und ggf. mit Lösungsmittel zu säubern.
- Nach Beendigung aller Messungen ist das Mess-System wieder in die Startposition zu stellen.

Hinweise zur Auswertung und Diskussion

1. Die für die einzelnen Proben erhaltenen Messwerte sind als Fließkurven, Viskositätskurven, wenn möglich auch als Viskositäts-Temperaturkurven oder Viskositäts-Zeitkurven darzustellen.
2. Es ist das Fließverhalten jeder Probe im untersuchten Schergefällebereich zu beurteilen und im Hinblick auf ihre molekulare Struktur zu diskutieren.

Literatur

SCHRAMM, G.: „Einführung in Rheologie und Rheometrie", *Firmenschrift der Gebrüder Haake GmbH* **1995**.

2
Verfahrenstechnische Praktikumsaufgaben

2.1
Mechanische Grundoperationen

Durch mechanische Grundoperationen werden die Eigenschaften und das Verhalten von dispersen Stoffsystemen mit mechanischen Mitteln beeinflusst und verändert. Dabei ist der Einsatz dieser Operationen nicht auf chemische Prozesse bei deren Vor- und Nachbehandlungsschritten beschränkt, sondern erstreckt sich auch auf andere Industriezweige wie Metallurgie, Biotechnologie und Bergbau. Disperse Stoffsysteme können körnige Haufwerke, Schüttgüter und Pulver, aber auch Flüssigkeitstropfen oder Gasblasen sein. Die Einzelpartikel, aus denen die disperse Phase besteht, sind im Allgemeinen von einer kontinuierlichen Phase umgeben, die fest, flüssig oder gasförmig sein kann. Der Partikelgrößenbereich disperser Stoffsysteme erstreckt sich über mehrere Zehnerpotenzen: $> 10^{-6}$ cm für Stäube und Aerosole, $> 10^{-5}$ cm für Emulsionen sowie bis zu 1 cm für Schüttgüter wie Kies oder verschiedene Granulate und Pellets und größer als 1 cm für gebrochenes Erz, Gestein, Salz oder Kohle.

Bei der technischen Behandlung disperser Stoffsysteme kann einerseits eine Kornvergrößerung durch **Agglomerieren** (Granulieren, Tablettieren, Brikettieren) erfolgen. Dazu werden i. Allg. durch Anwendung von äußeren Kräften (z. B. Pressdruck) Haftkräfte zwischen den losen Partikeln verstärkt. Andererseits führen mechanische Kräfte beim **Zerkleinern** (Brechen, Mahlen) zu Spannungen im Korninneren, in deren Folge es zu Brüchen kommt. Beim **Mischen** werden durch Mischorgane gezielte oder zufällige Bewegungen der Partikel erzeugt, die die Eigenschaften des dispersen Stoffsystems verändern (Homogenisieren, Lösen, Suspendieren, Kneten, Rühren, Dispergieren, Feststoffmischen, Begasen, Zerstäuben) und so zu gewünschten Systemeigenschaften führen. Dabei kann es auch zu Partikelgrößenveränderungen kommen (Begasen, Zerstäuben) oder auch nicht (Rühren, Dispergieren, Feststoffmischen). Beim mechanischen **Trennen** bleibt die Teilchengröße weitgehend erhalten. Es wird lediglich nach Größenklassen separiert (Klassieren, Sieben) oder es wird eine bestimmte Phase abgetrennt (Filtrieren, Zentrifugieren). Obwohl die Aufzählung der mechanischen Grundoperationen nicht vollständig ist, wird deutlich, dass diese zur wirksamen Durchführung chemischer Prozesse unerlässlich sind. Eine gesamtheitliche Darstellung der mechanischen Grundoperationen lässt sich jedoch nur phänomenologisch realisieren. Aufgrund der Unterschiedlichkeit disperser Stoffsysteme

(Suspensionen, Emulsionen, Schüttgüter, Stäube, Blasenschwärme) und deren Wirkmechanismen ist eine übergreifende mathematische Beschreibung bisher nicht möglich gewesen. Einzeln lassen sich die mechanischen Grundoperationen mathematisch modellieren und es wird in weiten Bereichen eine gute Korrelation mit dem Experiment erreicht, was wiederum die Voraussetzung für eine Maßstabsübertragung ist. Beispiele dafür sind: Fluidströmung durch Kapillaren (Filtration), Teilchentransport in Turbulenzströmungen (Mischen), Zerteilen von Flüssigkeiten und Gasen unter dem Einfluss äußerer Kräfte (Begasen, Versprühen). Zur Charakterisierung der bei den mechanischen Grundoperationen anfallenden Stoffsysteme hat sich die Partikelgrößenmesstechnik herausgebildet. Es kommen Verfahren zur Messung von Partikelgrößenverteilungen (s. Versuche 2.1.1 „Bestimmung der Partikelgrößenverteilung durch Siebanalyse" und 1.2.2 „Partikelgrößenbestimmung durch Laserbeugung") und Verfahren zur Messung von Oberflächen (s. Versuch 1.2.1 „Bestimmung der Oberflächengröße poröser Feststoffe durch Gasadsorption") zum Einsatz.

Literatur

STIESS, M.: „Mechanische Verfahrenstechnik", Bd. *1*, 2. Auflage, *Springer-Lehrbuch, Berlin/Heidelberg/New York* **1995**; Bd. 2, **1994**.

2.1.1
Bestimmung der Partikelgrößenverteilung durch Siebanalyse

Technisch-chemischer Bezug

Das Verarbeiten und Konfektionieren von Feststoffen in der chemischen und artverwandten Industrie geht häufig einher mit **Zerkleinerungsprozessen** und anschließendem **Klassieren** der Mischgüter. Beispiele dafür sind:

- das Freilegen von Wertstoffen aus dem Muttergestein bzw. aus Ablagerungen zur Aufarbeitung (Erz-, Salz- Kohleaufbereitung)
- das verbesserte Lösen und Mischen von Feststoffen nach Zerkleinerungs- und Siebprozessen
- das Herstellen von Finalprodukten nach Wünschen des Anwenders (Düngemittel, Zement, Nahrungsmittel)

Grundlagen

Durch **Siebung** wird das Aufgabegut in mindestens zwei Fraktionen, **Siebrückstand** (Grobgut) und **Siebdurchgang** (Feingut), getrennt. Bei Verwendung von mehreren Sieben, die mit abnehmender Maschenweite zu einem Siebturm angeordnet werden, können mit einem Siebvorgang mehrere Fraktionen (Kornklassen) erzeugt werden. Entsprechend der Maschenweite des Siebes wird nach dem Durchmesser bzw. einer charakteristischen Länge getrennt.

Der Korngrößenbereich für die Anwendung der Analysensiebung erstreckt sich von ca. 5 µm bis 125 mm Sieböffnungsweite. Man unterscheidet verschiedene Siebverfahren mit bevorzugten Anwendungsbereichen:

Maschinen- oder Handsiebung trockener Güter	ca. 63 µm – 125 mm
Luftstrahlsiebung	ca. 10 µm – 500 µm
Nasssiebung	ca. 5 µm – 50 µm

Am häufigsten wird die Maschinensiebung mit vibrierendem Siebsatz eingesetzt (s. Abb. 2.1).

Ist das Gut in eine genügende Anzahl von Fraktionen getrennt, lässt sich das disperse System mit Hilfe einer **Verteilungsdichtekurve** beschreiben. Dazu bestimmt man für konkrete Kornklassen Δd_p die zugehörigen, d. h. zwischen zwei Sieben anfallenden Masseanteile $\Delta m/m_0 = \Delta \mu_R$. Dividiert man den jeweiligen Masseanteil der zugehörigen Kornklasse durch die Klassenbreite Δd_p und trägt diesen Wert als Rechteck über der Klassenbreite d_p auf, so erhält man ein Histogramm. Für Klassenbreiten $\Delta d_p \to 0$ erhält man eine stetige Verteilungsdichtekurve (s. Abb. 2.2a).

Trägt man auf der Abszisse wiederum die Korngröße d_p, auf der Ordinate jedoch die Massesummen aller bis zu einem bestimmten Sieb anfallenden Fraktionen auf

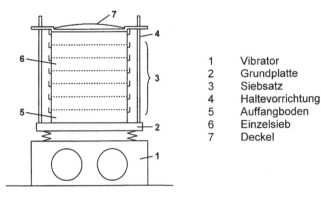

1	Vibrator
2	Grundplatte
3	Siebsatz
4	Haltevorrichtung
5	Auffangboden
6	Einzelsieb
7	Deckel

Abb. 2.1. Analysensiebmaschine

(Siebrückstand), so erhält man die **Verteilungssummenkurve**. Der Siebrückstand μ_R wird auf die Gesamtmasse des Aufgabegutes bezogen, so dass sich ein prozentualer Masseanteil ergibt. Die Ergänzung zu 100% ist der Siebdurchgang μ_D (s. Abb. 2.2b).

Bei einer idealen Trennung enthält der jeweilige Siebdurchgang bzw. Rückstand nur Teilchen mit gleichen Merkmalswerten, die größer bzw. kleiner der Trenngrenze sind. Im realen Fall kommt es jedoch zu mehr oder weniger großen Überlappungen, d. h. Grobgut gelangt ins Feingut und umgekehrt. Je unschärfer die Trennung, desto breiter ist der Überschneidungsbereich der Verteilungsdichtekurven.

Beim Sieben werden die Verteilungskurven des Aufgabegutes gewöhnlich auf die Masse bezogen. Die Auswertung erfolgt dann mittels grafischer Auftragung. Abbildung 2.2 zeigt in der Gegenüberstellung die beiden Verteilungskurven.

Je nach Entstehung weisen Siebfraktionen unterschiedliche Kornverteilungen und damit unterschiedliche Verläufe der Verteilungskurven auf. In den meisten Fällen kann man diesen Korngrößenverteilungen mathematische Beziehungen unterlegen, die sie mit hinreichender Genauigkeit beschreiben. Diese Approximationsfunktionen erlauben die Darstellung der Verteilungskurven als Geraden. Folgende Funktionstypen haben sich für die Approximation bewährt:
- die GAUSSsche Normalverteilung
- die logarithmische Normalverteilung
- die Exponentialverteilung nach ROSIN, RAMMLER, SPERLING, BENNETT

Nach der GAUSSschen Normalverteilung vollzieht sich z. B. das natürliche Wachstum von Kristallen und die Kristallisation aus Mutterlaugen. Die Masseverteilungskurve hat die Gestalt einer „symmetrischen Glockenkurve".

Tropfen und Trockengüter, die durch Versprühen entstehen, sowie Produkte geologischer Zerkleinerungsprozesse folgen der logarithmischen Normalverteilung.

Die Mehrzahl technisch hergestellter Haufwerke, die durch Mahlung entstanden sind, weisen eine Exponentialverteilung auf. Darin ist das Maximum der Masseverteilungskurve stark nach kleiner Korngröße verschoben oder fehlt ganz.

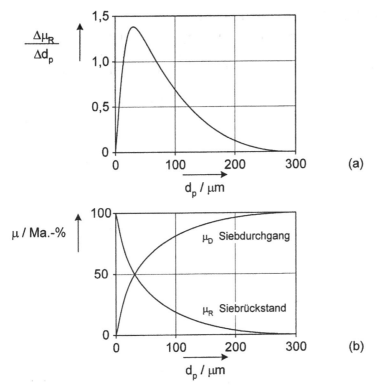

Abb. 2.2. Siebanalyse von feingemahlenem Quarz
(a) Verteilungsdichtekurve (Masseverteilungskurve)
(b) Verteilungssummenkurve (Massesummenkurve)

Aufgabenstellung

Von einem durch Feinzerkleinerung hergestellten Mahlgut, z. B. Zement oder Fluss-spat, ergibt die Masseverteilungskurve in logarithmischer Darstellung eine lineare Abhängigkeit. Für weitere Mahlgüter sind die Masseverteilungskurven zu bestim-men. Für diese Güter und weitere Modellgemische sind geeignete Approximations-funktionen für eine lineare Darstellung der Verteilungsfunktion zu finden.

Für ein Modellgemisch ist außerdem der Siebdurchgang (Siebrückstand) als Funk-tion der Zeit zu ermitteln.

Versuchsaufbau und -durchführung

Der Versuchsstand besteht aus der Siebmaschine AS 200 control der Firma Retsch GmbH & Co. KG. Zur Erzeugung schwingender Siebbewegungen wird eine federnd gelagerte Grundplatte elektromagnetisch angetrieben. Dauer und Intensität der Siebbewegung können eingestellt werden.

Die Siebbewegung dient dazu, das Siebgut gleichmäßig auf dem Siebboden zu verteilen, jedem Korn die Möglichkeit zu schaffen, eine freie Maschenöffnung zu erreichen und verstopfte Maschenöffnungen zu reinigen.

Die Bewegung des Siebgutes erfolgt nur in der Ebene des Siebbodens.

Die Siebmaschine ist über einen Computer online mit einer Waage verbunden.

Vorbereitung der Messungen

- Mit Hilfe der Grain-Test-Software ist es möglich, Siebmaschine und Waage zu betreiben und die Auswertung der Siebung durchzuführen. Der Arbeitsablauf ist menügeführt.
- Die Siebe sind in absteigender Maschengröße zu sortieren und auf die Grundplatte der Analysensiebmaschine zu montieren.
  Achtung: Es ist auf festen Sitz der Siebe vor dem Start der Siebung zu achten!

Durchführung der Messungen

- Es sind Auffangschale und Siebe zu wägen und die Leergewichte zu notieren. Weiterhin werden 30 g eines Modellgemisches abgewogen, auf das obere Sieb gegeben und der Siebturm auf der Siebmaschine fest montiert.
- Nach Anwahl von „Siebanalyse" und „Start" sind die Angaben zur Siebanalyse, Siebturm (Siebgrößen) und Siebvorgang in das geöffnete Menü einzutragen und zu speichern. Siebparameter für die erste Aufgabe sind: Amplitude 2, Siebzeit 20 min.
- Nach Bestätigung sind in die sich öffnende Tabelle die Leergewichte der Siebe sowie die Einwaage des Siebgutes einzutragen und die automatische Siebung zu starten.
- Nach Abschluss der Siebung sind die einzelnen Fraktionen auszuwägen und in die Menütabelle einzutragen. Es erfolgt die sofortige Berechnung der auf die Kornklassen bezogenen Massenanteile und Häufigkeiten.
- Eine grafische Darstellung ist danach möglich.
- Mit den gleichen Sieben ist nochmals 20 min zu sieben. Dazu ist die Siebanalyse erneut zu starten und die Leergewichte sowie die Einwaage sind abermals in die Tabelle einzutragen.
- Sind die Auswertungen nach 20 und 40 min Siebzeit gleich, kann die Siebung beendet werden, ansonsten ist nochmals 20 min zu sieben.
- Vor der folgenden Aufgabe ist die Waage auf automatisches Wägen zu stellen. Die Siebanalyse ist erneut zu starten und neue Parameter sind einzutragen (Siebzeit 20 oder 40 min, je nach Verlauf der ersten Aufgabe).

- Um die Leergewichte und die Einwaage automatisch in die Tabelle einzutragen, ist die „Menü"-Taste der Waage nach der jeweiligen Gewichtskonstanz zu drücken.
- Die Siebmaschine ist vorzubereiten und die Siebung zu starten.
- Nach der Siebung sind die Fraktionen ebenfalls automatisch auszuwägen.
- Der Siebturm für die nächste Aufgabe ist wie folgt zusammenzustellen: Siebturm: 45 / 63 / 90 / 125 / 250 µm; Siebzeit: 40 min.
- Die Daten für die Siebung sind wieder aktuell einzutragen, die Leergewichte und die Einwaage des neuen Siebgutes (30 g) sind automatisch in die Tabelle zu übernehmen. Die Siebung ist durchzuführen und wie beschrieben auszuwerten.

Hinweise zur Auswertung und Diskussion

1. Die Ergebnistabellen zu den einzelnen Siebungen sind auszudrucken und zu bewerten.
2. Mit welcher Approximationsfunktion wird die Linearität der Verteilungsfunktion erreicht?
3. Für die untersuchten Proben sind die Ergebnisse zu diskutieren.

Literatur

STIESS, M.: „Mechanische Verfahrenstechnik", Bd. 1, 2. Auflage, Springer-Lehrbuch, *Berlin/Heidelberg/ New York*, **1995**, Kapitel 6.3.
Software für Korngrößenanalysen: „Graintest", *Firma Retsch GmbH & Co. KG* **1998**.

2

2.1.2
Rühren viskoser Flüssigkeiten

Technisch-chemischer Bezug

In der Industrie kommt **Rührtechnik** zum Einsatz, um Mischvorgänge überwiegend in flüssigen Phasen zu intensivieren und Wärmeaustauschvorgänge zu beschleunigen. Außerdem lassen sich durch Rühren Gase und Feststoffe in Flüssigkeiten eintragen und verteilen sowie Absetz- und Phasenkoaleszenzvorgänge vermeiden, um z. B. eine definierte Reaktionsführung zu ermöglichen.

Aufgrund dieser unterschiedlichen verfahrenstechnischen Aufgaben trifft man Rührtechnik heute nicht mehr nur in der chemischen und pharmazeutischen Industrie, der Lebensmittel- und Farbherstellung, sondern auch in der Biotechnologie, der Abwasseraufbereitungstechnik, der Rauchgasentschwefelung und Nassmetallurgie an.

Leistungsdaten eines Herstellers von Rührtechnik, der EKATO Rühr- und Mischtechnik GmbH, weisen gerührte Behältergrößen von bis zu 4000 m³ Volumen, Antriebsleistungen > 1000 kW, Rührflügeldurchmesser > 10 m, Rührwellenlängen bis 50 m, Rührwellendurchmesser bis 0,5 m aus.

An diesen Daten lässt sich erkennen, welche ökonomische Bedeutung die Minimierung des Aufwandes für eine konkrete Rühraufgabe hat.

Grundlagen

Durch das Rühren viskoser Medien lassen sich vielfältige verfahrenstechnische Aufgabenstellungen lösen:

Beim **Homogenisieren** wird das Vermischen ineinander löslicher Flüssigkeiten beschleunigt, Konzentrations- und Temperaturunterschiede beim Zusammenführen flüssiger Komponenten werden ausgeglichen.

Durch das **Suspendieren** können disperse Feststoffe gleichmäßig in Flüssigkeiten verteilt werden, was für Lösungs- und Kristallisationsvorgänge aber auch für katalytische Fest-Flüssig-Reaktionen von Bedeutung sein kann.

Emulgieren bezeichnet das Zer- und Verteilen von einer Flüssigkeit in einer weiteren Flüssigkeit, wobei erstere in der zweiten nicht löslich ist. Anwendung findet das Emulgieren bei der Flüssig-Flüssig-Extraktion und der Emulsionspolymerisation.

Beim **Begasen** werden Gasblasen durch Rühren in Flüssigkeiten eingetragen, um z. B. Gas-Flüssig-Reaktionen durch Oberflächenvergrößerung zu beschleunigen und aerobe Vorgänge zu begünstigen.

In allen genannten Fällen lässt sich durch Rühren auch der **Wärmetransport** fördern, falls Temperaturgradienten im Reaktor oder an der Behälterwand auftreten.

Bei den meisten in der Praxis auftretenden Rühraufgaben treten die vorgenannten Probleme komplex auf. So ist bei verschiedenen katalytischen Flüssigphasenreaktionen gleichzeitig zu begasen, Katalysator in der Schwebe zu halten und Wärme abzuführen.

Bei hochviskosen Medien (Polymerisationstechnik) besteht andererseits die Hauptaufgabe im Homogenisieren des Behälterinhaltes und der Intensivierung des Wärmeüberganges.

Es ist verständlich, dass sich diese unterschiedlichen Rühraufgaben nicht mit einem einzigen Rührertyp lösen lassen.

Um die Durchmischung des flüssigen Behälterinhaltes optimal zu gewährleisten, muss der Rührer ein auf die Rühraufgabe abgestimmtes Strömungsfeld erzeugen. Man unterscheidet zwischen schnelllaufenden Rührern für niedrigviskose und langsamlaufenden für hochviskose Flüssigkeiten. Entsprechend der Förderrichtung gibt es primär axial fördernde (z. B. Propeller-) und tangential bis radial fördernde (z. B. Scheiben-) Rührer.

Weiterhin spielen geometrische Abmessungen zwischen Rührorgan und Behälter sowie das Vorhandensein von Stromstörern eine wesentliche Rolle bei der Lösung der Rühraufgabe. Tabelle 2.1 listet einige wichtige Rührertypen und deren geometrische Abmessungen entsprechend DIN 28131 auf.

Leistungsbedarf von Rührern

Zur Bewältigung der Rühraufgabe ist die Antriebsleistung des Rührmotors so zu bemessen, dass neben der Rührleistung selbst, auch die Leistungsverluste von Getriebe und Dichtungen gedeckt werden. Die Rührleistung P, die der Rührer in das Rührgut einbringt, lässt sich bei Kenntnis der Drehzahl n und des Drehmoments M berechnen:

$$P = M \cdot 2\pi \cdot n. \tag{1}$$

Lässt sich das Drehmoment nicht im voraus berechnen, so bietet die Dimensionsanalyse die Möglichkeit zur Abschätzung des Leistungsbedarf von Rührern. Auf die Rührleistung haben folgende einheitenbehaftete Größen Einfluss:

$$P = f\,(d,\ n,\ g,\ \eta,\ \rho). \tag{2}$$

Dieser funktionelle Zusammenhang lässt sich durch Einführung dimensionsloser Kennzahlen zu:
Ne   = f (Re, Fr), mit Ne Leistungskennzahl oder NEWTON-Zahl,
            Re REYNOLDS-Zahl,
            Fr FROUDE-Zahl
vereinfachen.
Für die Leistungskennzahl und die Re-Zahl gelten mit d als Rührerdurchmesser:

$$Ne = \frac{P}{\rho \cdot n^3 \cdot d^5}, \tag{3}$$

$$Re = \frac{n \cdot d^2 \cdot \rho}{\eta}. \tag{4}$$

Tab. 2.1. Gebräuchliche Rührertypen, ihre Wirkungsweise und Einsatzgebiete

Rührer	Einbau	primäre Strömungs-richtung	Durchmesser-Verhältnis Rührer:Behälter		Rührgut-zähigkeit in Pa · s	Rühraufgabe
Propellerrührer (3 Blatt)	zentrisch keine Stromstörer	axial (Axialpumpe)	0,1–0,4	schnelllaufend	< 20	– Homogenisieren – Suspendieren
Scheibenrührer (6 Blatt)	zentrisch mit Stromstörer	radial	0,2–0,5	schnelllaufend	< 10	– Homogenisieren niedrigviskoser Medien – Begasen
Ankerrührer (2 Arme)	zentrisch wandgängig	tangential	ca. 1	langsamlaufend	20	– Wärmetransport
Wendelrührer (Schraube)	zentrisch wandgängig	axial	ca. 1	sehr langsamlaufend	> 20	– Homogenisieren hochviskoser Medien – Wärmetransport
Blattrührer	zentrisch	tangential	0,4–0,6	langsamlaufend	< 50	– Homogenisieren auch viskoser Medien
MIG-Rührer (Mehrstufen-Impuls-Gegenstromrührer)	zentrisch	tangential bis radial	0,9–1	langsamlaufend	< 80	– Homogenisieren mittel- bis hochviskoser Medien – Begasen – Suspendieren – Dispergieren

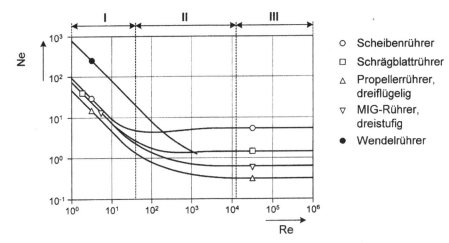

Abb. 2.3. Leistungscharakteristik verschiedener Rührer

Unter bestimmten Bedingungen ist die FROUDE-Zahl auf die Leistungskennzahl ohne Einfluss. Das ist der Fall, wenn sich keine Trombe bildet und der Rührer keine Luft einsaugt. Aus Experimenten mit unterschiedlichen Rührertypen lassen sich folgende Zusammenhänge erkennen:

- für den laminaren
  Bereich I: $Re < 10,$ $Ne \sim Re^{-1} \rightarrow P = c \cdot n^2 \cdot d^3 \cdot \eta,$ (5)
- für den Übergangs-
  bereich II: $10 < Re < 10^4,$ kein Zusammenhang erkennbar,
- für den turbulenten
  Bereich III: $Re > 10^4,$ $Ne = konst. \rightarrow P = Ne \cdot n^3 \cdot d^5 \cdot \rho.$ (6)

In Abb. 2.3 wird die Leistungskennzahl als Funktion der Re-Zahl für verschiedene Rührertypen dargestellt. Die Darstellung wird als Leistungscharakteristik bezeichnet.

Homogenisieren

Ziel des Homogenisierens ist der Konzentrations- bzw. Temperaturausgleich im Rührgefäß nach Zugabe von Edukten, während chemischer Umsetzungen, Begünstigung des Stoffüberganges u. a. Der Vorgang des Homogenisierens wird durch zwei Größen charakterisiert, der Mischgüte und der Mischzeit. Die Mischgüte M(t) lässt sich aus der zeitlichen Konzentrationsänderung (Temperaturänderung) eines Tracers bestimmen:

$$M(t) = \frac{c_0 - c(t)}{c_0 - c_\infty}.$$ (7)

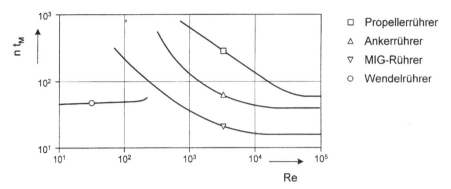

Abb. 2.4. Mischzeitcharakteristik verschiedener Rührer

Als Mischzeit t_M gilt die Zeitdifferenz zwischen Beginn des Mischens und dem Erreichen einer entsprechenden Mischgüte, allgemein der Mischgüte 0,90-0,95. Vergleiche von Mischzeitmessungen sind nur für gleiche Mischgüte zulässig.

Zur Darstellung des Homogenisierungsvermögens von Rührern dient die Mischzeitcharakteristik, in der die maßeinheitenlose Homogenisierzeit $n \cdot t_M$ als Funktion der Re-Zahl aufgetragen wird (s. Abb. 2.4).

Ein konstanter $n \cdot t_M$-Wert bedeutet, dass bei einer Verdoppelung der Drehzahl des Rührers die Mischzeit halbiert wird, was im Allgemeinen auf die Verdoppelung der Umwälzung des Behälterinhaltes zurückzuführen ist.

Rühren nicht-NEWTONScher Flüssigkeiten

Im Idealfall reagiert eine Flüssigkeit beim Fließen auf eine Änderung der Schubspannung τ mit proportionaler Änderung des Schergefälles $\dot{\gamma}$. Flüssigkeiten, die der Gesetzmäßigkeit

$$\tau = \eta \cdot \dot{\gamma} \tag{8}$$

genügen, heißen NEWTONSche Flüssigkeiten (z. B. Wasser, Mineralöle, Zuckerlösungen). Alle anderen Flüssigkeiten, die dieses ideale Fließverhalten nicht zeigen, werden nicht-NEWTONSche Flüssigkeiten genannt. In Abb. 2.5 sind verschiedene Arten des Fließverhaltens dargestellt.

In den Fällen 2 und 3 ist zu erkennen, dass die Viskosität keine Stoffkonstante mehr ist, sondern von der Stärke der Scherung bestimmt wird. Aus Abb. 2.5 lässt sich ablesen, dass mit zunehmender Scherung die Viskosität sowohl zu- als auch abnehmen kann, was sich auf die Leistungsaufnahme von Rührern auswirkt. Im laminaren Bereich wird nämlich die Leistungsaufnahme eines Rührers durch die an den Rührerblättern auftretenden Schubspannungen bestimmt. Deshalb muss bei nicht-NEWTONSCHEN Flüssigkeiten die für den konkreten Rührzustand sich einstellende Viskosität bekannt sein, mit der dann die Re-Zahl gebildet und aus der Leistungscharakteristik der Ne-Wert ermittelt werden kann.

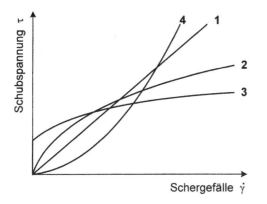

1 NEWTONsches Verhalten
2 Strukturviskoses Verhalten
3 Strukturviskoses Verhalten
   mit Fließgrenze
4 Dilatantes Verhalten

Abb. 2.5. Fließverhalten von Fluiden

Maßstabsvergrößerung (Scale up)

Rührversuche im Modell-, Pilot- und Technikumsmaßstab sind Voraussetzung für die Auslegung der Großausführung im Betriebsmaßstab. Dabei ändert sich die Behältergröße von ca. 2-5 l im Modellversuch, über 50 l und 750 l im Pilot- und Technikumsmaßstab, auf ca. 25 m³ in der Betriebsausführung.

Der Vorgang des Hochrechnens von der Modell- auf die Betriebsausführung setzt gleiche Stoffwerte und lineare Vergrößerung des Behältermodells, einschließlich der Rührergeometrie, voraus. Weiterhin müssen Übertragungskriterien festgelegt werden. Diese können sich auf gleiche volumenbezogene Rührleistung, gleiche Mischzeit oder gleichen Suspendierzustand zwischen Modell- und Betriebsausführung beziehen.

Sind für den gewählten Rührertyp und die Rühraufgabe die Parameter einschließlich der Leistungscharakteristik (Ne = f(Re)) bekannt, dann lassen sich mit Hilfe der in der Modellausführung gemessenen Rührerdrehzahl und Rührleistung die erforderliche Drehzahl und Leistung der um den Faktor μ größeren Betriebsausführung berechnen. Für gleiche spezifische Rührerleistung (P/V) gilt

für den laminaren Bereich:

$$n_B = n_M, \tag{9}$$

für den turbulenten Bereich:

$$n_B = n_M \cdot \mu^{2/3}. \tag{10}$$

Die Forderung nach gleicher Mischzeit für Modell- und Betriebsausführung ist in den meisten Fällen nicht zu erfüllen, da der Leistungsbedarf dann unwirtschaftlich hoch wird.

Aufgabenstellung

Es sind Untersuchungen zum Homogenisierverhalten axial und tangential/radial fördernder Rührer durchzuführen. Zur Auswahl steht ein Sortiment verschiedener Rührertypen der Fa. FLUID. Gerührt werden NEWTONsche Flüssigkeiten (Silikonöle unterschiedlicher Viskosität, Glycerin, Paraffinöl) und nicht-NEWTONsche Flüssigkeiten (Methylcellulose-Lösungen) mit dem Ziel der Aufnahme von Mischzeitcharakteristiken für die verwendeten Rührertypen.

Weiterhin sind Untersuchungen zum Suspendierverhalten von Glaskugeln bei Variation der Drehzahl verschiedener Rührer durchzuführen. Es werden verschiedene Suspendierzustände angestrebt und die Wirkungen nach Drehmoment und Leistungseintrag beurteilt.

Versuchsaufbau und -durchführung

Die Versuche werden mit Hilfe des Rührwerkes FL-300MS der FLUID Misch- und Dispergiertechnik GmbH durchgeführt. Abbildung 2.6 zeigt das Schema der Versuchsapparatur mit:

- dem Antriebsteil, bestehend aus einem elektronisch geregelten Servomotor mit Zahnriemengetriebe, Rührwellenaufnahme und höhenverstellbarer Rühreinheit,
- der kompakten Regelungselektronik mit Netzteil, Motorsteuerung und Regler,
- der Fernbedienung mit Display und Bedienfeld.

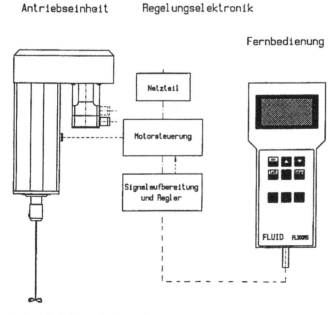

Abb. 2.6. Schema der Versuchsapparatur

Auf dem Display der Fernbedienung können
folgende Werte angezeigt werden:

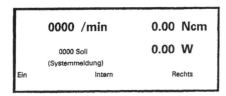

Abb. 2.7. Details der Fernbedienung

Nach dem Verbinden der Antriebseinheit mit dem Netz und Einschalten der Regelungselektronik ist das Display der Fernbedienung eingeschaltet. Abbildung 2.7 zeigt
die Displaymaske der Fernbedienung. Durch Tastendruck ON/OFF wird die Displaymaske mit voreingestellten Messwerten sichtbar. Durch Betätigen der Δ, ∇-Tasten
lässt sich die Sollwertdrehzahl erhöhen oder erniedrigen. Durch erneutes Betätigen
der ON/OFF-Taste wird der Rührer gestartet.

Achtung:
- Der Rührer darf erst nach dem Absenken in das Rührmedium gestartet werden.
- Es ist darauf zu achten, dass das jeweilige Rührgefäß mit dem Rührmedium mit
  Hilfe der Klemmenvorrichtung auf dem Stativtisch festgezurrt ist und der Rührer
  mittig in das Rührgefäß abgesenkt wird.
- Bodenkontakt des Rührers kann Gefäß und Rührwelle beschädigen.
- Messfühler und Stromstörer sind so im Rührgefäß zu plazieren, dass sie von den
  Rührerflügeln nicht erfasst werden können.
- Aufmerksamkeit ist beim Einstellen der Drehzahl bzw. beim Rührerstart auf Un-
  wucht der Rührwelle und mögliches Verspritzen des Rührmediums zu richten.
- Es ist auf sauberes Arbeiten zu achten. Besonders beim Wechseln der Rührer sind
  abtropfende Reste des Rührmediums zu beseitigen.

Ne-Zahl-Bestimmung
- Für mindestens zwei Rührertypen sind Drehmoment und Rührleistung in Abhängigkeit von vier Drehzahlen zu bestimmen. Dazu werden in 2 l Bechergläsern 1,5 l
  Flüssigkeit unterschiedlicher Viskosität vorgelegt und auf dem Rührtisch zentrisch
  unter der Rührwelle positioniert.
- Der zur Messung vorgesehene Rührer wird bei hochgestellter Rührwelle montiert,
  und anschließend wird der Rührer in das Rührgefäß bis zur vorgegebenen Marke
  abgesenkt.
- Über das Display wird die vorgegebene Drehzahl eingestellt und nach Überprüfung
  der vorgenannten Gefahrenhinweise kann der Rührvorgang gestartet werden.
- Während des Messvorganges ist für ausgewählte Einstellungen eine Farbstoffmar-
  kierung vorzunehmen. Aus der Schlierenbildung und Vermischung lässt sich eine
  verbale Aussage über die primäre Strömungsrichtung des Rührers treffen.

- Mit einem Rotationsviskosimeter sind die dynamischen Viskositäten der zur Messung bereitgestellten Flüssigkeiten zu bestimmen.

Mischzeit-Bestimmung

- Rührgefäß und Rührer werden wie bei der Ne-Zahl-Bestimmung vorbereitet. Zusätzlich werden zwei Thermoelemente an verschiedenen Stellen im Rührgefäß positioniert. Die Thermoelemente sind mit einem Schreiber verbunden, der geringfügige Temperaturunterschiede im Rührmedium registrieren kann.
- Durch Zugabe einer auf ca. 80 °C erwärmten Probe des zu rührenden Mediums (ca. 100 ml) wird der Versuch zur Mischzeitbestimmung gestartet. Vorher ist der Papiervorschub zu starten und bei Probezugabe eine Schreibmarkierung zu setzen.
- Die zwei Temperaturfühler registrieren den Zeitverlauf des Temperaturausgleichs unterschiedlich.
- Der Versuch ist beendet, sobald der Temperaturausgleich an beiden Messfühlern erreicht ist. Die Ausgleichstemperatur weist dann ein höheres Niveau als die Ausgangstemperatur auf. Bei hochviskosen Flüssigkeiten wird merklich Wärme dissipiert, so dass zusätzlich ein Temperaturanstieg registriert wird.

Hinweise zur Auswertung und Diskussion

1. Zur Ne-Zahl-Berechnung ist in Gleichung (3) die Rührleistung P durch die Beziehung (1) zu substituieren. Mit der erhaltenen Gleichung sind die Ne-Werte zu berechnen und tabellarisch aufzulisten. Die Re-Zahlen sind nach Gleichung (4) zu berechnen und den Ne-Werten zuzuordnen.
2. Durch Auftragung von lg Ne über lg Re wird die Leistungscharakteristik erhalten. Diese Abhängigkeit gilt nur für die untersuchte Rühranordnung. Der Ne-Wert ist nur vom Größenmaßstab abhängig, jede einseitige Veränderung der Rührergeometrie führt zu einer abweichenden Leistungscharakteristik.
3. Die bei unterschiedlichen Drehzahlen eines Rührers ermittelten Mischzeiten, einschließlich der zugehörigen Drehmomente und Leistungseinträge sind tabellarisch zu erfassen und ausführlich zu diskutieren.

Literatur

STIESS, M.: „Mechanische Verfahrenstechnik", Bd. 1, 2. Auflage, Springer-Lehrbuch, *Berlin/Heidelberg/New York*, **1995**, Kapitel 5.5.

„Handbuch der Rührtechnik", *Firmenschrift der Fa. EKATO*, **2000**.

ZLOKARNIK, M.: „Scale-up, Modellübertragung in der Verfahrenstechnik", *Wiley-VCH, Weinheim*, **2000**.

2.1.3
Filtration

Technisch-chemischer Bezug

Die Filtration ist eine verfahrenstechnische Grundoperation zum Abtrennen von meist festen Bestandteilen aus Flüssigkeiten oder Gasen beim Durchströmen einer Filterschicht. Als Filterschichten kommen in der Praxis **lose Schüttungen** aus Sand, Kies oder Schlacke, **Filtergewebe** aus Baumwolle, Glas- oder Metallfasern, **poröse Filtermassen** aus Keramik und Sinterwerkstoffen, aber auch **Porenmembranen** und **Lösungsmembranen** zum Einsatz.

Die Größe der abzuscheidenden Teilchen reicht von grobdispers (> 500 nm) bei der **Normalfiltration**, über kolloiddispers (5–500 nm) bei der **Ultrafiltration** bis zu molekulardispers (0,2–10 nm) bei der **Umkehrosmose**.

Die Filtration wird in der Technik angewendet zur Trennung und Konzentrierung von Suspensionen, zum Trennen und Anreichern von kolloiden Stoffen in Emulsionen, zur Anreicherung von Proteinen und Polypeptiden, zur Meerwasserentsalzung.

Grundlagen

Die folgenden Ausführungen behandeln die Grundlagen des Filtrierens, dem Trennen eines fest-flüssig-Systems in seine Komponenten mit Hilfe einer für den flüssigen Anteil durchlässigen Schicht, die Feststoffteilchen auf Grund ihrer Größe zurückhält. Das Filtern (Trennung fest – gasförmig) und die Membranfiltration (Permeation), die teilweise anderen Gesetzmäßigkeiten gehorchen, sollen unberücksichtigt bleiben.

Beim Filtrationsvorgang durchströmt die Flüssigkeit mit den in ihr suspendierten Feststoffteilchen in einem komplizierten Strömungsvorgang die Filterschicht. Die Triebkraft der Filtration ist der hydrostatische Druck der Flüssigkeitsschicht über dem Filter, Überdruck oder Vakuum. Je nach Beschaffenheit des Filtermittels können sich die in der Flüssigkeit suspendierten Feststoffteilchen in den Poren und im Volumen der Zwischenräume in der Filterschicht, auf dem Filtermittel direkt absetzen oder selbst das Filtermittel bilden.

Diesen drei Mechanismen entsprechend unterscheidet man zwischen Tiefenfiltration, Siebfiltration und Kuchenfiltration.

Die **Tiefenfiltration** (auch Bettfilter) ermöglicht eine Trennung bei geringen Feststoffanteilen in der Suspension. Sie kann auch dann angewendet werden, wenn überwiegend sehr kleine Teilchen in der Suspension enthalten sind.

Als Filtermittel werden verhältnismäßig dicke Schichten aus porösen Materialien eingesetzt. Die Trennung erfolgt durch Ablagerung der Feststoffteilchen in den Kapillaren und Poren des Filters. Mit der Zeit kommt es zu einer Beladung des inneren Volumens und die Filtrationswirkung nimmt ab. Durch Bettaustausch oder Spülung ist eine Regeneration möglich. Derartige Filter werden zur Trinkwasseraufbereitung und zur Reinigung von pharmazeutischen Produkten und in der Lebensmittelindustrie bei der Getränkeherstellung eingesetzt. Das Filtrat weist einen hohen Reinheitsgrad auf.

Die **Siebfiltration** (auch Oberflächenfilter) nutzt die Siebwirkung des Filtermittels aus. Es werden nur die Teilchen zurückgehalten, deren Durchmesser größer ist als die Maschen des Filtermittels. Die Teilchen lagern sich auf der Oberfläche des Filters ab, ohne einen filtrationswirksamen Kuchen zu bilden.

Bei der **Kuchenfiltration** wird der sich auf dem Filtermittel absetzende Feststoff genutzt, um ein Klarfiltrat zu erzielen. Der Filterkuchen wird selbst zum Filtermittel und garantiert eine verbesserte Abtrennung auch der kleinsten Teilchen der Suspension. Die Wirksamkeit der Kuchenfiltration hängt hauptsächlich von der Art und Dicke des Filterkuchens ab, während das eigentliche Filtermittel nur zu Beginn des Prozesses eine Rolle spielt. Anfangs wird kein klares Filtrat erzielt, weil die Öffnungen des Filtermittels meist größer sind als die kleinsten Teilchen der Suspension. Erst durch die Bildung des Filterkuchens wird ein klares, feststofffreies Filtrat erreicht.

Da Filter und Filterkuchen der durchströmenden Flüssigkeit einen Widerstand entgegensetzen, wird die Filtration erst durch Erzeugen einer Druckdifferenz möglich. Der Widerstand wächst mit zunehmender Höhe des Kuchens kontinuierlich an, was zu einer Abnahme der Filtrationsgeschwindigkeit führt und die Entfernung des Kuchens erfordert. Die Kuchenfiltration wird eingesetzt, wenn die Feststoffkonzentration in der Suspension mindestens 3% beträgt und der Feststoff eine flüssigkeitsdurchlässige Schicht bildet.

Nach der Filtration verbleibt im Kuchen eine Restfeuchte. Sie gibt einen Hinweis auf die Filtrierbarkeit der Suspension. Filterkuchen mit einer Restfeuchte von bis zu 20% stammen aus gut filtrierbaren, bis 70% aus schwer filtrierbaren Suspensionen. Ein Nachteil der Filtration ist, dass sich der Restfeuchtegehalt nur durch andere, energieintensive Trennprozesse entfernen lässt. Der Filtrationsprozess wird von folgenden wesentlichen Faktoren beeinflusst:

- der Suspension, entsprechend ihrem Feststoffgehalt, der Partikelgröße, der Kornform, der Viskosität und Dichte der Flüssigkeit und des Feststoffs,
- dem Filtermittel, entsprechend seinem Durchlasswiderstand, der wiederum von Porendurchmesser, Porenvolumen, Porenform und der Kompressibilität abhängig ist. Bei der Kuchenfiltration spielt der Widerstand des Filtermittels bei der Bestimmung des Filtratdurchsatzes nur eine untergeordnete Rolle, häufig ist er zu vernachlässigen.

Außerdem haben die Druckverhältnisse beiderseits der Filterschicht Einfluss auf die Hydrodynamik in der Schicht und den Aufbau des Filterkuchens.

Zur Beschreibung des Filtrationsprozesses wird das HAGEN-POISEULLESCHE Gesetz, das die erzwungene Strömung von Fluiden durch Kapillaren beschreibt, verwendet. Danach ist der Volumenstrom des Fluids proportional der Druckdifferenz an den Enden der Kapillare und umgekehrt proportional dem Strömungswiderstand. Betrachtet man die Filterfläche A durchzogen von z Kapillaren des Durchmessers r und der Länge h, so ist:

$$\dot{v} = \frac{\pi r^2 \, zA\Delta p}{8\eta h}.$$ (1)

Fasst man die das Filtermedium charakterisierenden Größen zur Durchlässigkeitskonstanten k zusammen, ergibt sich:

$$\dot{v} = k\frac{A\Delta p}{\eta h}.$$ (2)

Bei der Kuchenfiltration wird sich in Folge der sich aus der Suspension auf dem Filtermittel abscheidenden Partikelschicht der Filterwiderstand vergrößern und damit wird bei konstantem Filtrationsdruck das durchströmende Filtratvolumen abnehmen (s. Abb. 2.8). In der Gleichung von CARMAN-KOZENY wird dem Rechnung getragen:

$$\frac{dV}{dt} = \frac{A\Delta p}{\eta\left(k_1 \cdot h_1 + k_2 \cdot \frac{xV}{A}\right)}$$ (3)

Der zweite Summand in der Gleichung berücksichtigt die sich mit wachsender Kuchendicke ändernde Durchlässigkeit k_2. Die Geschwindigkeit der Änderung des Kuchenwiderstandes ist proportional dem Feststoffgehalt x der Suspension, dem Filtratvolumen V und reziprok proportional der Filterfläche A. Mit anwachsender Kuchendicke wird im Nenner der Widerstand des Filtermittels k_1h_1 gegenüber dem Kuchenwiderstand k_2xVA^{-1} vernachlässigbar.

Durch Integration von Gleichung (3) bei konstantem Druck erhält man dann die allgemeine Gleichung für das zur Zeit t durch das Filter geflossene Filtratvolumen:

$$V^2 = \frac{A^2\Delta p}{C}t, \quad \text{mit} \quad C = \frac{k_2 x\eta}{2}.$$ (4)

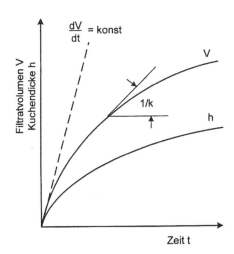

Abb. 2.8. Abhängigkeit von Filtratvolumen und Kuchendicke von der Zeit

Diese Gleichung gilt für nicht kompressible Filterkuchen.

Bei kompressiblen Filterkuchen wird sich mit steigendem Druckabfall über der Kuchenschicht der Kapillardurchmesser und damit auch das Kapillarvolumen verringern. Unter diesen Bedingungen hat sich die Gleichung:

$$V^m = \frac{A^2 \Delta p^n}{C} t, \quad \text{mit } V \quad \text{Filtratvolumen,} \tag{5}$$

$$\Delta p \quad \text{Druckdifferenz,}$$
$$A \quad \text{Filterfläche,}$$
$$t \quad \text{Zeit}$$

in der Praxis bewährt.

Die Exponenten m und n lassen sich aus Experimenten auf grafischem Wege ermitteln.

Auch der Filterwiderstand lässt sich aus der linearisierten Form der Gleichung von CARMAN-KOZENY bestimmen.

Weil bei der Filtration die Trennung der Komponenten Feststoff und Filtrat nicht vollständig gelingt, wird zur Beurteilung der Wirksamkeit der Trennung ein Wirkungsgrad η definiert:

$$\eta = \frac{\text{abgetrennte Masse}}{\text{zugeführte Masse}}.$$

Für beide Komponenten muss η einzeln bestimmt und auf das Zielprodukt Filtrat oder Feststoff bezogen werden.

Aufgabenstellung

Es ist die Abhängigkeit der Filtrationsgeschwindigkeit von der Filtrationszeit, dem Filtrationsdruck und der Feststoffkonzentration einer Suspension zu bestimmen. Dazu stehen verschiedene Filtermittel und Feststoffsuspensionen zur Auswahl. Mit Hilfe der Experimente sind die in der Filtergleichung genannten Exponenten m und n, die Konstante C sowie der Filtrationswiderstand unter der Annahme eines kompressiblen Filterkuchens zu ermitteln.

Versuchsaufbau und -durchführung

Zur Versuchsdurchführung dient ein Stahlgefäß, in dessen Boden das Filtermittel eingelegt wird. Der Behälter ist mit einer Vakuumpumpe verbunden, die es ermöglicht, verschiedene Druckdifferenzen (zwischen 1000 und 300 mbar) einzustellen. Am Boden des Behälters befindet sich ein Ablasshahn, der mit einem graduierten Sammelgefäß für das Filtrat verbunden ist.

Vorbereitung der Messungen

- Zunächst wird in einem Becherglas die geforderte Trübekonzentration eingestellt. Dazu ist beispielhaft 30 g $CaCO_3$ in 1,5 l Wasser unter Rühren zu suspendieren.
- Zur Vorbereitung der Messung wird das Filtermittel ausgewählt, in die Bodenplatte des Behälters eingelegt, mit einem O-Ring abgedichtet und verschraubt.
- Anschließend wird die Suspension in den Trübebehälter der Filtrationsapparatur überführt und dort ebenfalls gerührt um ein vorzeitiges Sedimentieren zu verhindern.
- Die Vakuumpumpe ist einzuschalten und mit Hilfe der Druckregulierung auf den ersten von vier Druckwerten einzustellen. Das graduierte Auffanggefäß für das Filtrat muss vakuumdicht angeschlossen sein.

Durchführung der Messungen

- Durch Öffnen des Ablasshahnes wird der Versuch und die Zeitmessung gestartet. Nach jeweils 100 ml ist die Filtrationszeit zu notieren.
- Sind 500 ml Filtrat abgeschieden, wird der Versuch abgebrochen und unter gleichen Bedingungen noch zweimal wiederholt.
- Weitere Versuche sind mit veränderten Druckwerten durchzuführen. Zur Auswertung werden die Mittelwerte der Filtratvolumen-Zeit-Wertepaare von mindestens vier verschiedenen Druckdifferenzen benötigt.

Hinweise zu Auswertung und Diskussion

1. Die allgemeine Form der Filtergleichung für kompressible Filterkuchen (3) wird logarithmiert und nach lg V aufgelöst. Durch lineare Regression lässt sich dann die Steigung m aus der Auftragung lg V (m^3) gegen lg t (s) bestimmen.
2. Aus den für vier verschiedenen Differenzdruckwerte ermittelten Steigungen ist der Mittelwert und die Standardabweichung von m zu ermitteln.
3. Für eine konstante Zeit t_x wird der zugehörige Wert von V_x für verschiedene Druckdifferenzen grafisch bestimmt.
   Trägt man dann die gewonnenen lg V_x-Werte gegen die jeweiligen Druckdifferenzen auf, erhält man den Exponenten n der Filtergleichung durch lineare Regression aus der Geradensteigung:

$$\lg V_x = \frac{n}{m} \cdot \lg \Delta p + \frac{1}{m} \cdot \left(\frac{A^2 \, t_x}{C} \right). \tag{6}$$

   Aus dem Ordinatenabschnitt der Geradengleichung $\frac{1}{m} \cdot \left(\frac{A^2 \, t_x}{C} \right)$ lässt sich die Konstante C berechnen.
4. In einem separaten Versuch ist der Wirkungsgrad der Trennung für Feststoff und Filtrat zu bestimmen.
5. Die Ergebnisse sind tabellarisch zusammenzufassen und unter Berücksichtigung der erkannten Fehlerquellen zu diskutieren.

Literatur

Stiess, M.: „Mechanische Verfahrenstechnik", Bd. 2, Springer-Lehrbuch, *Berlin/Heidelberg/New York* **1994**, Kapitel 8.4.

2.2
Thermische Grundoperationen

Durch thermische Grundoperationen lassen sich stoffliche Systeme mittels molekularer Triebkraftfelder des Wärme-, Stoff- und Impulstransportes beheizen, kühlen, trennen oder vereinigen.

In diesem Abschnitt werden davon nur solche stofflichen Systeme beschrieben, die sich durch molekulare Triebkräfte **trennen** lassen. Die für thermische Trennprozesse bedeutsamen Grundoperationen sind **Rektifikation, Extraktion, Sorption, Kristallisation und Trocknung**. Das zu trennende Stoffgemisch liegt in der Regel in molekulardisperser Verteilung vor, d. h. es ist als homogen anzusehen. Wird neben dieser homogenen Gemischphase eine selektive Zusatzphase aufgebaut, wobei:

- für die Rektifikation Energie zur Erzeugung der Dampfphase,
- für Extraktion und Absorption ein Hilfsstoff in Form eines Extraktions- bzw. Absorptionsmittels,
- für die Adsorption ein fester Hilfsstoff als Adsorbens und
- für die Trocknung ein Inertgas in Form eines Trockenmittels zugeführt wird,

so können die treibenden Kräfte des Trennprozesses, nämlich Konzentrations- und Temperaturgradienten, zwischen den Phasen wirksam werden. Nach Einstellung des Phasengleichgewichts, d. h. wenn sich die Konzentrations- oder Temperaturdifferenz ausgeglichen hat, kommt dieser Prozess zum Erliegen. Die Phasentrennung führt im allgemeinen zu einer teilweisen, unter thermodynamisch günstigen Bedingungen auch zu einer vollständigen Trennung des Ausgangsgemisches. Für die technische Realisierung eines thermischen Trennverfahrens sind die Lage des thermodynamischen Gleichgewichtes und die Geschwindigkeit seiner Einstellung von besonderer Bedeutung.

Allen thermischen Trennverfahren ist gemeinsam, dass aufgrund der Konzentrationsgradienten in den Phasen Stoffe so lange durch die Phasengrenzfläche transportiert werden, bis es zur Einstellung des thermodynamischen Gleichgewichtes gekommen ist. Die Geschwindigkeit der Einstellung von Phasengleichgewichten ist demzufolge von der Größe der Triebkraft, vom Stofftransport in den Phasen und vom Stoffaustausch an der Phasengrenzfläche abhängig. Hohe Transportgeschwindigkeiten lassen sich durch Erzeugung hoher Konzentrationsdifferenzen und großer Austauschflächen zwischen den Phasen erzielen. Innerhalb einer Phase erfolgt der Stofftransport durch Diffusion und Konvektion. Der Gesamtvorgang des Transportes von einer Phase zur anderen durch die Phasengrenze hindurch heißt Stoffdurchgang. Zur Modellierung des Stofftransportprozesses sind verschiedene Theorien formuliert worden:

Zweifilmtheorie nach LEWIS und WHITMANN,

Penetrationstheorie nach HIGBIE,

Oberflächenerneuerungstheorie nach DANKWERTS.

In der folgenden Tabelle sind die Gleichgewichtsbedingungen zusammengestellt, die für verschiedene Phasenkombinationen und den dazugehörigen Trennprozess gelten:

Phasenkombination	Trennverfahren	Gleichgewichtsbeziehung
dampfförmig – flüssig	Rektifikation[1]	$\dfrac{y_i}{x_i} = \gamma_i \cdot \dfrac{p_{0i}}{P}$
	Absorption[2]	$\dfrac{y_i}{x_i} = \dfrac{H}{P}$
flüssig – flüssig	Extraktion[3]	$\dfrac{x_i^{(2)}}{x_i^{(1)}} = \dfrac{\gamma_i^{(1)}}{\gamma_i^{(2)}} = K$
flüssig – fest	Kristallisation[4] (aus der Schmelze)	$\ln \dfrac{x_{i,l} \cdot \gamma_{i,l}}{x_{i,s} \cdot \gamma_{i,s}} = -\left[\dfrac{\Delta H_{m,i}}{RT}\left(1 - \dfrac{T}{T_{m,i}}\right)\right]$
fest – gasförmig	Adsorption[5]	$x_i = x_{i,mon}\,\dfrac{K_i p_i}{1 + K_i p_i}$

1) Die angeführte Gleichgewichtsbeziehung für die Rektifikation berücksichtigt reales Verhalten der Flüssigphase durch Aktivitätskoeffizienten, das reale Verhalten der Dampfphase bleibt unberücksichtigt.
2) Für die Beschreibung von Gaslöslichkeiten gilt das HENRYsche Gesetz.
3) Die Gleichgewichtsbeziehung für flüssig-flüssig-Systeme, deren Komponenten sich stark nichtideal zueinander verhalten müssen, um eine Mischungslücke zu erzeugen, wird durch den NERNSTschen Verteilungssatz beschrieben.
4) Die Gleichgewichtsbeziehung für die Löslichkeit eines Feststoffes in einer Flüssigkeit lautet:

$$x_{i,l} = \frac{x_{i,s} \cdot \gamma_{i,s} \cdot f_{i,s}^{\theta}}{\gamma_{i,l} \cdot f_{i,l}^{\theta}}.$$

(Zur Bestimmung der Standardfugazitäten f_i^{θ} in beiden Phasen wird auf die einschlägigen Lehrbücher der Thermodynamik verwiesen.)
5) Das Phasengleichgewicht fest-gasförmig beschreibt die von LANGMUIR aus kinetischen Überlegungen für monomolekulare Bedeckung der Adsorbensoberfläche abgeleitete Gleichung.

Literatur

GMEHLING, J.; BREHM, A.: „Grundoperationen – Lehrbuch der Technischen Chemie", Bd. 2, *Georg Thieme Verlag, Stuttgart/New York* **1996**, Kapitel 3.

2.2.1
Bestimmung von Flüssigkeits-Dampf-Gleichgewichten

Technisch-chemischer Bezug

Die Trennung von flüssigen und gasförmigen Mischphasen kann durch die thermischen Prozesse **Verdampfen** und **Kondensieren** erfolgen. Ist die Kontaktzeit zwischen Flüssigkeit und Dampf genügend lang, stellt sich das Phasengleichgewicht ein. Die Kenntnis der Flüssigkeits-Dampf-Gleichgewichtsdaten ermöglicht Aussagen, inwieweit Trennprozesse möglich sind und wirtschaftlich durchgeführt werden können. Außerdem stellt die experimentelle oder rechnerische Bestimmung von Gleichgewichtsdaten eine Grundvoraussetzung dar, um Trennanlagen auszulegen oder bestehende Anlagen zu optimieren.

Grundlagen

Ein homogenes flüssiges Gemisch mit den Stoffen A (Leichtsieder) und B (Schwersieder) kann durch Rektifikation nur dann weitgehend getrennt werden, wenn sich die Gleichgewichtszusammensetzung der Dampfphase in jedem Mischungsverhältnis von der Zusammensetzung der Flüssigphase unterscheidet. Die leichter siedende Komponente A muss in der Dampfphase stets angereichert sein.

Das Phasengleichgewicht zwischen Flüssigkeit und Dampf wird vereinfacht wie folgt beschrieben:

$$x_A \cdot \gamma_A \cdot p_{0A} = y_A \cdot P. \tag{1}$$

Danach werden zur Berechnung von **Flüssigkeits-Dampf-Gleichgewichten** die Dampfdrücke (Sättigungsdampfdrücke) und die **Aktivitätskoeffizienten** der Komponenten benötigt.

Nehmen die Aktivitätskoeffizienten den Wert 1 an, was in realen Fällen selten ist, vereinfacht sich die Gleichgewichtsbeziehung zum RAOULTschen Gesetz:

$$y_A \cdot P = p_A = p_{0A} \cdot x_A,$$

d. h. der Partialdruck p_A der Komponente A in der Dampfphase ist im Phasengleichgewicht proportional dem Stoffmengenanteil x_A in der flüssigen Phase. Die Summe der Stoffmengenanteile der Komponenten in einem Gemisch ist $x_A + x_B = 1$. Trägt man den unter isothermen Bedingungen bestimmten Partialdruck p_A bzw. p_B gegen x_A bzw. x_B auf, so ergeben sich bei Gültigkeit des Gesetzes von RAOULT zwei Geraden (vgl. Abb. 2.9a). Der für die Flüssigphase und Dampfphase gleiche Gesamtdruck P ist nach DALTON gleich der Summe der Partialdrücke:

$$P = p_A + p_B = x_A \cdot p_{0A} + x_B \cdot p_{0B}. \tag{2}$$

Statt des Druckes kann auch die bei konstantem äußeren Druck gemessene Siedetemperatur des Gemisches über seiner Zusammensetzung aufgetragen werden (s. Abb. 2.9b). Diese Art der Darstellung ist von großer praktischer Bedeutung, da in der Praxis meist bei konstantem Druck gearbeitet wird. Im sogenannten **Siedediagramm** erhält man zwei Kurven, die **Siede-** und **Taulinie**, die bei der Siedetemperatur der Komponente A beginnt und bei der Siedetemperatur der Komponente B endet.

Die Siedelinie verbindet die Temperaturen, bei denen die ersten Flüssigkeitsanteile verdampfen bzw. vom Dampf ausgehend die letzten Dampfanteile kondensieren. Unterhalb dieser Linie ist nur die Flüssigphase existent. Oberhalb der Taulinie existiert nur die Dampfphase. Wird z. B. ein flüssiges Gemisch der Zusammensetzung $(x_A)_1$ auf die Temperatur ϑ_G erhitzt, so hat der entstehende Dampf die Zusammensetzung $(y_A)_1$. Zwischen Siede- und Taulinie befinden sich Flüssigkeit und Dampf im Gleichgewicht, man bezeichnet diesen Bereich als Nass- oder Sattdampfgebiet.

Besonders anschaulich lassen sich die Gleichgewichtswerte in einem Phasendiagramm darstellen. Es ist üblich, den Stoffmengenanteil der leichter flüchtigen Komponente in der Dampfphase y_A über dem Stoffmengenanteil der gleichen Komponente in der Flüssigphase x_A aufzutragen (s. Abb. 2.9c). Aus der resultierenden Gleichgewichtskurve ist ablesbar, welcher Flüssigkeitsgemischzusammensetzung der damit im Gleichgewicht stehenden Dampfgemischzusammensetzung entspricht. Das Verhältnis der Stoffmengenanteile beider Komponenten eines binären Gemisches AB in der Dampfphase liefert den Trennfaktor (**relative Flüchtigkeit**) α:

$$\frac{y_A}{y_B} = \frac{x_A \cdot p_{0A}}{x_B \cdot p_{0B}}; \quad \alpha = \frac{y_A/x_A}{y_B/x_B} = \frac{p_{0A}}{p_{0B}}. \tag{3}$$

Je größer der Trennfaktor α, umso stärker die Krümmung der Gleichgewichtskurve im Gleichgewichtsdiagramm, d. h. die Anreicherung der leichter siedenden Komponente in der Dampfphase erfolgt umso besser.

Ein Gemisch wird dann als ideal bezeichnet, wenn die Wechselwirkungen zwischen allen Molekülen annähernd gleich sind, also A-A ≡ A-B ≡ B-B. In diesem Fall tritt keine Mischungswärme auf, das Gesamtvolumen setzt sich additiv aus den Volumina der Komponenten zusammen und die Aktivitätskoeffizienten sind annähernd eins.

Sind die Wechselwirkungen zwischen den Molekülen einer Mischung nicht gleich, was meistens der Fall ist, dann treten Abweichungen vom Raoultschen Gesetz auf. Beispiele solcher Abweichungen, die positiv oder negativ sein können, sind in Abb. 2.9 gezeigt. Positive Abweichungen sind dann zu erwarten, wenn die Kräfte zwischen A und B schwächer sind als die der reinen Stoffe untereinander (A-A > A-B < B-B). In diesem Fall erhält man für die Dampfdruckkurve ein Maximum bzw. für die Siedepunktskurve ein Minimum. Die Aktivitätskoeffizienten sind > 1. Sind die Kräfte zwischen A und B stärker als innerhalb der reinen Stoffe (A-A <

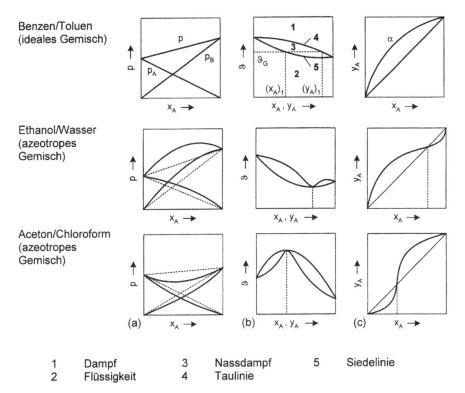

Benzen/Toluen (ideales Gemisch)

Ethanol/Wasser (azeotropes Gemisch)

Aceton/Chloroform (azeotropes Gemisch)

1	Dampf	3	Nassdampf	5	Siedelinie
2	Flüssigkeit	4	Taulinie		

Abb. 2.9. Darstellung von Gleichgewichtszuständen bei Zweistoffgemischen. (a) Abhängigkeit des Druckes p von der Gemischzusammensetzung (Dampfdruckdiagramm); (b) Abhängigkeit der Siedetemperatur ϑ von der Gemischzusammensetzung (Siede-Tau-Diagramm); (c) Abhängigkeit des Stoffmengenanteils der leichter flüchtigen Komponente im Dampf y_A vom Stoffmengenanteil der leichter flüchtigen Komponente in der Flüssigkeit x_A (Gleichgewichtsdiagramm)

A-B > B-B), so resultiert ein Minimum bzw. Maximum für Dampfdruck- bzw. Siedepunktskurve. Die Aktivitätskoeffizienten sind < 1. Am Extremwert, dem azeotropen Punkt, berühren sich Siede- und Taulinie, die Gleichgewichtskurve schneidet bei dieser Zusammensetzung der Gleichgewichtsphasen die Diagonale. Die relative Flüchtigkeit α des azeotropen Gemisches ist gleich eins, d. h. azeotrope Gemische lassen sich durch Rektifikation nicht trennen.

Berechnung der Gleichgewichtswerte idealer Gemische
Die Gleichgewichtswerte idealer binärer Gemische können mit Hilfe des Gesetzes von RAOULT berechnet werden:

$$p_A = x_A \cdot p_{0A} \text{ und } p_B = x_B \cdot p_{0B}.$$

Unter Berücksichtigung des DALTONSCHEN Partialdruckgesetzes erhält man:

$$p_A + p_B = P; \quad x_A \cdot p_{0A} + (1 - x_A)p_{0B} = P; \quad x_A = \frac{P - p_{0B}}{p_{0A} - p_{0B}}. \tag{4}$$

Für die Gasphase gilt:

$$p_A = y_A \cdot P; \quad p_B = (1 - y_A) \cdot P.$$

Besteht zwischen beiden Phasen Gleichgewicht, gilt:

$$y_A \cdot P = x_A \cdot p_{0A}; \qquad y_A = \frac{x_A \cdot p_{0A}}{P}. \tag{5}$$

Zur Berechnung der Gleichgewichtskurve müssen die Dampfdrücke der reinen Komponenten p_{0i} bekannt sein. Die CLAUSIUS-CLAPEYRONSCHE Gleichung liefert diese Werte in Abhängigkeit von der Temperatur.

   In der Praxis hat sich eine modifizierte Form, die ANTOINE-Gleichung, zur Berechnung bewährt:

$$\lg p_{0i} = A - \frac{B}{\vartheta + C}.$$

Die Konstanten A, B und C sind für viele Stoffe in Tabellenbüchern verfügbar.

   Eine weitere Berechnungsmöglichkeit besteht darin, die Gleichgewichtswerte mit Hilfe des Trennfaktors α zu ermitteln. Es gilt:

$$y_A = \frac{\alpha x_A}{1 + x_A \cdot (\alpha - 1)}. \tag{6}$$

Der Trennfaktor kann nach ROSE aus den Siedetemperaturen der Komponenten (T_1; T_2) für Normaldruck annähernd berechnet werden:

$$\lg \alpha = 8{,}9 \cdot \frac{T_2 - T_1}{T_2 + T_1}.$$

Der so berechnete α-Wert liefert nach Gleichung (6) für vorgegebene x-Werte die entsprechenden y-Werte.

Berechnung der Gleichgewichtswerte nichtidealer Gemische

Zur Berechnung von Phasengleichgewichten realer Gemische trägt man den Wechselwirkungen in der flüssigen Phase durch Einführung von Aktivitätskoeffizienten Rechnung. Die Gleichgewichtsbeziehung (5) lautet dann:

$$y_A \cdot P = x_A \cdot \gamma_A \cdot p_{0A}. \tag{7}$$

Die Wechselwirkungen in der Gasphase (Fugazitätskoeffizienten) und die Temperaturabhängigkeit des Aktivitätskoeffizienten γ_A bleiben unberücksichtigt.

Zur Bestimmung der Aktivitätskoeffizienten sind von verschiedenen Autoren Ansätze aufgestellt worden, die die Berechnung des realen Verhaltens von binären Gemischen aber auch von technisch bedeutsamen Mehrkomponentensystemen ermöglichen. Nach WILSON lassen sich die Aktivitätskoeffizienten eines Zweistoffgemisches wie folgt bestimmen:

$$\ln \gamma_A = -\ln \left(x_A + \wedge_{AB} x_B \right) + x_B \left(\frac{\wedge_{AB}}{x_A + \wedge_{AB} x_B} - \frac{\wedge_{BA}}{\wedge_{BA} x_A + x_B} \right); \tag{8}$$

$$\ln \gamma_B = -\ln \left(x_B + \wedge_{BA} x_A \right) - x_A \left(\frac{\wedge_{AB}}{x_A + \wedge_{AB} x_B} - \frac{\wedge_{BA}}{\wedge_{BA} x_A + x_B} \right); \tag{9}$$

$$\wedge_{AB} = \frac{\upsilon_B}{\upsilon_A} \exp \left(-\frac{\Delta\lambda_{AB}}{T} \right), \tag{10}$$

mit $\upsilon_{A,B}$ Molvolumen der reinen Komponenten,
$\Delta\lambda_{AB}, \Delta\lambda_{BA}$ Wechselwirkungsparameter zwischen den Komponenten A und B in Kelvin.

Experimentelle Bestimmung von Gleichgewichtswerten

Zur Bestimmung von Flüssigkeits-Dampf-Gleichgewichten wurden verschiedene Messtechniken entwickelt, von denen die statische und dynamische Methode die bekanntesten sind.

Bei der statischen Methode wird bei konstanter Temperatur und Flüssigkeitskonzentration der Gleichgewichtsdruck gemessen.

Bei der dynamischen Methode wird bei konstantem Druck durch Aufheizen ein Zweiphasensystem erzeugt. Nach erfolgter Phasentrennung wird dann mit einer geeigneten analytischen Methode die Zusammensetzung beider Phasen bestimmt.

Die Schwierigkeiten bestehen in der exakten Einstellung des thermodynamischen Gleichgewichtes und in der Trennung der Phasen. Durch Probenahme soll sich die Phasenzusammensetzung nicht merklich ändern.

Aufgabenstellung

Für ein vorgegebenes Zweistoffgemisch sind die Gleichgewichtswerte nach der dynamischen Methode zu bestimmen.

Aus mindestens sechs x,y-Wertepaaren ist die Gleichgewichtskurve zu zeichnen und deren Verlauf zu diskutieren.

Mit Hilfe der WILSON-Gleichung sind für ein vorgegebenes Zweistoffgemisch die Aktivitätskoeffizienten und unter Benutzung der Gleichgewichtsbeziehung (7) die Gleichgewichtsdaten zu berechnen.

Versuchsaufbau und -durchführung

Die experimentelle Bestimmung des Gleichgewichtes Flüssigkeit-Dampf erfolgt an einem vom Assistenten benannten Zweistoffgemisch. Beispiele hierfür sind:

Cyclohexan – Isopropanol

Aceton – n-Butanol

n-Propanol – Wasser u. a.

Die in Abb. 2.10 schematisch dargestellte Apparatur wird zur Erfassung des Phasengleichgewichtes verwendet. Im beheizten Gefäß wird das Flüssigkeitsgemisch bekannter Zusammensetzung auf Siedetemperatur erhitzt. Die sich bildende Dampfphase wird im Kühler kondensiert. Das Kondensat tropft in ein gekühltes Reservoir aus dem mittels einer Spritze eine Probe gezogen werden kann. Ist das Reservoir gefüllt (ca. 1 ml), fließt die Flüssigkeit über den Rand in das Siedegefäß zurück.

Vorbereitung der Messungen

- Vor Versuchsbeginn werden Mischungen der reinen Stoffe im Volumenverhältnis 9:1, 8:2, 7:3 usw. (je Probe 10 ml) hergestellt und deren Brechungsindizes bestimmt. Aus den erhaltenen Werten ist dann eine Kalibrierkurve zu zeichnen.
- Mit Hilfe der Kalibrierkurve wird die Zusammensetzung von 6 vorgegebenen Proben des zu untersuchenden Zweistoffgemisches bestimmt.
- Jeweils 50 ml der Proben sind in den Siedekolben der Gleichgewichtsapparatur zu füllen und langsam auf Siedetemperatur zu erwärmen. Die sich bildende Dampfphase wird im Rückflusskühler kondensiert und tropft über ein Reservoir zur Probenahme in das Siedegefäß zurück. Nach ca. 15 Minuten ist die Gleichgewichtseinstellung erfolgt.

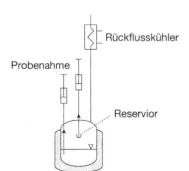

Abb. 2.10. Schematische Darstellung der Gleichgewichtsapparatur

Durchführung der Messungen

- Mittels einer Spritze wird zweimal im Abstand von 10 Minuten eine Probe aus Reservoir und Siedegefäß entnommen und deren Zusammensetzung durch Refraktometrie bestimmt.
- Nach erfolgter Messung und Abkühlung des Gemisches wird aus dem Siedegefäß eine weitere Probe refraktometrisch analysiert.
- Für die spätere grafische Auswertung ist der Mittelwert aus dieser und der ersten Messung zu bilden, da sich die Dampfzusammensetzung infolge der Produktabnahme zur Bestimmung der Zusammensetzung der Dampfphase geändert hat.
- Es werden Gleichgewichtsdaten für alle 6 Gemischproben ermittelt und die erhaltenen x,y-Wertepaare zur grafischen Darstellung der Gleichgewichtskurve herangezogen.

Hinweise zur Auswertung und Diskussion

1. Mit Hilfe der experimentell bestimmten Flüssigkeits-Dampf-Gleichgewichtszusammensetzung ist die Gleichgewichtskurve zu zeichnen und deren Verlauf zu diskutieren.
2. Der Verlauf der Gleichgewichtskurve unter Berücksichtigung der Stoffeigenschaften der reinen Komponenten ist zu erklären.
3. Für ein nichtideales Zweistoffgemisch sind mindestens 6 Gleichgewichtswertepaare nach der WILSON-Gleichung zu berechnen und die Gleichgewichtskurve zu zeichnen. Der Kurvenverlauf ist zu diskutieren.

Literatur

GMEHLING, J.; BREHM, A.: „Grundoperationen – Lehrbuch der Technischen Chemie", Bd. 2, *Georg Thieme Verlag, Stuttgart/New York* **1996**, Kapitel 3.

SATTLER, K.: „Thermische Trennverfahren", *VCH, Weinheim* **1995**, Kapitel 1.4 und 1.5.

2.2.2
Bestimmung von Verteilungsgleichgewichten

Technisch-chemischer Bezug

Flüssige Zwei- und Mehrkomponentensysteme, die teilweise nicht mischbar sind, bilden Flüssig-Flüssig-Gleichgewichte aus.

Das Auftreten zweier flüssiger Phasen nebeneinander ist bei Flüssigkeiten dann zu erwarten, wenn sich die Komponenten des Systems stark real verhalten, d. h. wenn die Aktivitätskoeffizienten der beteiligten Stoffe große Werte annehmen.

Technisch interessant sind Zwei-Phasen-Systeme bestehend aus mindestens drei Komponenten, wie sie bei **Extraktionsprozessen** anzutreffen sind. Ein in einem Lösungsmittel gelöster Stoff wird durch ein zweites Lösungsmittel, welches mit dem ersten nur teilweise mischbar ist, in selbiges überführt.

Die Kenntnis des Verteilungsgleichgewichtes des gelösten Stoffes zwischen den beiden Lösungsmitteln ist die Voraussetzung für die Auslegung von **Extraktoren**.

Grundlagen

Phasengleichgewichte von Zweikomponentensystemen beschreiben die Zusammensetzung einer Phase (1) als Funktion der Zusammensetzung einer zweiten Phase (2).

Binäre Flüssig-Phasengleichgewichte sind immer dann existent, wenn die Stoffe im System teilweise oder nicht mischbar sind. Im Gegensatz zum Flüssigkeits-Dampf-Gleichgewicht gibt es bei Flüssig-Flüssig-Gleichgewichten kein ideales Verhalten, da dies eine Mischbarkeit voraussetzen würde.

Das Phasengleichgewicht eines flüssigen Zweistoffsystems lässt sich durch die vereinfachte Beziehung:

$$\left(x_A \gamma_A \right)^{(1)} = \left(x_A \gamma_A \right)^{(2)},$$

mit x_A Stoffmengenanteil des Stoffes A, $x_A = 1 - x_B$,
  γ_A Aktivitätskoeffizient des Stoffes A,
  (1),(2) Phase 1, Phase 2

beschreiben. Das Produkt $x \cdot \gamma = a$ heißt Aktivität.

Beim Extraktionsgleichgewicht handelt es sich um ein **ternär**es System, bestehend aus zwei nicht oder wenig ineinander löslichen flüssigen Phasen A und B, zwischen denen eine dritte Komponente C (Feststoff oder Flüssigkeit) ausgetauscht wird.

Für die Verteilung des gelösten Stoffes C zwischen den beiden Lösungsmitteln A und B gilt bei konstantem Druck und konstanter Temperatur:

$$x_C^{(1)} \cdot \gamma_C^{(1)} = x_C^{(2)} \cdot \gamma_C^{(2)} \quad \text{oder} \quad a_C^{(1)} = a_C^{(2)}.$$

Handelt es sich um stark verdünnte Lösungen, bei denen die Aktivität durch die Konzentration ersetzt werden kann, erhält man den NERNSTschen Verteilungssatz:

$$\frac{c_C^{(1)}}{c_C^{(2)}} = \text{konst.} = K.$$

Das Verhältnis der Konzentrationen der Komponente C in den beiden Phasen (1) und (2) ist bei konstantem Druck, konstanter Temperatur und gleicher Molekülform des Stoffes in beiden Phasen gleich dem Verteilungskoeffizienten K (unabhängig von den Absolutmengen der Phasen). Bei der Darstellung der Zusammensetzung eines ternären Systems bedient man sich im Allgemeinen eines Dreiecksdiagrammes. Die Ecken eines gleichseitigen Dreieckes entsprechen den reinen Komponenten A, B und C, die Seiten repräsentieren die binären Systeme AB, BC und AC. Die Zusammensetzung einer ternären Mischphase ist als Punkt P innerhalb des Dreiecks gegeben.

Ein allgemeines Beispiel für die Darstellung der Mischungsverhältnisse eines ternären Systems ist in Abb. 2.11 angegeben.

Für den Punkt P_1 ergibt sich die Zusammensetzung $x_A = 0{,}6$; $x_B = 0{,}1$ und $x_C = 0{,}3$. Die angezeigte Binodalkurve grenzt das Gebiet vollständiger Mischbarkeit vom Zweiphasengebiet (**Mischungslücke**) ab. Es ist zu erkennen, dass A und B nicht mischbar, AC und BC jedoch unbegrenzt mischbar sind. Das Gebiet der Mischungslücke wird für den Extraktionsprozess genutzt. Je größer das Gebiet der Mischungslücke ist, desto besser ist eine Extraktion möglich. Im Sonderfall nimmt die Mi-

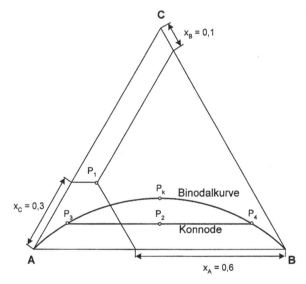

Abb. 2.11. Phasendiagramm eines ternären Gemisches
A: 1,2-Dichlorethan als Raffinat (R), B: Wasser als Solvens (S),
C: Benzoesäure als Extrakt (E)

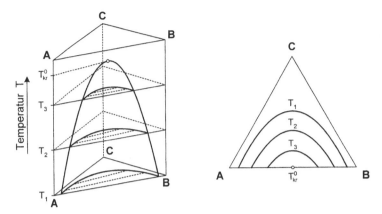

Abb. 2.12. Temperaturabhängigkeit des Verteilungsgleichgewichtes

schungslücke nahezu den gesamten Bereich des Dreieckes ein. Ein innerhalb der Mischungslücke liegender Punkt P_2 ist hinsichtlich der Zusammensetzung nicht existent, da die Mischung in zwei Phasen zerfällt. Verteilt sich die Komponente C gleichmäßig auf A und B (Verteilungskoeffizient 1) so ergibt sich die Zusammensetzung der beiden Phasen durch die Schnittpunkte der zu AB parallelen Geraden $(P_3 - P_4)$ mit der **Binodalkurve**. Die Verbindungslinie heißt **Konnode**. Ist der Verteilungskoeffizient $\neq 1$, verläuft die Konnode nicht mehr parallel zu AB. Mit steigendem Gehalt an C werden die Konnoden kürzer. Im kritischen Punkt P_k ist die Zusammensetzung der beiden Phasen gleich, bei weiterem Zusatz von C wird das Zweiphasengebiet verlassen. Einen besonders starken Einfluss übt die Temperatur auf das Verteilungsgleichgewicht aus. Einen qualitativen Verlauf der Temperaturabhängigkeit zeigt Abb. 2.12. Es ist zu erkennen, dass sich die Mischungslücke mit steigender Temperatur verkleinert. Bei der kritischen Temperatur T_{kr} verschwindet die Mischungslücke ganz.

Aufgabenstellung

Für das System Benzoesäure/Wasser/1,2-Dichlorethan ist das Verteilungsgleichgewicht im Bereich $0 \leq X \leq 10$ g/kg bei Zimmertemperatur experimentell zu bestimmen. Zur Beschreibung des gefundenen Zusammenhanges $Y = f(X)$ ist die Potenzfunktion der Form:

$$Y = a \cdot X^b, \quad \text{mit X Beladung Abgeber} = \frac{\text{Masse Benzoesäure}}{\text{Masse Dichlorethan}},$$

$$Y \text{ Beladung Aufnehmer} = \frac{\text{Masse Benzoesäure}}{\text{Masse Wasser}}$$

zu verwenden.

Durch Logarithmieren dieser Gleichung erhält man eine Geradengleichung:

ln Y = b · ln X + ln a.

Trägt man ln Y gegen ln X auf, so erhält man eine Gerade, deren Steigung b und deren absolutes Glied ln a ist.

Es ist zu untersuchen, ob dieser Ansatz anwendbar ist, und im positiven Fall sind die Parameter a und b zu bestimmen.

Versuchsaufbau und -durchführung

Zur Versuchsdurchführung sind Volumenmessgeräte sowie eine Schüttelmaschine zur vergleichsweise schnellen Einstellung der Verteilungsgleichgewichte erforderlich.

Vorbereitung der Messungen
- Es ist eine Lösung von 10 g Benzoesäure in 1 kg 1,2-Dichlorethan als Raffinatphase herzustellen.
- In 6 bereitstehende Enghalsflaschen sind davon 30 / 20 / 15 / 10 / 5 / 2,5 ml zu pipettieren und mit reinem 1,2-Dichlorethan auf jeweils 30 ml Gesamtvolumen aufzufüllen.
- Weiterhin wird in jede Flasche 30 ml destilliertes Wasser als Solvens-Phase pipettiert.
- Die Flaschen werden verschlossen und auf der Schüttelmaschine verspannt.
- Die Gemische werden mindestens 30 Minuten geschüttelt. Die Frequenz sollte so eingestellt werden, dass die Phasengrenzfläche in lebhafter Bewegung ist.

Durchführung der Messungen
- Nach einer Ruhezeit von 15 Minuten (gute Phasentrennung) werden aus der wässrigen Phase 10 ml und aus der 1,2-Dichlorethan-Phase 5 ml zur Titration entnommen.
- Es ist in beiden Phasen mit 0,01 n NaOH der Gehalt an Benzoesäure gegen Phenolphthalein zu titrieren.
- Die Ergebnisse sind in einer Wertetabelle zusammenzufassen.

Hinweise zur Auswertung und Diskussion

1. Berechnung der Beladung (g/kg) in beiden Phasen:
Raffinat-Phase (1,2-Dichlorethan)

$$X = \frac{v_{NaOH} \cdot f}{V_R \cdot \rho_R},$$

Solvens-Phase (Wasser)

$$Y = \frac{v_{NaOH} \cdot f}{V_S \cdot \rho_{H_2O}},$$ mit Dichte 1,2-Dichlorethan $\rho_R = 1{,}256$ kg/l,

Dichte Wasser $\rho_S = 1{,}00$ kg/l,

Titer 1 ml 0,01 n NaOH $\hat{=}$ 1,22 mg Benzoesäure (f = 1,22 mg/ml).

2. Es ist die Funktion $Y = f(X)$ sowie in logarithmierter Form $\ln Y = f(\ln X)$ grafisch darzustellen, sowie die Parameter a und b zu berechnen.

3. Nach dem NERNSTschen Verteilungsgesetz müsste $Y = K \cdot X$ sein. Die Abweichungen sind zu diskutieren.

Literatur

GMEHLING, J.; KOLBE, B.: „Thermodynamik", *VCH, Weinheim* **1992**, Kapitel 4.5.

GMEHLING, J.; BREHM, A.: „Grundoperationen – Lehrbuch der Technischen Chemie", Bd. 2, *Georg Thieme Verlag, Stuttgart/New York* **1996**, Kapitel 3.3.

2.2.3
Ermittlung der Trennleistung verschiedener Rektifikationskolonnen

Technisch-chemischer Bezug

Bei der **Rektifikation** (Gegenstromdestillation) erfolgt die Trennung eines Flüssigkeitsgemisches durch Stoffaustausch zwischen im Gegenstrom strömenden Phasen in einer Kolonne. Im Vergleich zur einstufigen Destillation wird durch die Anwendung des Gegenstromprinzips eine wesentlich stärkere Anreicherung des Leichtsieders am Kopf der Kolonne erreicht.

Man unterscheidet zwischen **Füllkörper-** und **Bodenkolonnen**, die je nach Ausrüstung für unterschiedliche Trennaufgaben geeignet sind. Die verschiedenen Einbauten (Füllkörper, Packungen, Glocken-, Sieb- oder Ventilböden) dienen dem Ziel, den Stoff- und Wärmetransport in der Kolonne optimal zu gestalten. Das Anwendungsspektrum für Rektifikationskolonnen reicht von einigen ml/Tag (Feinchemikalienherstellung im diskontinuierlichen Betrieb) bis zu einigen 10-tausend Tonnen/Tag Durchsatz bei kontinuierlicher Fahrweise (Erdöldestillation). Die Berechnung derartig großer Rektifikationskolonnen erfordert umfangreiche Kenntnisse der Phasengleichgewichte und der Fluiddynamik. Die Auslegung einer technischen Rektifikationsanlage läuft auf eine Optimierung mit dem Ziel minimaler Gesamtkosten hinaus.

Grundlagen

Trennungen von Stoffgemischen werden im allgemeinen mit Hilfe einer größeren Anzahl von Gleichgewichtsstufen erreicht. Beispiele dafür sind die Extraktions-, die Rektifikations- und die Absorptionskolonne, aber auch die chromatografische Trennsäule.

Flüssigkeitsgemische, deren Stoffe eine geringe Siedepunktdifferenz aufweisen, bzw. deren **relative Flüchtigkeit** α, mit $\alpha = p_{0A}/p_{0B}$ sich dem Wert 1 nähert, lassen sich destillativ nicht mehr genügend rein trennen. Die Konzentration des leichter siedenden Stoffes wäre im Destillat nur wenig größer als im Ausgangsgemisch. Abhilfe schafft die Rektifikation durch mehrfache Gleichgewichtseinstellung zwischen im Gegenstrom zueinander fließender Flüssig- und Dampfphase in der Rektifikationskolonne.

Jede Rektifikationsanlage besteht aus dem Verdampfer (Sumpf, Blase), der Rektifikationskolonne und dem Kondensator (Kolonnenkopf). In Abb. 2.13 ist eine diskontinuierlich arbeitende Rektifikationsanlage dargestellt. In der Kolonne wird ein Gegenstrom zwischen aufsteigendem Dampf (G, im Sumpf S erzeugt) und Rücklauf R (im Kondensator erzeugt) aufrecht erhalten. Das erzeugte Kondensat wird entsprechend dem Rücklaufverhältnis r in Rücklauf R und Destillat D geteilt.

Die Fahrweise von Kolonnen kann durch die beiden Parameter – **Belastung und Rücklaufverhältnis** – variiert werden. Unter Belastung versteht man das durch den

Querschnitt der Kolonne pro Zeiteinheit durchgesetzte Gemischvolumen. Die Belastung lässt sich durch Veränderung der Heizleistung variieren und wird in $l\,h^{-1}$ oder $kmol\,h^{-1}$ angegeben.

Das Rücklaufverhältnis r ist definiert als der Quotient aus Massen(Stoffmengen)-Strom Rücklauf $\dot{m}_R$ ($\dot{n}_R$) und Massen(Stoffmengen)-Strom Destillat $\dot{m}_D$ ($\dot{n}_D$):

$$r = \frac{\dot{m}_R}{\dot{m}_D} \quad \text{bzw.} \quad r = \frac{\dot{n}_R}{\dot{n}_D}.$$

Der Rücklauf setzt sich, entsprechend lange Berührungszeit vorausgesetzt, mit dem aufsteigenden Dampf ins Gleichgewicht. Er gibt auf seinem Wege vom Kolonnenkopf zum Sumpf leichter flüchtige Bestandteile ab und nimmt schwerer flüchtige Bestandteile aus dem Dampf wieder auf.

Je größer das Rücklaufverhältnis ist, desto besser ist der Austausch zwischen den Phasen und somit auch die Trennleistung einer vorgegebenen Kolonne bei konstanter Heizleistung. Allerdings können bei größerem Rücklaufverhältnis nur geringe Destillatmengen abgenommen werden.

Jede Kolonne besitzt Einbauten oder Füllungen, die eine große Stoffaustauschfläche schaffen sollen und damit eine möglichst gute Durchmischung von Dampf und Flüssigkeit bewirken.

Ein praktischer Boden, z. B. ein Glockenboden, arbeitet dann ideal, wenn sich in seinem Bereich die Einstellung des thermodynamischen Gleichgewichtes zwischen beiden Phasen vollzieht. Gleichgewichtseinstellung ist erreicht, wenn z. B. die vom Boden 3 abfließende Flüssigkeit R_3 mit dem von diesem Boden aufsteigenden Dampf G_4 im Gleichgewicht steht (s. Abb. 2.13a), d. h., wenn der Schnittpunkt von x_3 und y_4 auf der Gleichgewichtskurve liegt (vgl. Abb. 2.13b). In diesem Falle wäre praktischer und theoretischer Boden identisch. Ein theoretischer Boden ist definiert als ideal arbeitende Kolonneneinheit, in der sich das thermodynamische Gleichgewicht zwischen Flüssigkeit und Dampf vollständig einstellt.

Die der Gleichgewichtseinstellung entsprechende Konzentrationsänderung ist gleich einer Treppenstufe im Gleichgewichtsdiagramm. Das Gleichgewicht stellt sich auf einem praktischen Boden meist nicht vollständig ein. Die Anzahl der theoretischen Böden ist kleiner als die der praktischen. Diese Tatsache wird durch das Verstärkungsverhältnis η (Kolonnenwirkungsgrad) ausgedrückt, das meist zwischen 0,5 und 0,8 liegt:

$$\eta = \frac{\text{Anzahl der theoretischen Böden}}{\text{Anzahl der praktischen Böden}}.$$

Für Füllkörperkolonnen wurde der Begriff **HETP** (Height Equivalent to one Theoretical Plate) geprägt. Er gibt die Schütthöhe der Füllkörper oder die Packungshöhe an, die für einen theoretischen Boden benötigt wird. Für die Dimensionierung von Kolonnen ist die Verwendung der Trennstufenhöhe günstiger, auch als **HETS** (Height Equivalent to one Theoretical Stage) bezeichnet:

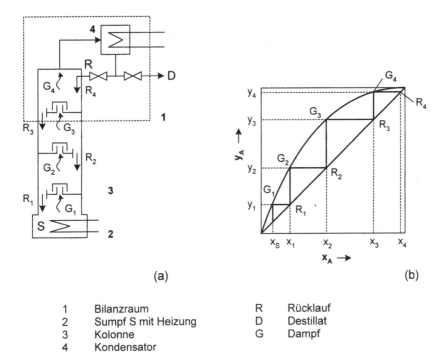

(a)   (b)

1	Bilanzraum	R	Rücklauf
2	Sumpf S mit Heizung	D	Destillat
3	Kolonne	G	Dampf
4	Kondensator		

Abb. 2.13. Schematische Darstellung des Rektifikationsprozesses zur Trennung eines idealen binären Gemisches (a) und dazugehöriges McCabe-Thiele-Diagramm (b)

$$\text{HETS} = \frac{\text{Packungshöhe}}{\text{Anzahl der theoretischen Trennstufen}} \, .$$

Größe und Fahrweise von Rektifikationsanlagen sind abhängig von der Art des zu trennenden Gemisches, von den Anforderungen, die an den Reinheitsgrad der Endprodukte gestellt werden, und nicht zuletzt von ökonomischen Gesichtspunkten. Die Bestimmung des Trennaufwandes nach einem grafischen Verfahren nach McCabe und Thiele ist möglich, wenn folgende Voraussetzungen erfüllt sind:

- Die Gleichgewichtskurve des Gemisches liegt im gesamten Konzentrationsbereich oberhalb der Diagonalen. (Voraussetzung: Komponente 1 ist ein Leichtsieder).
- Die molaren Verdampfungsenthalpien der Komponenten sind gleich, das bedeutet gleiche Stoffströme in jedem beliebigen Kolonnenquerschnitt.
- Die Kolonne arbeitet adiabatisch, Wärmeverluste treten nicht auf.

Arbeitslinie
Die Triebkraft eines Trennprozesses lässt sich aus der Differenz zwischen Arbeits- und Gleichgewichtskonzentration, die jeweils durch die Arbeits- bzw. Gleichgewichtslinie im Phasendiagramm repräsentiert werden, berechnen.

Die Bestimmung der Gleichgewichtskurve wird in einem gesonderten Versuch (s. Versuch 2.2.1 „Bestimmung von Flüssigkeits-Dampf-Gleichgewichten") behandelt. Die Arbeitslinie erhält man aus der Stoffbilanz für die Kolonne.

Für den in Abb. 2.13a dargestellten Bilanzraum ergibt sich für die Stoffmengenströme:

$$\dot{n}_G = \dot{n}_D + \dot{n}_R, \qquad \text{mit G Dampf; D Destillat; R Rücklauf.}$$

Als Konzentrationsmaße werden die Stoffmengenanteile der leichter flüchtigen Komponenten eingesetzt:

$$\dot{n}_G y = \dot{n}_D x_D + \dot{n}_R x_R.$$

Durch Umformen erhält man für y:

$$y = \frac{\dot{n}_R}{\dot{n}_D + \dot{n}_R} x_R + \frac{\dot{n}_D}{\dot{n}_D + \dot{n}_R} x_D.$$

Dividiert man Zähler und Nenner dieser Gleichung durch $\dot{n}_D$ und setzt $\dot{n}_R/\dot{n}_D = r$, so resultiert daraus die gebräuchliche Form für die Bilanzgeradengleichung (auch Gleichung der Verstärkungsgeraden genannt):

$$y = \frac{r}{r+1} x_R + \frac{1}{r+1} x_D. \tag{1}$$

Die daraus resultierende Arbeitslinie schneidet im x-y-Diagramm die Ordinate bei $y = x_D/(r+1)$, die Diagonale bei $y = x_D$ und hat den Anstieg $\mathrm{tg}\,\alpha = r/(r+1)$. Für den Grenzfall $r \to \infty$ fällt die Arbeitslinie mit der Diagonale zusammen (vgl. Abb. 2.14).

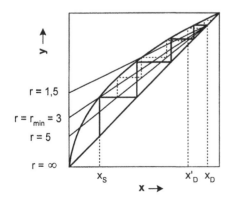

Abb. 2.14. Zusammenhang zwischen dem Rücklaufverhältnis r und der Lage der Arbeitsgeraden im Gleichgewichtsdiagramm

Rücklaufverhältnis

Bei der Rektifikation kommt es darauf an, eine große Destillatmenge in hoher Reinheit bei möglichst geringen Kosten zu erhalten.

Die Trennleistung von Kolonnen kann durch die Belastung und das Rücklaufverhältnis beeinflusst werden. Eine geringe Belastung ist unökonomisch. Ist die Belastung dagegen zu hoch gewählt, wird die Flüssigkeit in der Kolonne angestaut. Die Kolonne flutet, d. h. die Flüssigkeitsmenge ist so groß, dass ein kontinuierliches Ablaufen auf den Böden nicht mehr gewährleistet ist. Die günstigste Belastung ist abhängig von der Art der Kolonneneinbauten und dem Kolonnenquerschnitt, sie kann hinreichend genau berechnet oder auf experimentellem Wege bestimmt werden.

Aus der Bilanzgeradengleichung (1) ist zu erkennen, dass das Rücklaufverhältnis r großen Einfluss auf die Lage der daraus konstruierten Arbeitsgeraden und somit auf die Triebkraft des Prozesses hat (vgl. Abb. 2.14).

Es lassen sich zwei Grenzfälle erkennen, die aus dem unendlichen und dem minimalen Rücklaufverhältnis resultieren. Im Grenzfall $r \rightarrow \infty$ wird kein Destillat abgenommen, das Kopfprodukt wird vollständig in die Kolonne zurückgeführt. Der Austausch zwischen den Phasen ist extrem gut, die Triebkraft des Prozesses sehr hoch und die Arbeitsgerade identisch mit der Diagonalen. Da in diesem Falle kein Destillat abgenommen werden kann, wird man in der Praxis unter solchen Bedingungen nicht arbeiten. Für die Testung von Kolonnen ist das Arbeiten unter totalem Rückfluss allerdings üblich. Mit abnehmendem Rücklaufverhältnis wird der Abstand zwischen Arbeitsgerade und Gleichgewichtskurve kleiner und damit die Triebkraft des Prozesses geringer. Es kann aber in wachsendem Maße Destillat abgenommen werden.

Abbildung 2.14 veranschaulicht den Zusammenhang zwischen Rücklaufverhältnis und Trennleistung. Bei $r = \infty$ erhält man, ausgehend von der Sumpfkonzentration x_S, ein Kopfprodukt der Zusammensetzung x_D. Mit der gleichen Kolonne wird bei $r = 5$ nur ein Kopfprodukt der Konzentration x_D' erhalten. Um auch bei $r = 5$ die Konzentration x_D zu erreichen, müsste die Kolonne um $2 \times$ HETS, d. h. um die Höhe von zwei theoretischen Trennstufen verlängert werden.

Verwendet man das Mindestrücklaufverhältnis, in unserem Falle $r = r_{min} = 3$, kann die Trennung in x_S und x_D nur mit Hilfe unendlich vieler Trennstufen realisiert werden. Ist $r < r_{min}$ (z. B. 1,5), so ist die Trennung in der vorgegebenen Konzentration nicht mehr möglich.

Bestimmung der theoretischen Trennstufenzahl und des praktischen Rücklaufverhältnisses für diskontinuierliche Arbeitsweise

Liegt ein ideales Gemisch vor und ist die relative Flüchtigkeit α über den gesamten Konzentrationsbereich konstant, können das minimale Rücklaufverhältnis und die für die vorgegebene Trennung benötigte Trennstufenzahl mit Hilfe der FENSKE-Gleichungen berechnet werden.

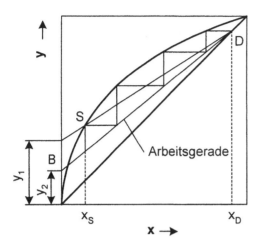

Abb. 2.15. Graphische Ermittlung der Bodenzahl von Rektifikationskolonnen nach McCabe-
Thiele bei diskontinuierlicher Fahrweise

Die Mindestzahl an Trennstufen bei $r = \infty$ bestimmt sich zu:

$$n_{min} = \frac{\lg \left[\frac{x_D}{1 - x_D} \cdot \frac{1 - x_S}{x_S} \right]}{\lg \alpha} - 1. \tag{2}$$

Das Mindestrücklaufverhältnis beträgt:

$$r_{min} = \frac{1}{\alpha - 1} \left[\frac{x_D}{x_S} - \alpha \left(\frac{1 - x_D}{1 - x_S} \right) \right]. \tag{3}$$

Da sich nur wenige Gemische vollständig ideal verhalten, werden n_{min} und r_{min} oft auf grafischem Wege nach McCabe-Thiele bestimmt. Zu diesem Zweck werden in das Gleichgewichtsdiagramm die gewünschten bzw. vorgegebenen Konzentrationen von Destillat x_D und Sumpf x_S eingetragen (s. Abb. 2.15).

Durch Errichten der Senkrechten in x_S und x_D erhält man auf der Gleichgewichtskurve den Schnittpunkt S und auf der Diagonalen den Schnittpunkt D. Die Gerade durch diese beiden Punkte stellt eine der möglichen Arbeitsgeraden dar und folgt somit Gleichung (1). Aus Gleichung (1) ergibt sich für r:

$$r = \frac{x_D}{y_1} - 1 \equiv r_{min}, \qquad \text{mit } y_1 \text{ Ordinatenwert bei } x = 0. \tag{4}$$

Die gewünschte Trennung ließe sich nur mit unendlich vielen theoretischen Stufen realisieren. In der Praxis muss deshalb $r > r_{min}$ gewählt werden.

Mit $r > r_{min}$ wird aus Gleichung (4) ein neuer Ordinatenabschnitt y_2 berechnet. Die Arbeitsgerade verläuft jetzt durch die Punkte B und D. Vom Punkt S aus werden die Treppenstufen zwischen Arbeitsgerade und Gleichgewichtskurve gezeichnet. Damit erhält man die Anzahl der theoretischen Stufen (n_{th}), die mit dem gewählten r zur gewünschten Trennung führen.

Da bei diskontinuierlicher Arbeitsweise der Sumpf laufend an leichter siedender Komponente verarmt, x_S sich demzufolge auf der Abszisse in Richtung Ursprung verschiebt, wird kein Destillat konstanter Zusammensetzung erhalten. Das lässt sich nur dann verwirklichen, wenn r während der Rektifikation ständig erhöht wird.

Aufgabenstellung

Die Wirksamkeit einer Füllkörperkolonne ist an der Auftrennung eines idealen Zwei-stoffgemisches zu testen. Durch Einsatz verschiedener Füllkörper in Kolonnen glei-cher Abmessungen ist ein Vergleich der Trennleistung möglich.

Die Testung ist diskontinuierlich an mindestens zwei verschiedenen Füllkörper-kolonnen bei unendlichem Rücklaufverhältnis vorzunehmen. Zur Auswahl stehen:

- Kolonne mit Braunschweiger Stahlwendeln,
- Kolonne mit Braunschweiger Glaswendeln,
- Kolonne mit RASCHIG-Ringen,
- Kolonne mit Sattelfüllkörpern,
- VIGREUX-Kolonne,
- Kolonne ohne Füllung.

Versuchsaufbau und -durchführung

Der Versuchsaufbau entspricht der in Abb. 2.13 gezeigten schematischen Darstellung.

Die Gleichgewichtsdaten für das im Sumpf der Kolonne vorliegende Testgemisch sind der folgenden Wertetabelle zu entnehmen. Mit Hilfe dieser Werte ist die Gleich-gewichtskurve zu zeichnen.

Tab. 2.2. Gleichgewichtsdaten von Testgemischen

α	Ethanol – Isopropanol 1,18	Methylcyclohexan – Toluen 1,36	n-Hexan – Toluen 1,43
Flüssigphase Vol.-%	Dampfphase Vol.-%		
5	8,0	8,4	9,1
10	15,8	16,0	16,2
20	28,0	29,5	29,3
30	38,9	40,6	40,0
40	49,0	50,0	49,1
50	58,6	59,0	58,0
60	68,0	67,8	66,5
70	76,6	76,0	74,7
80	85,1	83,6	83,0
90	93,0	91,5	91,4
95	96,5	95,8	95,8

Tab. 2.3 Stoffdaten

Stoff	Siedetemp. in °C	Brechzahl n_D^{20}	Molare Masse in g/mol	Dichte in g/cm³
Methanol	64,7	1,3306 (15 °C)	32,04	0,792
n-Hexan	68,6	1,3754	86,18	0,6595
Ethanol	78,4	1,3623	46,07	0,789
Benzen	80,1	1,5014	78,11	0,879
Cyclohexan	80,8	1,4262	84,16	0,778
Isopropanol	82,5	1,3776	60,10	0,789
n-Propanol	97,2	1,3854	60,10	0,804
n-Heptan	98,4	1,3878	100,29	0,684
Wasser	100,0	1,3333	18,02	1,0
Methylcyclohexan	100,9	1,4186 (30 °C)	98,19	0,770
n-Butanol	117,5	1,3993	74,12	0,809
Toluen	110,8	1,4998 (15 °C)	94,14	0,872
Essigsäure	118,1	1,3718	60,05	1,049

Es ist das im Kolonnensumpf befindliche Zweistoffgemisch zur Testung mehrerer frei wählbarer Kolonnen zu verwenden. Folgende sicherheitstechnische Hinweise sind beim Betreiben des Versuchsstandes zu beachten:

- die Blase darf höchstens zu 2/3 mit Gemisch gefüllt sein;
- Siedeverzug ist durch Zugabe von Siedesteinen zu verhindern;
- für ausreichende Kühlwasserzufuhr ist zu sorgen;
- nach Beendigung der Versuche ist noch ausreichend lange zu kühlen um das Entweichen von Gemisch in die Raumluft zu verhindern.

Vorbereitung der Messungen

- Es ist die Heizspannung der Sumpfheizung auf den Vorgabewert einzustellen.
- Der Hahn am Kolonnenkopf ist auf totalen Rücklauf zu stellen.
- Durch schrittweise Erhöhung der Heizspannung ist die Belastungsgrenze (Fluten der Kolonne) zu ermitteln.

Durchführung der Messungen

- Zuerst ist die Heizspannung auf einen Vorgabewert einzustellen, konstant zu halten und die Belastung mehrmals zu bestimmen.
- Ist ein konstanter Wert erreicht, sind jeweils 2 ml Probe aus dem Sumpf und am Kolonnenkopf zu entnehmen und refraktometrisch zu analysieren. Dazu ist eine Kalibrierkurve zu erstellen.
- Die Probenahme ist im Abstand von 10 min, bis zur Konstanz der Refraktometerwerte, zu wiederholen.
- Nach Abkühlung des Gemisches ist die Kolonne zu wechseln und bei gleicher Parametereinstellung (Belastung, Rücklaufverhältis unendlich) die Testung zu wiederholen.

Hinweise zur Auswertung und Diskussion

1. Für jede Kolonne ist die Anzahl der theoretischen Trennstufen n_{th} bei unendlichem Rücklaufverhältnis ($r = \infty$) nach dem Verfahren von McCabe-Thiele zu bestimmen. Aus den erhaltenen Werten wird die Trennstufenhöhe berechnet. Die Wirksamkeit der unterschiedlichen Kolonneneinbauten ist zu diskutieren. Zum Vergleich ist die Mindestzahl der zur Trennung von x_S nach x_D benötigten Trennstufen nach der Fenske-Gleichung zu berechnen.

2. Die praktisch ermittelten Werte sind mit den gezeichneten zu vergleichen und mögliche Differenzen sind zu diskutieren.

3. Aus dem McCabe-Thiele-Diagramm soll das Mindestrücklaufverhältnis für die Trennung von x_S nach x_D bestimmt und mit dem nach der Fenske-Gleichung berechneten verglichen werden.

Literatur

Gmehling, J.; Brehm, A.: „Grundoperationen – Lehrbuch der Technischen Chemie", Bd. *2*; *Georg Thieme Verlag, Stuttgart/New York* **1996**, Kapitel 4.

Sattler, K.: „Thermische Trennverfahren", *VCH, Weinheim* **1995**, Kapitel 2.

2

2.2.4
Ermittlung der Trennleistung verschiedener Extraktionskolonnen

Technisch-chemischer Bezug

Das Trennverfahren der **Flüssig-Flüssig-Extraktion** kommt in der Industrie meist dann zur Anwendung, wenn die Rektifikation ohne Mehraufwand nicht zum gewünschten Ziel führt. Gründe dafür können sein:

1. Die thermische Instabilität der zu trennenden Komponenten. Die Siedetemperatur liegt höher als die Zersetzungstemperatur. Eine Vakuumdestillation ist zu aufwendig. Beispiele sind die Extraktion von pflanzlichen Wirk- und Aromastoffen aus wässrigen Lösungen, die Isolierung von Hormonen im präparativen Maßstab.
2. Die Trennfaktoren weisen ungünstige Werte auf. Das zu trennende Gemisch bildet Azeotrope. Darunter fallen Trennverfahren der erdölverarbeitenden Industrie.
3. Es sind schwerflüchtige Substanzen in geringer Konzentration abzutrennen, so dass hohe Kosten für die Verdampfungswärme aufzubringen sind. Als Beispiel hierfür stehen Verfahren zur Abwasserreinigung.

In einigen der vorgenannten Fälle wäre eine Rektifikation theoretisch möglich, sie ist jedoch ökonomisch unbefriedigend. Daneben gibt es Trennprobleme, die sich durch Rektifikation nicht, wohl aber durch extraktive Prozesse lösen lassen. Beispiele dafür sind die Metallsalz-Extraktion und extraktive Fettverseifung unter Druck.

Von Bedeutung ist auch die Extraktion mit überkritischen Gasen zur Gewinnung von Gewürzextrakten und Aromastoffen, zur Entkoffeinierung von Kaffee usw. Dabei werden die Lösungseigenschaften überkritischer Gase bei entsprechendem Druck (für CO_2 bei Raumtemperatur > 75 bar) zur Trennung von Stoffgemischen genutzt.

Grundlagen

Durch Flüssig-Flüssig-Extraktion wird aus einem primären Lösungsmittel durch Stoffaustausch mit einem in diesem möglichst wenig löslichen sekundären Lösungsmittel der in beiden Lösungsmitteln lösliche Stoff überführt.

Die anfängliche Trägerflüssigkeit wird als Abgeber oder **Raffinat** (R), das den zu extrahierenden Stoff aufnehmende Lösungsmittel als Aufnehmer bzw. **Extraktionsmittel** (S) bezeichnet. Die beladene Aufnehmerphase heißt Extraktphase, die am extrahierten Stoff verarmte Abgeberphase ist die Raffinatphase. Die Übergangskomponente ist der **Extrakt** (E). Als Konzentrationsmaß für diesen Extrakt in den beiden Lösungsmitteln wird die Beladung des Abgebers

$$X = \frac{\text{kg Extrakt im Abgeber}}{\text{kg Lösungsmittel (R)}}$$

und die Beladung des Aufnehmers

$$Y = \frac{\text{kg Extrakt im Aufnehmer}}{\text{kg Lösungsmittel (S)}}$$

gewählt.

Um den Extrahieraufwand bestimmen zu können, muss man das Verteilungsgleichgewicht des zu extrahierenden Stoffes im betreffenden Flüssig-Flüssig-System kennen (s. Versuch 2.2.2 „Bestimmung von Verteilungsgleichgewichten").

Eine Extraktion ist grundsätzlich nur dann möglich, wenn daran zwei Lösungsmittel für den zu extrahierenden Stoff mit so starkem nichtidealen Verhalten beteiligt sind, dass sich zwei flüssige Phasen ausbilden. Der Stoffaustausch zwischen den beiden Phasen erfolgt bis zur Gleichgewichtseinstellung und wird bei hinreichender Verdünnung durch den Verteilungssatz von NERNST beschrieben. Im Idealfall, wenn die verwendeten Lösungsmittel auch bei höheren Konzentrationen an auszutauschendem Stoff nicht ineinander löslich sind, kann auf die Auswertung mit Hilfe eines Dreiecksdiagramms verzichtet werden. Die Darstellung des Gleichgewichtsverhaltens ist dann in einem kartesischen Beladungsdiagramm möglich.

Da bei höheren Konzentrationen des zu extrahierenden Stoffes Abweichungen vom NERNSTschen Verteilungssatz auftreten, liegen die Gleichgewichtszustände der beiden Phasen im Beladungsdiagramm nicht mehr auf einer Geraden. Die Verteilungskurve nimmt dann eine gekrümmte Form an (s. Abb. 2.16).

Analog zur Rektifikation lässt sich eine kontinuierlich im Gegenstrom betriebene Extraktion nach MCCABE-THIELE grafisch auswerten (vgl. Abb. 2.16).

Die Extraktphase (Ordinate) besteht aus einer homogenen Lösung von Extrakt und Extraktionsmittel (S), die Raffinatphase (Abszisse) aus Extrakt und Raffinat (R).

Zunächst wird die Verteilungskurve in das Beladungsdiagramm eingezeichnet und auf der Abszisse die in den Extraktor einzuspeisende Eintrittsbeladung X^{ein} der Raffinatphase markiert. Will man die Raffinatphase bis zur Beladung X^{aus} (Punkt II) an

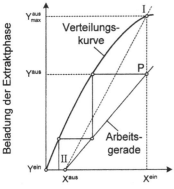

Beladung der Raffinatphase   **Abb. 2.16.** Ermittlung der Trennstufenzahl

Extrakt abreichern, so ist dazu ein **Mindestverhältnis** von Raffinat- zu Extraktphase notwendig.

Zur Bestimmung des Mindestverhältnisses zeichnet man vom Punkt der Eingangs-beladung X^{ein} die Senkrechte bis zum Schnittpunkt mit der Verteilungskurve im Punkt I ein. Durch Punkt I und II, der auf der Abszisse bei der Endbeladung X^{aus} liegt, zieht man eine Gerade. Deren Anstieg ist:

$$\text{tg } \alpha = \frac{Y^{aus}_{max} - Y^{ein}}{X^{ein} - X^{aus}} \, .$$

Der Kehrwert $1/\text{tg } \alpha = \text{ctg } \alpha$ ist gleich dem notwendigen Mindestverhältnis zwischen Extrakt- und Raffinatphase. Unter diesen Arbeitsbedingungen ist die Abreicherung der Raffinatphase von X^{ein} nach X^{aus} nur mit unendlich vielen Extraktionsstufen möglich.

Um mit endlich vielen Stufen auszukommen, muss das Mindestverhältnis vergrö-ßert werden, d. h. aus $1/\text{tg } \alpha = \text{ctg } \alpha$ lässt sich für Y^{aus} anstelle Y^{aus}_{max} ein neuer Wert berechnen, wenn für ctg α ein bestimmter Wert angenommen wird. Der Wert Y^{ein} ist bei Verwendung eines reinen sekundären Lösungsmittels (S) gleich null.

Aus den vorgegebenen Werten X^{aus}, X^{ein} und dem neu berechneten Y^{aus} wird die Arbeitsgerade gezeichnet. Zwischen Verteilungskurve und Arbeitsgerade wird eine Treppenkurve bei Punkt P beginnend konstruiert.

Die Zahl der sich ergebenden Stufen ist notwendig, um beim gewählten Verhältnis Extrakt- zu Raffinatphase von der Eingangsbeladung null der Raffinatphase Y^{ein} zur Ausgangsbeladung Y^{aus} zu gelangen.

Eine Extraktionsstufe entspricht einer ideal arbeitenden Trenneinheit, in der sich das thermodynamische Gleichgewicht zwischen Extrakt- und Raffinatphase ein-stellt. Die Wirksamkeit von Extraktoren wird mit Hilfe der Höhe einer Trennstufe (HETS) beurteilt:

$$\text{HETS} = \frac{\text{Säulenlänge}}{\text{Anzahl der Trennstufen}} \, .$$

Aufgabenstellung

Es ist die Trennleistung verschiedener kontinuierlich im Gegenstrom arbeitender Ex-traktoren zu untersuchen:

- Füllkörperextraktor   (Sattelfüllkörper füllen den Extraktor aus),
- Statischer Mischer   (Packung aus Drahtgeflecht füllt die Säule aus),
- Drehscheibenextraktor (feststehende Stator- und bewegliche Rotorringe sorgen für Vermischung).

Es ist Benzoesäure (Extrakt), welche in Benzin (Siedegrenzen $110-140\,°C$) gelöst ist (Raffinatphase), mit Wasser zu extrahieren.

Die Extraktoren werden zunächst bis zur Einstellung des stationären Zustandes betrieben. Danach werden die Konzentration der Benzoesäure in der Extrakt- und

Raffinatphase durch Titration bestimmt. Diese Messwerte bilden die Grundlage für die Bewertung der Trennleistung.

Versuchsaufbau und -durchführung

Der Versuchsaufbau ist aus Abb. 2.17 ersichtlich. Das zur Extraktion benötigte Wasser wird einem Niveaugefäß entnommen und über einen Strömungsmesser zudosiert. Die Konzentration der Benzoesäure im abfließenden Wasser wird maßanalytisch und durch Messung der elektrischen Leitfähigkeit bestimmt. Das zur Extraktion verwendete Benzin befindet sich im unteren Tank 4, der mit einer Öffnung zum Einfüllen der Benzoesäure versehen ist. Ein Rührer in diesem Kessel sorgt für schnelle Auflösung der Benzoesäure. Das Benzin wird mittels einer Dosierpumpe über einen Strömungsmesser in die Apparatur eingespeist. Das abfließende Benzin sammelt sich im oberen Behälter 5. Vor dem Behältereinlauf befindet sich ein Hahn zur Probenahme. Die Gehaltsbestimmung des Extraktes erfolgt maßanalytisch. Um den pulsierenden Benzinstrom, den die Kolbenpumpe erzeugt, zu glätten, ist der Pumpe ein Druckausgleichsgefäß 7 nachgeschaltet. Ein daran angeschlossenes Kontaktmanometer schaltet die Stromzufuhr der gesamten Anlage ab, falls durch Verstopfung oder Unachtsamkeit der Druck den zulässigen Wert übersteigt. Vor dem Einlassventil der Pumpe be-

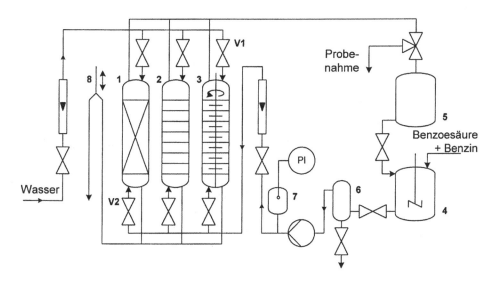

1	Füllkörperextraktor	6	Wasserabscheider
2	statischer Mischer	7	Druckausgleichsgefäß
3	Drehscheibenextraktor	8	beweglicher Überlauf
4	unterer Benzintank	V1	Ventile für Wasserzulauf
5	oberer Benzintank	V2	Ventile für Benzinzulauf

Abb. 2.17. Schematische Darstellung der Versuchsapparatur

finden sich ein Wasserabscheider 6 mit Ablasshahn und ein Drahtsieb, um Verunreinigungen zurückzuhalten. Die Fördermenge des Benzins lässt sich durch Verstellen des Handrades an der Pumpe variieren. Um die Höhe der Trennschicht Wasser-Benzin in den Extraktoren konstant zu halten, ist ein elektrisch bewegter Überlauf 8 eingebaut. Dieser verhindert, dass die Kolonnen von selbst leerlaufen können.

Der statische Mischer ist auf einem Pulsator aufgebaut, dessen wesentlicher Bestandteil ein Metallfaltenbalg aus Chrom-Nickel-Stahl ist. Die in einem Pulsationsextraktor erzielbare Trennleistung ist abhängig von der Pulsationsfrequenz und der Pulsationsamplitude. Amplitude und Frequenz lassen sich stufenlos variieren.

Der Drehscheibenextraktor besteht aus Stahlscheiben, die auf einer Achse angeordnet sind und die sich mit maximal 1500 U min^{-1} drehen.

Vorbereitung der Messungen

- Der Gehalt an Benzoesäure im Benzin im Tank ist durch Titration mit 0,1 n NaOH zu bestimmen. Der Benzoesäuregehalt im Benzin soll 8 g kg^{-1} betragen. Gegebenenfalls ist die entsprechende Menge Benzoesäure unter Rühren einzutragen.
- Die Extraktoren werden durch Öffnen der verschiedenen Ventile (V1,V2), je nachdem, welcher Extraktor betrieben werden soll, mit Wasser gefüllt. Die Zuspeisung des Benzins erfolgt von unten her durch Öffnen eines der Ventile (V2) und Einschalten der Dosierpumpe. Die Regulierung des Volumenstroms für das Wasser ist über ein Ventil möglich, er kann am Strömungsmesser abgelesen werden. Der Volumenstrom für Benzin ist nur durch Veränderung des Hubes der Dosierpumpe zu variieren.
- Die Trennschicht Wasser-Benzin muss immer auf gleicher Höhe gehalten werden, um eine Vergleichbarkeit der Messergebnisse der drei Extraktoren zu gewährleisten.

Durchführung der Messungen

- Für den Extraktor, der zur Messung vorgesehen ist, werden die vorgegebenen Arbeitsbedingungen eingestellt (Volumenströme für Extrakt- und Raffinatphase, Drehzahl bei bewegten Einbauten).
- Nach der Einstellung stationärer Bedingungen (Überprüfung durch Leitfähigkeitsmessung) werden jeweils 50 cm^3 Extrakt und Raffinat entnommen und der Benzoesäuregehalt maßanalytisch bestimmt. Die Titrationen liefern die Werte für X^{aus} und Y^{aus}. Es sind Doppelbestimmungen durchzuführen.

Anschließend können neue Parameter eingestellt und weitere Messungen durchgeführt werden.

Hinweise zur Auswertung und Diskussion

1. Zur Konstruktion der Verteilungskurve von Benzoesäure in Wasser bzw. Benzin sind folgende Werte zu verwenden:

Beladungswerte (g Benzoesäure / kg Lösungsmittel)

Benzin	8,0	6,6	6,0	5,5	4,7	4,1	3,7	3,2	2,8	2,5	1,8	1,5	1,1	0,8	0,6
Wasser	2,1	1,9	1,8	1,7	1,6	1,5	1,4	1,3	1,2	1,1	1,0	0,9	0,8	0,6	0,5

2. Die Auswertung ist nach der in Abb. 2.16 skizzierten grafischen Methode nach McCABE-THIELE durchzuführen:
   - Es ist das erforderliche Mindestverhältnis von Extraktphase zu Raffinatphase zu bestimmen, wenn die Anfangsbeladung X^{ein} 8 g kg^{-1} und die Endbeladung nach erfolgter Extraktion mit Wasser X^{aus} 0,6 g kg^{-1} beträgt!
   - Wieviel Extraktionsstufen sind notwendig, um diese Aufgabe bei einem Masseverhältnis Wasser : Benzin von 6, 8 und 10 zu lösen?
3. Aus den Messwerten sind zu bestimmen:
   - die Mindestverhältnisse Extrakt- zu Raffinatphase,
   - die Zahl der Extraktionsstufen (befindet sich der Punkt X^{aus} innerhalb der ersten Treppenstufe, so resultiert für den Extraktor weniger als eine Trennstufe; es ist dann das Verhältnis der Teilstufe zur Gesamtstufe anzugeben),
   - die Höhe einer Extraktionsstufe (HETS).
4. Es ist der Einfluss der Vermischung auf die Leistung der Extraktoren zu diskutieren! Weiterhin ist der Stofftransport zwischen Raffinat- und Extraktphase mit Hilfe der Zweifilmtheorie zu erklären!

Literatur

GMEHLING, J.; BREHM, A.: „Grundoperationen – Lehrbuch der Technischen Chemie", Bd. *2*, *Georg Thieme Verlag, Stuttgart/New York* **1996**, Kapitel 4.10.

2

2.2.5
Adsorption an zeolithischen Molekularsieben

Technisch-chemischer Bezug

Die **Trennung** homogener Stoffgemische stellt in der chemischen Industrie eine entscheidende Prozessstufe dar, von der die Ausbeute und die Reinheit der Zielprodukte und damit die Wirtschaftlichkeit der Verfahren abhängen. In der Regel muss man durch eine Kosten-Nutzen-Rechnung ermitteln, wie rein ein Stoff aufgearbeitet werden soll. Ein erheblicher Kostenfaktor bei der Trennung homogener Gemische mit Hilfe thermischer Trennverfahren ist oftmals der Energieaufwand, da häufig unter beträchtlicher Energiezufuhr gearbeitet werden muss. Die Anwendung der Adsorption, insbesondere mit **Molekularsieben** als Adsorbentien, kann dann oft zur Kostensenkung beitragen und ist deshalb von erhöhtem wirtschaftlichem Interesse.

Grundlagen

Adsorption ist die Anlagerung von Stoffen an Phasengrenzflächen infolge von Oberflächenkräften.

Besonders poröse und oberflächenreiche Feststoffe sind in der Lage, Moleküle aus der sie umgebenden Gas- oder Flüssigphase zu binden.

Technisch sind vornehmlich solche Adsorptionsmittel (Adsorbentien) von Bedeutung, die aufgrund einer großen inneren Oberfläche eine hohe Adsorptionskapazität aufweisen. Charakteristisch an diesen Adsorbentien ist, dass ihr Gefüge von Poren gleicher (z. B. Molekularsiebe) oder unterschiedlicher Größe (z. B. Aktivkohle) durchzogen wird.

Je nach den spezifischen Kräften, die an der Grenzfläche des Adsorbens auf die adsorbierten Moleküle wirken, unterscheidet man zwischen **Physisorption** (bis 50 kJ/mol) und **Chemisorption** (mehr als 50 kJ/mol).

Für die Stofftrennung spielt die Physisorption die wichtigere Rolle, da es hier durch physikalische Methoden wie z. B. Temperaturerhöhung oder Drucksenkung gelingt, den adsorbierten Stoff (Adsorpt) wieder zu desorbieren.

Zeolithe (Molekularsiebe) nehmen eine Sonderstellung unter den Adsorbentien ein. Es sind Gerüstalumosilicate, deren Strukturen aus einem geordneten kristallinen Raumgitter von miteinander verknüpften AlO_4^-- und SiO_4-Tetraedern gebildet werden und von Hohlräumen und Kanälen durchzogen sind. Die innere Porenstruktur wird neben der Gitterzusammensetzung auch durch die Natur der vorhandenen Kationen bestimmt. Ebenso ergeben sich unterschiedlich große Eingangsöffnungen zu den Hohlräumen im Innern, was für die Porenzugänglichkeit für Moleküle bestimmter Größe entscheidend ist.

Man kann sich nun den für das abzutrennende Molekül passenden Zeolith „maßschneidern". Die Vorteile liegen auf der Hand: Es werden dann nur solche Moleküle adsorbiert, deren Durchmesser kleiner oder ungefähr gleich der Poreneingangsöffnung ist. Größere Moleküle können nicht eindringen, gleichzeitig werden viel kleinere Moleküle nur schwach gebunden und können recht einfach wieder aus der Pore desorbieren. So wird gegenüber den geometrischen Abmessungen der Adsorptivmoleküle eine hohe Molekülformselektivität gewährleistet. Die Adsorptionskräfte sind überwiegend heteropolarer Natur, so dass polare und polarisierbare Moleküle bevorzugt adsorbiert werden.

Zwischen der auf dem Adsorbens adsorbierten Phase (Adsorbat) und dem „freien" Adsorptiv in der flüssigen oder gasförmigen Phase stellt sich ein Gleichgewicht ein. Der Vorgang der Adsorption ist exotherm und somit ist die Gleichgewichtslage temperaturabhängig. Sorptionsgleichgewichte werden deshalb sinnvollerweise für konstante Temperaturen, also als Adsorptionsisothermen dargestellt:

$$\Theta_A \ = \ f(p_A) \ \text{bzw.} \ f(c_A), \ \text{mit} \quad \begin{array}{ll} \Theta_A & \text{Bedeckungsgrad durch Adsorptiv,} \\ p_A & \text{Partialdruck des Adsorptivs,} \\ c_A & \text{Konzentration des Adsorptivs.} \end{array}$$

Für diese Funktion werden in der Literatur verschiedene mathematische Ausdrücke mit unterschiedlichem Geltungs- und Genauigkeitsbereich angegeben. Genannt seien hier die Adsorptionsisothermen von FREUNDLICH, LANGMUIR und von BRUNAUER-EMMETT-TELLER (BET):

Adsorptionsisotherme	Gleichung	Geltungsbereich
nach FREUNDLICH	$\Theta_A = K_A' p_A^n \ (0 < n < 1)$	niedrige Partialdrücke des Adsorptivs
nach LANGMUIR	$\Theta_A = \dfrac{K_A p_A}{1 + K_A p_A}$	niedrige bis mittlere Partialdrücke des Adsorptivs, monomolekulare Bedeckung
nach BRUNAUER-EMMETT-TELLER (BET)	$\dfrac{p_A}{V_{ads}(p_s \ - \ p_A)} = \dfrac{1}{V_{mono}C} + \dfrac{C \ - \ 1}{V_{mono}C} \cdot \dfrac{p_A}{p_s}$	Mehrschichtenadsorption

Der Geltungsbereich der FREUNDLICH-Isotherme bleibt auf niedrige Partialdrücke beschränkt, da sie z. B. die Kapillareffekte vernachlässigt, die dann auftreten, wenn mikroporöse Adsorbentien hohen Adsorptivpartialdrücken ausgesetzt werden. Die LANGMUIR-Isotherme wurde auf der Basis kinetischer Vorstellungen für eine homogene Adsorbensoberfläche, monomolekulare Bedeckung und Vernachlässigung der Wechselwirkungen von Adsorptmolekülen untereinander abgeleitet. Der BET-Ansatz wiederum geht von einer Mehrschichtenadsorption aus, bei der in jeder einzelnen Adsorbatschicht das LANGMUIRsche Modell Gültigkeit besitzt.

Um den Adsorptionsprozess zu verdeutlichen, betrachtet man den Verlauf der Beladung einer Adsorbensschicht. Dabei lassen sich drei Zonen unterscheiden:
1. Gesättigter Bereich – es findet keine weitere Adsorption mehr statt,
2. Massenübergangs- oder Adsorptionszone,

3. Adsorptfreie Zone – das Adsorptiv ist noch nicht bis in diesen Bereich vorgedrungen.

In der Adsorptionszone steigt die Beladung des Adsorbens von null auf den Gleichgewichtswert. Die Zone selbst durchwandert die gesamte Adsorbensschicht bis keine Zone 3 mehr übrig bleibt und Zone 2 am Ende der Adsorbensschicht **durchbricht**. Der nun folgende Anstieg der Konzentration des Adsorptivs in dem den Adsorber verlassenden Gemisch kann als Durchbruchskurve registriert werden. Das Adsorbens bleibt noch so lange adsorptionsfähig, bis sich die Konzentration am Adsorberausgang nicht mehr ändert.

Zur Beurteilung eines Adsorbens eignen sich folgende Daten:

Dynamische Kapazität (K):
Masse des von 100 g Adsorbens bis zur vollständigen Sättigung aufgenommenen Adsorptivs in g;

Durchbruchskapazität (K_D):
Masse des von 100 g Adsorbens bis zum Durchbruch aufgenommenen Adsorptivs in g.

Bei Kenntnis der Schichthöhe des Adsorbens h im Adsorber lässt sich aus diesen Daten die Länge L der Adsorptionszone wie folgt berechnen:

$$L = h\left(1 - \frac{K_D}{K}\right).$$

Aufgabenstellung

Ein homogenes, flüssiges Stoffgemisch mit den Inhaltstoffen n-Hexan, 2-Methylpentan, Cyclohexen, Cyclohexan und Methylcyclohexan soll mit Hilfe eines Molekularsiebes 5A (Porendurchmesser 0,5 nm) getrennt werden. Im Ergebnis der Trennung sollen geradkettige und verzweigte bzw. cyclische Kohlenwasserstoffe erhalten werden.

Für den Adsorptionsvorgang ist eine Stoffbilanz aufzustellen sowie die Durchbruchs- und Sättigungskapazität des Adsorptionsmittels zu bestimmen.

Der Adsorptionsvorgang sowie die Reinheit der abgeschiedenen Stoffe werden gaschromatografisch verfolgt.

Folgende Versuchsparameter sind variabel: Adsorptionstemperatur, Sättigertemperatur, Volumenstrom des Trägergases.

Versuchsaufbau und -durchführung

Das Schema der Versuchsapparatur zeigt Abb. 2.18. Die Apparatur besteht aus thermostatisiertem Sättiger mit dem zu untersuchenden Kohlenwasserstoff (KW)-Gemisch und dem beheizbaren Adsorber mit Molsiebfüllung. Ein Stickstoffstrom, der über ein Nadelventil von einem Durchflussregler konstant gehalten wird, sättigt sich bei

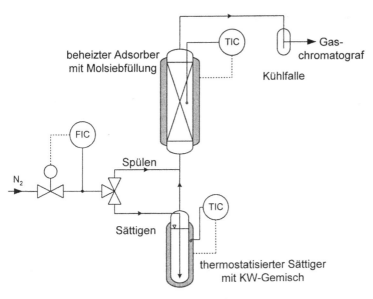

Abb. 2.18. Schematische Darstellung der Versuchsapparatur

entsprechender Stellung des Magnetventils (Spülen – Sättigen) im Sättiger mit dem KW-Gemisch. Das Verhältnis N_2/KW-Gemisch ist von der Temperatur des Sättigers abhängig. Vom Sättiger aus gelangt das Gemisch in ein 60 cm langes mit 150 g Molsieb gefülltes beheizbares Sorptionsrohr. Die nicht adsorbierten Bestandteile werden am Ausgang des Adsorbers in einer Kühlfalle (Kühlmittel: Alkohol-Trockeneis-Mischung) aufgefangen und anschließend gravimetrisch und gaschromatografisch analysiert.

Vorbereitung der Messungen

- Es ist der Netzanschluss für die Apparatur herzustellen und die Temperaturregelung sowie das Magnetventil einzuschalten.
- Am Temperaturregler ist die gewünschte Sorptionstemperatur mit Hilfe des Sollwertgebers einzustellen.
- Der Thermostat zur Temperierung des Sättigers ist einzuregulieren und das Kühlwasser ist anzustellen.
- Der Stickstoffstrom ist über den Druckminderer der Druckgasflasche einzustellen; die Feineinstellung erfolgt am Nadelventil. Die Konstanz des Volumenstromes wird durch einen Durchflussregler gewährleistet.
  Achtung: Das Magnetventil muss eingeschaltet sein, damit das Trägergas nicht durch den Sättiger strömt.
- Das Kühlmittel im DEWAR-Gefäß ist vorzubereiten (Alkohol-Trockeneis-Mischung). Eine Kühlfalle ist auszuwägen, an den Ausgang des Adsorbers anzuschließen und in das Kühlmittel einzutauchen.

Die Adsorptions-Parameter sind in folgenden Grenzen variabel:

N_2-Strom	18-24 l/h,
Sättigertemperatur	20-24 °C,
Temperatur des Sorptionsrohres	90-130 °C.

Bis zur Konstanz aller Parameter in der Adsorptionsapparatur ist die Arbeitsbereitschaft des Gaschromatografen herzustellen. Danach kann das Ausgangsgemisch analysiert werden.

Durchführung der Messungen

- Sind alle Parameter konstant, wird durch Umstellen des Magnetventiles der Stickstoffstrom durch den Sättiger geleitet.
- Die Kühlfallen sind von diesem Zeitpunkt an in Intervallen von 15 min zu wechseln.
- Der Inhalt der Kühlfallen ist auszuwägen und die Masse zu erfassen.
- Anschließend wird die Probe gaschromatografisch analysiert.
- Ist das Molsieb mit n-Hexan beladen, so erfolgt der Durchbruch durch die Adsorptionsschicht. Es kommt zu einer vermehrten Abscheidung in der gekühlten Vorlage. Im Chromatogramm erscheint der n-Hexan-Peak.
- Im Anschluss an den Durchbruch wird bis zur Sättigung des Molsiebes weiter adsorbiert (Bestimmung der Sättigungsbeladung), oder die Beladung unterbrochen, d. h. der Sättiger wird durch Umstellen des Magnetventils überbrückt.
- Das Sorptionsrohr wird danach noch ca. 10 min mit Stickstoff gespült, anschließend die Kühlfalle gewechselt, die Probe ebenfalls ausgewogen und analysiert.
- Zur Desorption des adsorbierten n-Hexans wird das Sorptionsrohr auf ca. 340 °C aufgeheizt. Dabei muss eine Kühlfalle angeschlossen sein.
- Nach dem Erreichen der Desorptionstemperatur wird ca. 30 min desorbiert.
- Das Desorbat wird in der Kühlfalle aufgefangen, ausgewogen und gaschromatografisch auf Reinheit geprüft.
- Die Vollständigkeit der Abscheidung ist zu kontrollieren. In einer „frischen" Kühlfalle darf nach 10-minütigem Durchströmen kein Kondensat erkennbar sein.

Hinweise zur Auswertung und Diskussion

1. Die qualitative und quantitative Zusammensetzung des Ausgangsgemisches (vgl. Abb. 2.19) wird gaschromatografisch mit Hilfe der im Gaschromatografen installierten Auswertesoftware ermittelt. Der Stickstoffstrom nimmt im Sättiger die Komponenten des KW-Gemisches entsprechend ihrer Dampfdrücke auf. Die Konzentrationen werden wie folgt berechnet:
Durch Multiplikation der Dampfdrücke der Einzelkomponenten p_{0i} mit den Molenbrüchen (x_i) in der Flüssigphase (aus der GC-Analyse) ergeben sich die Partialdrücke (p_i). Die im Stickstoffstrom mitgeführten Kohlenwasserstoffe erhöhen den Gesamtgasstrom:

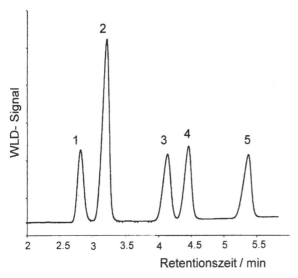

Peakfolge im
Gaschromatogramm:

1 2-Methylpentan
2 n-Hexan
3 Cyclohexan
4 Cyclohexen
5 Methylcyclohexan

GC-Einstellung:

Heizrate:
3 min. 40 °C, 10 K/min,
70 °C
Trägergas: Wasserstoff,
20 ml/min

Abb. 2.19. Typisches Gaschromatogramm

$$v_{ges} = v_{N_2} \cdot t \frac{P_0}{P_0 - P_{KW}}, \quad \text{mit} \quad P_{KW} = \Sigma p_{0i} x_i, \quad P_0 \text{ Luftdruck.}$$

Die Gesamtmasse der aus dem Sättiger verflüchtigten Kohlenwasserstoffe (m_{KW}) ergibt sich zu:

$$m_{KW} = \frac{P_{KW} \cdot v_{ges} \cdot M}{RT}, \quad \text{mit} \quad M \text{ mittlere Molmasse der KW.}$$

Die Masse für n-Hexan ergibt sich analog.

2. Die zur Durchbruchskapazität gehörige Masse an Adsorptiv wird, falls bis zur Sättigung absorbiert wurde, wie folgt bestimmt:

$$m_D = \frac{m_S t_D}{t_D + \frac{1}{2} t_S},$$

mit m_D Masse Adsorptiv beim Durchbruch,
      m_S Masse Adsorptiv bei Sättigung (Auswaage nach der Desorption),
      t_D Zeit bis zum Durchbruch,
      t_S Zeit vom Durchbruch bis zur Sättigung.

3. Es ist eine Massenbilanz aufzustellen und die Ergebnisse sind tabellarisch zusammenzufassen!
Die Unterschiede zwischen den theoretisch berechneten und praktisch abgeschiedenen Stoffmengen sind zu diskutieren! Wie sind die auftretenden Verluste einzuschätzen?

4. Eine Fehlerbetrachtung ist anzuschließen!

Literatur

GMEHLING, J.; BREHM, A.: „Grundoperationen – Lehrbuch der Technischen Chemie", Bd. *2, Georg Thieme Verlag, Stuttgart/New York* **1996**, Kapitel 5.4.

2.2.6
Absorption von Luftsauerstoff in Wasser

Technisch-chemischer Bezug

Als Absorption bezeichnet man den Übergang einer gasförmigen Komponente in eine flüssige Phase. In der Praxis wird dieser Prozess zur selektiven Entfernung einzelner Komponenten aus einer Gasmischung genutzt. Voraussetzung für einen schnellen Stoffübergang ist die Ausbildung großer Phasengrenzflächen. Absorptionskolonnen werden deshalb oft mit Einbauten versehen, die die Ausbildung einer ausgedehnten Phasengrenzfläche ermöglichen (**Füllkörperkolonnen**).

Bei großen Volumenverhältnissen (Flüssigkeit zu Gas) kommen meist **Blasensäulen** (disperse Phase: Gas), bei kleinen Volumenverhältnissen **Sprühtürme** (disperse Phase: Flüssigkeit) oder **Dünnschichtabsorber** zum Einsatz. Da das Absorptionsmittel meist erneut eingesetzt wird, ist eine Regenerierung (Desorption) erforderlich. Damit lässt sich die absorbierte Gaskomponente in konzentrierter Form gewinnen und einer weiteren Verwendung zuführen. Absorptionsverfahren ermöglichen in der chemischen Industrie z. B. die Abtrennung von Kohlendioxid aus Synthesegas und die Entfernung von Schwefel über Schwefelwasserstoff bei der Herstellung von Treibstoffen.

Grundlagen

Es werden zwei Arten der Absorption unterschieden:

Physikalische Absorption

Es erfolgt keine Reaktion zwischen Gas und Flüssigkeit. Entsprechend des Verteilungskoeffizienten bildet sich ein Gleichgewichtspartialdruck des Gases über der mit Gas gesättigten Flüssigkeit aus, der zumeist stark temperaturabhängig ist. Eine kontinuierliche Prozessführung führt zu einem stationären Zustand zwischen Gaspartialdruck und Konzentration des Gases in der Flüssigkeit. Bei entsprechend großer Verweilzeit kann die Sättigungskonzentration des Gases in der Flüssigkeit erreicht werden.

Chemische Absorption

Nach der Absorption des Gases erfolgt eine chemische Reaktion, so dass eine vollständige Aufnahme des Gases durch die Flüssigkeit theoretisch möglich ist (Voraussetzung ist die Irreversibilität der Reaktion). Die durch chemische Absorption ausgelösten Bindungskräfte können die der physikalischen Absorption um ein Mehrfaches übersteigen. Damit treten bei der chemischen Absorption in der Regel Reaktionswärmen auf. Beispiele sind die Hydratation des Ammoniaks beim Lösen in Wasser oder die Addition von Kohlenmonoxid in Cu(I)-Chlorid-Lösung.

In der Praxis wird der Absorptionsprozess durch das Lösungsgleichgewicht und die Geschwindigkeit des Stoffübergangs bzw. der chemischen Reaktion bestimmt. Im Gleichgewichtszustand beschreibt das HENRYsche Gesetz bei nicht zu hohen Drücken den Zusammenhang zwischen Partialdruck $p_{i,g}$ und Konzentration des Gases $x_{i,l}$ in der flüssigen Phase:

$$p_{i,g} = H \cdot x_{i,l}, \qquad \text{mit} \quad H \text{ HENRY-Konstante.}$$

Danach ist die Löslichkeit eines Gases $x_{i,l}$ in einer Flüssigkeit (Absorptionsmittel, Waschflüssigkeit) bei geringen Konzentrationen proportional dem Partialdruck $p_{i,g}$ des Gases über der Flüssigkeit.

Für die praktische Anwendung nutzt man auch andere Proportionalitätsfaktoren zwischen der Konzentration in der Flüssigphase und dem Partialdruck. Der BUNSENsche Absorptionskoeffizient α_i für ein Gas i gibt an, welches Gas-Volumen $V_{i,g}$ im Normalzustand sich im Volumen V_l des Absorptionsmittels löst. Für geringe Drücke und unter Annahme der Gültigkeit der idealen Gasgesetze lässt sich formulieren:

$$\alpha_i = \frac{V_{i,g}}{V_l} = \rho_l \frac{R \cdot 273{,}15\,\text{K}}{H \cdot M_l} \, ,$$

mit ρ_l Dichte und M_l Molmasse des Absorptionsmittels.

Beispiele für den Absorptionskoeffizienten α_i und die HENRY-Konstante H verschiedener Gase in Wasser bei 20 °C sind:

Gas	O_2	CO_2	H_2S	C_2H_6
α_i	0,0310	0,878	2,582	0,0472
H in bar	40630	1435	487,8	26690

Absorptionskoeffizient und HENRY-Konstante sind stark von der Temperatur abhängig. Ist die Temperaturabhängigkeit der HENRY-Konstante bekannt, lässt sich mit Hilfe der folgenden Beziehung die Lösungsenthalpie $\Delta_L H$ ermitteln:

$$\left(\frac{\partial \ln H}{\partial T} \right) = - \frac{\Delta_L H}{RT^2} \, .$$

Die Lösungsenthalpie von Gasen stellt die Wärmemenge dar, die bei der Absorption von 1 mol des Gases mit der Umgebung ausgetauscht wird.

Aufgabenstellung

Die Absorption von Luftsauerstoff in Wasser ist in Abhängigkeit von der Temperatur zu untersuchen. Dazu werden in einer temperierten Rieselfilmkolonne Wasser und Luft im Gegenstrom zueinander geführt. Die Abhängigkeit der Sauerstoffkonzentration von der Temperatur ist experimentell zu ermitteln und zu diskutieren.

Versuchsaufbau und -durchführung

Das Schema des Versuchsaufbaus ist in Abb. 2.20 dargestellt. Die Flüssigphase (Wasser) wird aus einem Vorratsgefäß mit Hilfe einer Pumpe über ein Regelventil und einen Durchflussmesser im Kreislauf über Kopf durch die Absorberkolonne geleitet. Vorratsgefäß und Kolonne werden temperiert. Im Gegenstrom wird Luft über ein Ventil und einen Durchflussmesser durch die Kolonne gefördert. Entsprechend der vorgewählten Temperatur stellt sich eine Sättigungskonzentration an Sauerstoff in der Flüssigkeit ein. Diese Konzentration wird am Sauerstoff-Messgerät abgelesen.

Vorbereitung der Messungen
- Der Thermostat ist auf 20 °C Anfangstemperatur einzustellen; Kühlwasser anstellen.
- Die Wasserpumpe ist einzuschalten und der Volumenstrom für Wasser am Nadelventil auf ca. 10 l/h einzustellen.

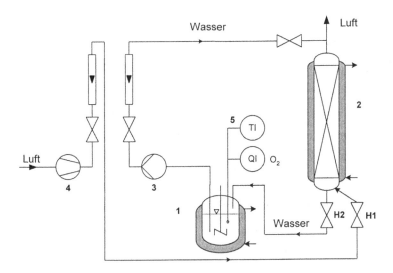

Abb. 2.20. Schematische Darstellung der Versuchsapparatur

1	temperierter Kolben	5	O$_2$- und Temperaturmessgerät
2	temperierte Kolonne		
3	Pumpe Wasserkreislauf	H1	Hahn Luftzuführung
4	Verdichter Luftzuführung	H2	Hahn Wasserableitung

- Die Kolonne ist zu füllen und der Ablaßhahn H2 ist so einzustellen, dass ein konstantes Niveau des Wassers am unteren Ende der Kolonne gehalten wird.
- Die Pumpe für Luft ist einzuschalten und Hahn H1 (Luftzufuhr) ist langsam zu öffnen.
- Luft- und Wasserstrom sind langsam auf je ca. 10 l/h einzuregulieren. Es darf kein Austragen von Wasser über Kopf erfolgen, eventuell auch Hahn H2 nachregulieren!

Durchführung der Messungen
- Nach Einstellung des Gleichgewichtes sind Sauerstoffgehalt und Temperatur abzulesen.
- Die Temperatur am Thermostat ist um 5 °C zu erhöhen und erneut die Einstellung der Sättigungskonzentration bei konstanter Temperatur abzuwarten (ca. 30 min).
- Weitere Versuche sind in je 5 °C Schritten bis 40 °C durchzuführen. Dabei ist eine ständige Kontrolle der Volumenströme und des Flüssigkeits-Niveaus in der Kolonne nötig.

Hinweise zur Auswertung und Diskussion

1. Das Diagramm $c_{O_2}(\vartheta)$ ist für Messwerte und für tabellierte Werte zu zeichnen und der Kurvenverlauf zu diskutieren!
2. Aus den Messdaten ist näherungsweise die HENRY-Konstante H in Abhängigkeit von der Temperatur zu berechnen und die Funktion $\ln H = f(1/T)$ grafisch darzustellen. Wie groß ist die Lösungsenthalpie von Sauerstoff in Wasser?
3. Es wird von einem Sauerstoffgehalt der Luft von 20% ausgegangen. Der aktuelle Luftdruck muss berücksichtigt werden.
4. Dichte des reinen Wassers:

ϑ in °C	10	15	20	25	30	35	40	45	50
ρ in g cm^{-3}	0,9998	0,9992	0,9983	0,9972	0,9957	0,9941	0,9923	0,9901	0,9880

5. Konzentration von Sauerstoff in Wasser im Gleichgewicht mit wasserdampfgesättigter Luft (Sauerstoffsättigungskonzentration) in mg/l O_2 im Temperaturbereich von 0 bis 41 °C bei einem Atmosphärendruck von 101,3 kPa (1013 mbar) (Normaldruck), nach DIN 38 408-G22:

°C		,0	,1	,2	,3	,4	,5	,6	,7	,8	,9	1,0
0	14,	64	60	55	51	47	43	39	35	31	27	23
1		23	19	15	10	06	03	,99	,95	,91	,87	,83
2	13,	83	79	75	71	68	64	60	56	52	49	45
3		45	41	38	34	30	27	23	20	16	12	09
4		09	05	02	,98	,95	,92	,88	,85	,81	,78	,75
5	12,	75	71	68	65	61	58	55	52	48	45	42

°C		,0	,1	,2	,3	,4	,5	,6	,7	,8	,9	1,0
6		42	39	36	32	29	26	23	20	17	14	11
7		11	08	05	02	,99	,96	,93	,90	,87	,84	,81
8	11,	81	78	75	72	69	67	64	61	58	55	53
9		53	50	47	44	42	39	36	33	31	28	25
10		25	23	20	18	15	12	10	07	05	02	,99
11	10,	99	97	94	92	89	87	84	82	79	77	75
12		75	72	70	67	65	63	60	58	55	53	51
13		51	48	46	44	41	39	37	35	32	30	28
14		28	26	23	21	19	17	15	12	10	08	06
15		06	04	02	,99	,97	,95	,93	,91	,89	,87	,85
16	9,	85	83	81	78	76	74	72	70	68	66	64
17		64	62	60	58	56	54	53	51	49	47	45
18		45	43	41	39	37	35	33	31	30	28	26
19		26	24	22	20	19	17	15	13	11	09	08
20		08	06	04	02	01	,99	,97	,95	,94	,92	,90
21	8,	90	88	87	85	83	82	80	78	76	75	73
22		73	71	70	68	66	65	63	62	60	58	57
23		57	55	53	52	50	49	47	46	44	42	41
24		41	39	38	36	35	33	32	30	28	27	25
25		25	24	22	21	19	18	16	15	14	12	11
26		11	09	08	06	05	03	02	00	,99	,98	96
27	7,	96	95	93	92	90	89	88	86	85	83	82
28		82	81	79	78	77	75	74	73	71	70	69
29		69	67	66	65	63	62	61	59	58	57	55
30		55	54	53	51	50	49	48	46	45	44	42
31		42	41	40	39	37	36	35	34	32	31	30
32		30	29	28	26	25	24	23	21	20	19	18
33		18	17	15	14	13	12	11	09	08	07	06
34		06	05	04	02	01	00	,99	,98	,97	,96	,94
35	6,	94	93	92	91	90	89	88	87	85	84	83
36		83	82	81	80	79	78	77	75	74	73	72
37		72	71	70	69	68	67	66	65	64	63	61
38		61	60	59	58	57	56	55	54	53	52	51
39		51	50	49	48	47	46	45	44	43	42	41
40		41	40	39	38	37	36	35	34	33	32	31

Literatur

GMEHLING, J.; BREHM, A.: „Grundoperationen – Lehrbuch der Technischen Chemie", Bd. 2, *Georg Thieme Verlag, Stuttgart/New York* **1996**, Kapitel 3.4.

2.2.7
Lösungsmittelrückgewinnung durch kontinuierliche Rektifikation

Technisch-chemischer Bezug

Die **kontinuierliche Rektifikation** ist die in der chemischen Großindustrie am häufigsten anzutreffende thermische Grundoperation. Historisch ist sie über die Stufen:

einstufige Destillation,
diskontinuierliche Rektifikation,
kontinuierliche Rektifikation

entwickelt worden. Der Vorteil der kontinuierlichen Arbeitsweise ist in der Einstellung stationärer Betriebsbedingungen zu suchen, die bei hohem Durchsatz über einen beliebig langen Zeitraum gleichbleibende Produktqualität bei leichter Regelbarkeit des Prozesses ermöglicht. Beispiele für anspruchsvolle kontinuierliche Rektifikationsanlagen für großen Durchsatz sind:
● die Gewinnung von Kraftstoffen und Basischemikalien aus Erdöl und Erdgas,
● die Aufarbeitung der Reaktionsprodukte nach Konversionsverfahren von Erdöldestillaten und Destillationsrückständen,
● die Reinigung von Syntheseprodukten, wie die Isolierung des Acrylnitril aus dem Sohio-Prozess oder die Reindarstellung von Styren nach der Dehydrierung von Ethylbenzen,
● die Luftzerlegung durch Tieftemperatur-Rektifikation.

Grundlagen

Bei der kontinuierlichen Rektifikation wird das zu trennende Zwei- oder Mehrstoffgemisch in der Regel bei Siedetemperatur in den Mittelteil der Kolonne eingespeist. Oberhalb des Zulaufes erfolgt analog der diskontinuierlichen Betriebsweise und in Abhängigkeit von den Bau- und Betriebsparametern die Auftrennung in leichter und schwerer siedende Anteile des Einsatzgemisches. Der oberhalb des Gemischzulaufes befindliche Kolonnenteil heißt **Verstärkungssäule**. Am Kopf der Kolonne wird das mit leichterflüchtigen Anteilen angereicherte Dampfgemisch kondensiert, teilweise als Destillat entnommen, oder in Teilen als Rücklauf in die Kolonne zurückgeführt. Das über einen Rücklaufteiler einstellbare Verhältnis von Rücklauf und Destillat heißt **Rücklaufverhältnis** (s. auch Versuch 2.2.3 „Ermittlung der Trennleistung verschiedener Rektifikationskolonnen").

Im unterhalb des Zulaufes liegenden Kolonnenteil, **Abtriebssäule** genannt, werden schwerflüchtige Anteile des Einsatzgemisches, einschließlich des Rücklaufes „abgetrieben" und aus dem Sumpf abgezogen.

Während sich bei der diskontinuierlichen Betriebsweise die Zusammensetzung des zu trennenden Gemisches infolge der Destillatentnahme ständig ändert, wird beim kontinuierlichen Rektifizieren ein stationärer Zustand erreicht. Das hat den Vorteil, dass sich Betriebsparameter wie Rücklaufverhältnis, Kopf- und Sumpftemperatur über beliebig lange Zeit konstant halten lassen.

Bei der kontinuierlichen Trennung von Mehrkomponentengemischen besteht allerdings der Nachteil, dass nur jeweils ein Kopf- bzw. Sumpfprodukt, u. U. aber auch Seitenströme einheitlicher Zusammensetzung erhalten werden, während bei diskontinuierlicher Betriebsweise bei stufenweiser Erhöhung der Sumpftemperatur am Kopf der Kolonne Fraktionen unterschiedlicher Zusammensetzung erhältlich sind.

Analog der diskontinuierlichen Betriebsweise (s. Versuch 2.2.3 „Ermittlung der Trennleistung verschiedener Rektifikationskolonnen") lässt sich die Stoffbilanz einer kontinuierlich betriebenen Rektifikationskolonne aufstellen. Als Voraussetzungen gelten folgende Vereinfachungen:

- adiabatische Arbeitsweise,
- konstanter Massen(Dampf-)strom aus dem Zulauf ($\dot{m}_Z$),
- konstanter Massenstrom für die rücklaufende Flüssigkeit ($\dot{m}_R$).

Die Gesamtstoffbilanz über die in Abb. 2.21 dargestellte kontinuierlich betriebene Rektifikationskolonne lautet dann:

$\dot{m}_Z = \dot{m}_E + \dot{m}_S$, mit $\dot{m}_{Z, E, S}$ Massenstrom im Zulauf, Destillat (Erzeugnis) und Sumpf.

Auf dem Zulaufboden der Kolonne vermischt sich das auf Siedetemperatur erhitzte Zulaufgemisch und der Rücklauf der Verstärkungssäule zum Rücklauf der Abtriebssäule ($\dot{m}_{RA}$). Es gilt:

$\dot{m}_{RA} = \dot{m}_{RV} + \dot{m}_Z.$

Für die beiden Kolonnenteile lässt sich bilanzieren:

a) für die Verstärkungssäule

$\dot{m}_{DV} = \dot{m}_{RV} + \dot{m}_{EV},$

mit $\dot{m}_{DV}$ Massen(Dampf-)strom in der Verstärkungssäule,

      $\dot{m}_{RV}, \dot{m}_E$ Massenstrom des Rücklaufs der Verstärkungssäule und Erzeugnis.

Multipliziert man diese Gleichung mit dem Stoffmengenanteil der leichterflüchtigen Komponente (für die Dampfphase y, für die Flüssigphase x), so ergibt sich:

$\dot{m}_{DV} \cdot y = \dot{m}_{RV} \cdot x + \dot{m}_E \cdot x_E.$

Division durch den Massenstrom in der Dampfphase ergibt

$$y = \frac{\dot{m}_{RV}}{\dot{m}_{DV}} \cdot x + \frac{\dot{m}_E}{\dot{m}_{DV}} \cdot x_E.$$

Durch Einführung des Rücklaufverhältnisses $r_V = \dfrac{\dot{m}_{RV}}{\dot{m}_E}$ erhält man die **Gleichung der Verstärkungsgeraden**:

$$y = \frac{r_V}{r_V + 1} \cdot x + \frac{1}{r_V + 1} \cdot x_E.$$

b) für die Abtriebssäule

$$\dot{m}_{RA} = \dot{m}_{DA} + \dot{m}_{SA},$$

mit $\dot{m}_{DA}$ Massen(Dampf-)strom in der Abtriebssäule,

$\dot{m}_{RA}, \ \dot{m}_S$ Massenstrom des Rücklaufs der Abtriebssäule und Sumpf.

Multiplikation mit dem Stoffmengenanteil der leichterflüchtigen Komponente führt zu:

$$\dot{m}_{RA} \cdot x = \dot{m}_{DA} \cdot y + \dot{m}_S \cdot x_S$$

bzw. $y = \dfrac{\dot{m}_{RA}}{\dot{m}_{RA} - \dot{m}_S} \cdot x - \dfrac{\dot{m}_S}{\dot{m}_{RA} - \dot{m}_S} \cdot x_S.$

Mit dem Rücklaufverhältnis $r_A = \dfrac{\dot{m}_{RA}}{\dot{m}_S}$ erhält man die **Gleichung der Abtriebsgeraden**:

$$y = \frac{r_A}{r_A - 1} \cdot x - \frac{1}{r_A - 1} \cdot x_S.$$

Für beide Geraden ergeben sich in der grafischen Darstellung nach MCCABE-THIELE unterschiedliche Anstiege:

für die Verstärkungssäule ist tg $\alpha = \dfrac{\dot{m}_{RV}}{\dot{m}_{DV}}$,

für die Abtriebssäule ist tg $\alpha = \dfrac{\dot{m}_{RA}}{\dot{m}_{DA}}$.

Diese Anstiege der Geraden stellen die Belastungsverhältnisse der beiden Kolonnenabschnitte dar. Für den Fall des totalen Rücklaufes ($r = \infty$) in der Kolonne werden $\dot{m}_E$, $\dot{m}_Z$ und $\dot{m}_S$ gleich null. Die Verstärkungs- und Abtriebsgerade fallen dann mit der Diagonalen im MCCABE-THIELE Diagramm zusammen.

Die Triebkraft für das Streben zum Phasengleichgewicht auf jeden Boden der Rektifikationskolonne kann durch die Differenz zwischen Arbeits- und Gleichgewichtskurve ausgedrückt werden. In der Gleichung der Verstärkungsgeraden ist der Anstieg vom Rücklaufverhältnis abhängig, wobei mit abnehmendem Rücklaufverhältnis die Arbeitslinie näher an die Gleichgewichtskurve heranrückt. Das bedeutet eine Verringerung der Triebkraft. Für eine vorgegebene Trennaufgabe muss das Rücklaufverhältnis so groß gewählt werden, dass die Arbeitsgerade unterhalb der Gleichgewichtskurve liegt. Für den Grenzfall, die Arbeitsgerade schneidet oder berührt die Gleich-gewichtskurve, ist die Triebkraft gleich null, es ergibt sich das **Mindestrücklaufver-hältnis**. Diese Arbeitsbedingungen sind nur von theoretischem Interesse, weil eine vorgegebene Trennaufgabe unter diesen Bedingungen nur mit einer unendlichen Bo-denzahl erreichbar ist. Über die grafische Bestimmung des Mindestrücklaufverhält-nisses und die Wahl des optimalen Rücklaufverhältnisses gibt die angegebene Lite-ratur Auskunft.

Bei der kontinuierlichen Rektifikation von Mehrkomponentengemischen fallen mit dem Kopf- und Sumpfprodukt zwei einheitliche Fraktionen an. Für die Fraktionierung eines aus n-Komponenten bestehenden Gemisches in die reinen Anteile sind bei kon-tinuierlicher Arbeitsweise n − 1 hintereinandergeschaltete Kolonnen nötig. In der industriellen Praxis verfährt man aber meist so, dass eine Produktentnahme aus der Kolonne in verschiedenen Höhen als Seitenstrom erfolgt (z. B. Erdölaufberei-tung). Diese Fraktionen werden dann bei Bedarf in weiteren Kolonnen aufgetrennt.

Aufgabenstellung

Bei Polymerisationsversuchen wird Methanol häufig als Fällungsmittel eingesetzt. Nach der Abtrennung des Polymeren ist das Methanol mit Monomeranteilen, Lö-sungsmitteln und weiteren Stoffen verunreinigt. Da Methanol in vielen Fällen die leichterflüchtige Komponente ist, kann durch kontinuierliche Rektifikation eine Auf-trennung in wiederverwendbares Methanol als Kopfprodukt und ein mehrkomponen-tenhaltiges Sumpfprodukt wechselnder Zusammensetzung erfolgen.

Es ist die Reinigungsleistung einer kontinuierlich betriebenen Füllkörperkolonne unter variablen Betriebsbedingungen zu bestimmen.

Versuchsaufbau und -durchführung

Der schematische Aufbau der Versuchsapparatur ist in Abb. 2.21 dargestellt. Die Ein-zelteile der Apparatur wurden von der NORMAG-Labor- und Verfahrenstechnik GmbH gefertigt. Die Kolonne besteht aus je 1 m Verstärkungs- und Abtriebssäule, gefüllt mit Braunschweiger Wendeln als Füllkörper. Zwischen beiden Kolonnenteilen erfolgt die Zuspeisung des auf Siedetemperatur vorgeheizten Einsatzgemisches mittels einer Dosierpumpe. Das Einsatzgemisch ist in einem Gefäß bevorratet, aus dem die Pumpe gespeist wird. Der Sumpf der Apparatur ist als Umlaufverdampfer von 1,5 l Volumen ausgebildet. Von hier aus erfolgt die Energiezufuhr zur teilweisen Verdampfung des Rücklaufes, der Sumpfabzug und die Probenahme.

Am Kopf der Kolonne erfolgt eine Totalkondensation des Dampfes und eine elek-tronisch geregelte Rücklaufteilung. Die Belastung der Kolonne ist ebenfalls am Kopf der Kolonne messbar.

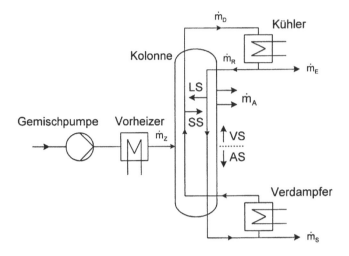

VS	Verstärkungssäule	$\dot{m}_Z$	Gemischzulauf
AS	Abtriebssäule	$\dot{m}_D$	Dampf
LS	Leichtsieder	$\dot{m}_E$	Erzeugnis, Destillat
SS	Schwersieder	$\dot{m}_A$	Seitenstromabnahme
		$\dot{m}_S$	Sumpf
		$\dot{m}_R$	Rücklauf

Abb. 2.21. Darstellung der Versuchsapparatur mit eingezeichneten Massenströmen $\dot{m}$

Vorbereitung der Messungen

- Das Vorratsgefäß für den Gemischzulauf ist mit dem vorgegebenen Lösungsmittel-gemisch zu befüllen und dessen Zusammensetzung refraktometrisch bzw. gaschro-matografisch zu bestimmen.
- Der Sumpf der Kolonne (Umlaufverdampfer) muss zur Hälfte (> 600 ml) gefüllt sein. Ist das nicht der Fall, so ist zunächst ohne Inbetriebnahme der Sumpf- und Zulaufheizung, durch Zudosierung aus dem Gemisch-Vorratsgefäß, dieses Volu-men aufzufüllen. Die Gemischpumpe ist selbstansaugend mit einer in Hub und Frequenz verstellbaren maximalen Förderleistung von 5 l/h.
- Ist das Sumpfvolumen aufgefüllt, wird ein vorgegebener Förderstrom mit Hilfe eines am Arbeitsplatz befindlichen Nomogrammes eingestellt.
- Parallel zur Zulaufdosierung ist für eine ausreichende Wasserkühlung zu sorgen. Über einen Wasserwächter wird die Zulaufheizung bei Wassermangel abgeschaltet.
- Ist der Vorheizer zur Hälfte mit Gemisch gefüllt, kann die Zulauf- und Sumpfhei-zung eingeschaltet werden. Die einzustellenden Spannungswerte sind abhängig von den jeweiligen Gemischkomponenten bzw. der Zusammensetzung des Gemisches.

Durchführung der Messungen

- Am Kopf der Kolonne wird zunächst kein Destillat entnommen. Im Abstand von ca. 5 Minuten wird der Rücklaufteiler auf Destillatabnahme geschaltet und das pro Zeiteinheit anfallende Kondensat (ca. 10-20 ml) in einem Messzylinder aufgefangen. Auf diese Weise lässt sich die Belastung und die Einstellung des stationären Zustandes überprüfen.
- Weiterhin ist das Füllvolumen des Sumpfes zu kontrollieren, und jeweils nach Erreichen der Füllstandsmarkierung ist Sumpfprodukt abzuziehen, das Volumen zu messen und die Zusammensetzung zu bestimmen.

Arbeiten unter konstanten Betriebsbedingungen

Im jeweiligen stationären Zustand der Kolonne sind am Kopf und aus dem Sumpf Proben zu entnehmen und analytisch zu bestimmen. Die Proben sind refraktometrisch bzw. gaschromatografisch auf Reinheit zu kontrollieren. Bei kontinuierlicher Dosierung ist stets der Füllstand des Zulaufgefäßes zu prüfen und ggf. nachzufüllen.

- Variation des Rücklaufverhältnisses bei konstanter Belastung:

  Bei unendlichem Rücklaufverhältnis erfolgt keine Destillatabnahme. Um Erzeugnis zu erhalten, muss das kondensierte Kopfprodukt ständig in die Teilströme Rücklauf und Destillat verzweigt werden. Der nunmehr verminderte Rücklauf beeinträchtigt die Trennung des Gemisches, so dass das Rücklaufverhältnis nur bis zu einem vom Stoffgemisch abhängigen Wert erniedrigt werden kann, um eine vorgegebene Trennaufgabe zu erfüllen.

  Das Rücklaufverhältnis ist in vorgegebenen Schritten durch Einstellung am Rücklaufteiler zu vermindern, die Belastung ist dabei konstant zu halten.

  Es ist jeweils die Einstellung des stationären Zustandes abzuwarten und nach Erreichen desselben die Analyse von Kopf- und Sumpfprodukt vorzunehmen.

- Variation der Belastung bei konstantem Rücklaufverhältnis:

  Die Belastung hat wesentlichen Einfluss auf die Trennleistung der Kolonne. Die besten Ergebnisse werden in der Nähe der oberen Belastungsgrenze (Flutpunkt) erreicht, weil hier der Stoffaustausch durch turbulente Vermischung am größten ist. Die Belastung sollte nicht die untere Belastungsgrenze erreichen, weil dann Dampf und Flüssigkeit bei minimalem Stoffaustausch aneinander vorbeiströmen und sich die Trennwirkung verschlechtert.

Hinweise zur Auswertung und Diskussion

1. Die Messdaten sind nach Einstellung des stationären Zustandes:
   - bei totalem Rücklauf,
   - bei Variation des Rücklaufverhältnisses,
   - bei Variation der Belastung

   tabellarisch zu erfassen und zu diskutieren.

   Wie wirkt sich die Erniedrigung des Rücklaufverhältnisses auf die Zusammensetzung des Kopfproduktes aus?

   Wurde die obere bzw. untere Belastungsgrenze erreicht?

2. Ein vorgegebenes Zweistoffgemisch (z. B. Methanol/Wasser), dessen Zulaufkonzentration bekannt ist, soll in der kontinuierlichen Rektifikationskolonne getrennt werden. Es sind bei Kenntnis der Daten für die Gleichgewichtskurve und bekannter Kopf- und Sumpfkonzentration zu bestimmen:
   - die Bodenzahl der Verstärkungs- und Abtriebssäule bei unendlichem Rücklaufverhältnis,
   - das Mindestrücklaufverhältnis,
   - die erforderliche Bodenzahl bei geändertem Rücklaufverhältnis.

Literatur

SATTLER, K.: „Thermische Trennverfahren", *VCH, Weinheim* **1995**, Kapitel 2.5.2.

2.2.8
Dynamische Adsorption

Technisch-chemischer Bezug

Die Adsorption ist ein wichtiges thermisches **Trennverfahren**, das in der chemischen Industrie und artverwandten Industriezweigen, aber auch zunehmend in der Umwelttechnik angewendet wird.

Die Adsorption wird in der Umwelttechnik (neben der Wasser- und Abwasseraufbereitung als Flüssigphasenadsorption) hauptsächlich zur **Abgasreinigung** eingesetzt, insbesondere dann, wenn die Konzentration der Verunreinigungen im Abgas gering sind und/oder die Rückgewinnung als Wertstoff (z. B. Schwefeldioxid-Reichgas, Lösungsmittel) angestrebt wird.

Darüber hinaus sind noch einige spezielle Anwendungen bekannt (z. B. NO_x-Abtrennung aus der Salpetersäure-Produktion). Ein weiteres großes Anwendungsgebiet der Adsorption, die Feinreinigung von Abgasen aus der thermischen Abfallbehandlung (Abtrennung von polychlorierten Dibenzodioxinen und polychlorierten Dibenzofuranen, von Schwermetallen, von SO_2, HCl und HF), wird in den großtechnischen Maßstab überführt.

Grundlagen

An der Phasengrenzfläche fester Stoffe können Moleküle durch die Adsorption aus der umgebenden Gasphase gebunden (angereichert) werden. Zwischen den an der Grenzfläche adsorbierten und den im Gasraum befindlichen Molekülen stellt sich bei gegebener Temperatur ein Gleichgewicht ein.

Zur Beschreibung von Adsorptionsgleichgewichten, speziell **Adsorptionsisothermen**, ist eine Vielzahl von Isothermengleichungen vorgeschlagen worden (s. Versuch 2.2.5 „Adsorption an zeolithischen Molekularsieben").

Da die Adsorption über Gleichgewichtszustände verläuft, ist eine vollständige Trennung von Gasgemischen durch Adsorption ebensowenig möglich wie durch Extraktion oder Rektifikation. Praktisch kommt man aber bei der Adsorption im Gegensatz zu den anderen Trennverfahren mit geringerem technischen Aufwand zu einer befriedigenden Trennung. Die Trennung wird um so besser sein, je unterschiedlicher die Adsorbierbarkeit der Gase an dem gewählten Adsorbens ist. Die Adsorbierbarkeit eines Gases an einem Adsorptionsmittel ist von den physikalischen und chemischen Eigenschaften sowohl des Adsorptivs als auch des Adsorbens abhängig. Überschlägig kann man sagen, dass aus Gasgemischen, die in Berührung mit einem Adsorbens stehen, das Gas am stärksten adsorbiert wird, das den höchsten Siedepunkt hat.

Diesen Überlegungen liegen die Gesetzmäßigkeiten der statischen Adsorption zu Grunde. In der Technik findet jedoch zunehmend die dynamische Arbeitsweise Anwendung, d. h., das zu trennende Gasgemisch, beispielsweise mit Lösungsmitteldampf beladene Luft, wird kontinuierlich durch Türme oder Kessel (Adsorber) geleitet, die

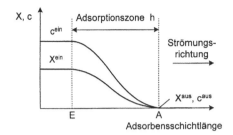

Abb. 2.22 Abhängigkeit der Adsorptivkonzentration c im Gas und der Beladung X von der Adsorbensschichtlänge

mit entsprechendem Adsorptionsmittel gefüllt sind. Nach Durchströmen einer hinreichend langen Schicht ist das Lösungsmittel praktisch vollständig aus der Luft entfernt.

Innerhalb des Adsorbens bildet sich nach einer gewissen Betriebszeit die sogenannte **Adsorptionszone** aus. Darunter versteht man die Adsorbensschichtlänge, innerhalb derer die Konzentration des Adsorptivs im Trägergas von der Eintrittskonzentration c^{ein} auf eine geringe Restkonzentration (c^{aus} = praktisch null) abfällt (s. Abb. 2.22). In gleicher Weise verändert sich längs dieser Schicht die in der Technik meist verwendete Größe, **Adsorbensbeladung** X, die die adsorbierte Masse des Adsorptivs in Prozent, bezogen auf die Masse des Adsorbens angibt. Da die Adsorption aus einem strömenden Gas nicht nur durch das Gleichgewicht bestimmt wird, sondern auch durch die Diffusion des Adsorptivs in den Poren des Adsorbens, kann die Adsorptionszone verhältnismäßig lang sein.

Bei fortlaufendem Betrieb des Adsorbers wandert die Adsorptionszone auf den Ausgang des Adsorbers zu. Schließlich erreicht sie im Punkt A das Ende der Schicht und Adsorptiv tritt fortan im ausströmenden Gas in messbarer Konzentration auf. Den Zeitpunkt, an dem das erste Adsorptiv nachweisbar wird, bezeichnet man als **Durchbruch**, die entsprechende Zeit als **Durchbruchszeit** t_D. Die Änderung der Adsorptivkonzentration im austretenden Gas über der Zeit wird als **Durchbruchskurve** bezeichnet (s. Abb. 2.23). Die Adsorptivkonzentration c im ausströmenden Gas nimmt im weiteren immer mehr zu und erreicht schließlich die Eintrittskonzentration c^{ein} (c/c^{ein} = 1). Der Adsorber ist gesättigt, die entsprechende Zeit ist die Sättigungszeit t_S.

Die Länge der Adsorptionszone ist wirtschaftlich gesehen bedeutungsvoll, da ihr Verhältnis zur Gesamtlänge des Adsorbers die **Adsorptionskapazität** des Adsorbers

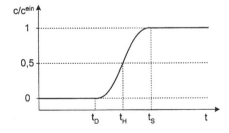

Abb. 2.23. Durchbruchskurve: Adsorptivkonzentration im abströmenden Gas bezogen auf die Eintrittskonzentration (c/c^{ein}) als Funktion der Zeit (t)

bestimmt. Eine relativ lange Adsorptionszone ist nämlich gleichbedeutend mit einer im Verhältnis zur Sättigungsbeladung kleinen Durchbruchsbeladung.

Die Länge der Adsorptionszone L lässt sich für einen gegebenen Adsorber mit der Schütthöhe h aus der Durchbruchskurve nach der Beziehung

$$L = h\left(1 - \frac{X_D}{X_S}\right) \tag{1}$$

berechnen. Die Durchbruchsbeladung X_D ergibt sich aus der Durchbruchszeit t_D:

$$X_D = \frac{\dot{m}}{m_{Ad}} t_D, \tag{2}$$

wobei $\dot{m}$ der in den Adsorber eintretende Massestrom des Adsorptivs und m_{Ad} die Masse des Adsorbens ist.

Die Sättigungsbeladung X_S kann analog aus der Sättigungszeit t_S berechnet werden, wobei aber der Adsorptivanteil, der nach dem Durchbruch aus dem Adsorber abströmt, zu subtrahieren ist:

$$X_S = \frac{\dot{m}}{m_{Ad}}\left(t_S - \sum_{t=0}^{t_S} \frac{c}{c^{ein}} dt\right). \tag{3}$$

Ist ein Adsorber bis zum Durchbruch beladen, muss desorbiert werden. Durch Desorption wird die Regenerierung des Adsorbens erreicht und das Adsorptiv in konzentrierter Form gewonnen. Je nach Wert des Adsorptivs steht die Regenerierung des Adsorbens oder die Gewinnung dieses Adsorptivs an erster Stelle.

Desorption kann durch alle Maßnahmen, die zu den ungünstigen Gleichgewichtsbedingungen der Adsorption führen, erreicht werden. Erwähnt sei die Temperaturerhöhung, Senkung des Adsorptiv-Partialdruckes oder der Einsatz eines Verdrängungsmittels.

In der Technik wird man je nach Aufgabe entsprechende Maßnahmen kombinieren. In modernen Druckwechsel-Adsorptions-Verfahren wird neben der Gesamtdruckabsenkung meist noch eine Spülphase (Rückspülung mit dem zuvor gewonnenen adsorptivfreien Gas) eingeschaltet.

Häufig verwendet man zu Desorptionszwecken Wasserdampf, der gegenüber anderen Verdrängungsmitteln, z. B. Inertgas, den Vorteil hat, leicht kondensierbar zu sein, so dass daraus der desorbierte Stoff ohne großen Aufwand abgetrennt werden kann.

Oftmals kann durch Desorption der Wertstoff nicht oder nur unter extremen Bedingungen nach entsprechend langer Desorptionszeit vom Adsorbens entfernt werden. Man spricht dann von einer Restbeladung. Restbeladungen sind meist auf Chemisorption zurückzuführen.

Aufgabenstellung

Es sind Durchbruchskurven aufzunehmen und daraus die Durchbruchs- und Sättigungsbeladung sowie die Länge der Adsorptionszone für die Adsorption von Kohlendioxid aus einem Stickstoff-Trägergasstrom bei Variation eines Sorptionsparameters (Sorptionstemperatur, Volumenstrom, Adsorbens) zu berechnen.

Versuchsaufbau und -durchführung

Abbildung 2.24 zeigt den schematischen Aufbau der Versuchsapparatur. Die zur Versuchsdurchführung benötigten Gase Stickstoff und CO_2-N_2-Gemisch werden Druckgasflaschen entnommen. Der Adsorber enthält Aktivkohle in Form einer zylindrischen Schüttschicht mit der Länge l = 360 mm und dem Durchmesser d = 12 mm. Die Masse der eingefüllten Aktivkohle beträgt 19 g. Die Adsorptionstemperatur wird mittels eines Thermostaten eingestellt.

Die Temperatur in der Schüttschicht wird über ein Thermoelement gemessen und digital angezeigt.

Weitere wesentliche Teile der Apparatur sind die Durchflussmesser D1, D2, D3 für die entsprechenden Gasströme, die Vier-Wege-Hähne H1, H2 zum Umschalten der Gasströme, ein Wärmeleitfähigkeitsdetektor mit Schreiber zur Gasanalyse (Aufzeichnung der Durchbruchskurve) und die Seifenblasenströmungsmesser S1, S2 zur Bestimmung der Gasvolumenströme. Der Druck am Adsorbereingang wird mit dem Umgebungsdruckmanometer M1 und der Differenzdruck zwischen Adsorber und Bypass mit dem Differenzdruckmanometer M2 gemessen.

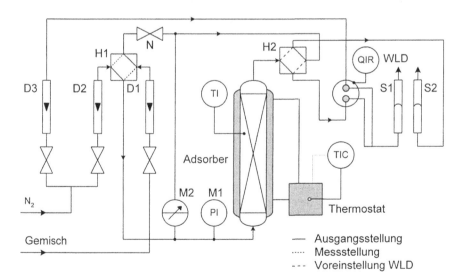

Abb. 2.24. Schematische Darstellung der Versuchsapparatur

Vorbereitung der Messungen

- Das Gasgemisch (6 Vol.-% CO_2 in N_2), aus dem CO_2 adsorbiert werden soll und Stickstoff (Vergleichsgas) werden über Druckgasflaschen bereitgestellt. Im Ausgangszustand werden die Gaswege so geschaltet, dass das Gasgemisch im Bypass am Adsorber vorbeifließt, d. h. aus der Druckgasflasche über den Durchflussmesser D1, den Vier-Wege-Hahn H1, das Nadelventil N und den Vier-Wege-Hahn H2 zum Seifenblasenströmungsmesser S2. Dagegen fließt das Vergleichsgas Stickstoff über den Durchflussmesser D2, den Vier-Wege-Hahn H1, den Adsorber und den Wärmeleitfähigkeitsdetektor WLD zum Seifenblasenströmungsmesser S1. Über den Durchflussmesser D3 fließt ebenfalls Vergleichsgas (4 l/h) durch die Vergleichszelle des WLD (vgl. Abb. 2.24).
- Mit Hilfe der Durchflussmesser werden die vorgegebenen Gasvolumenströme eingestellt und mit den Seifenblasenströmungsmessern kontrolliert.
  Durchflussmesser D1   10 l/h (variabel),
  Durchflussmesser D2   10 l/h (variabel),
  Durchflussmesser D3   4 l/h (konstant).
- Eventuelle Druckunterschiede zwischen Adsorber und Bypass werden durch Verstellen des Nadelventils N ausgeglichen und am Differenzdruckmanometer kontrolliert.
- Die Adsorptionstemperatur wird am Thermostaten eingestellt.
- Der Adsorptionsdruck P_{ads} liegt immer geringfügig über dem Umgebungsdruck P_0 (Luftdruck). Zu dem am Umgebungsdruckmanometer M1 abgelesene Druck ist der Druck am Differenzdruckmanometer M2 zu addieren. Zeigt das Differenzdruckmanometer den Wert null, ist $P_{ads} = P_0$.
- Durch Umschalten des Hahnes H2 kann vor Versuchsbeginn bereits das Gasgemisch durch den WLD geleitet werden, so dass dessen exakte Voreinstellung möglich ist. Einstellparameter für den WLD und das Registriergerät sind: Brückenstrom 180 mA, Empfindlichkeit 8, Papiervorschub 600 oder 1200 mm/h.
  Achtung: Am Versuchsende Hahn H2 unbedingt wieder in die ursprüngliche Stellung bringen!
- Sind alle vorgegebenen Parameter eingestellt und konstant, kann der Adsorptionsvorgang durch Umschalten des Hahnes H1 – Tausch der Gasströme – gestartet werden.

Durchführung der Messungen

- Mit dem WLD und dem Schreiber wird die Konzentration des Adsorptivs im aus dem Adsorber ausströmenden Gas kontinuierlich erfasst und registriert.
- Ist die Durchbruchskurve komplett aufgezeichnet, wird der Vier-Wege-Hahn H1 wieder in die ursprüngliche Stellung gebracht. Der nun wieder durch den Adsorber fließende Stickstoff bewirkt die Desorption des Kohlendioxids von der Aktivkohle (Regenerierung).

- Wenn die Desorption vollständig erfolgt ist (am WLD wird der Ausgangswert erreicht), kann die nächste Durchbruchskurve mit veränderten Parametern in analoger Weise aufgenommen werden.
- Es sind drei Versuche mit den vorgegebenen Parametern durchzuführen.

Hinweise zur Auswertung und Diskussion

1. Aus den aufgenommenen Durchbruchskurven sind die jeweiligen Durchbruchs- und Sättigungszeiten (t_D, t_S) zu ermitteln und daraus die Durchbruchs- und Sättigungsbeladungen (X_D, X_S) zu berechnen.
2. Es muss beachtet werden, dass die ermittelten Zeiten t_D und t_S durch Subtraktion der Totzeit der Apparatur (Zeit zum Durchströmen der Apparatur, ohne dass Adsorption stattfindet) korrigiert werden müssen.

    Die Totzeit ergibt sich aus dem vorab bestimmten Totvolumen der Apparatur ($V_{tot} = 50$ ml) und den vorliegenden Adsorptionsbedingungen:

    $$t_{tot} = \frac{V_{tot}}{\dot{v}_{ads}} = \frac{V_{tot} \cdot P_{ads} \cdot T_R}{\dot{v}_R \cdot P_0 \cdot T_{ads}}, \qquad \text{mit } T_R \text{ Raumtemperatur.}$$

    Der für die Berechnung benötigte Massenstrom für das Adsorptiv CO_2 berechnet sich aus:

    $$\dot{m} = \dot{v}_R \, y \cdot \frac{P_0 \cdot M}{R \cdot T_R}, \qquad \begin{aligned} &\text{mit } y \quad \text{Volumenanteil } CO_2 \text{ im Gasgemisch: 6 Vol\%,} \\ &\qquad R \quad 8{,}315 \text{ J/mol K,} \\ &\qquad M \quad \text{Molmasse von } CO_2. \end{aligned}$$

    Die Berechnung der Durchbruchsbeladung erfolgt nach Gleichung (2).
3. Berechnung der Sättigungsbeladung

    Für streng symmetrische Durchbruchskurven kann die Sättigungsbeladung nach

    $$X_S = \frac{\dot{m}}{m_{ads}} \cdot t_S - \frac{\dot{m}}{m_{ads}} \cdot \frac{t_S - t_D}{2}$$

    berechnet werden.

    Anderenfalls ist die Sättigungsbeladung durch grafische Integration zu ermitteln:

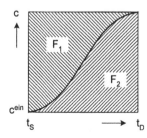

Abb. 2.25. Ermittlung der Sättigungsbeladung durch grafische Integration

4. Berechnung der Massenübergangszone

Da Gleichung (1) zur Ermittlung der Massenübergangszone nur für streng symmetrische Kurven sinnvolle Werte liefert, ermittelt man die Länge L der Adsorptionszone nach:

$$L = h \cdot \frac{t_S - t_D}{t - (1 - F)(t_S - t_D)},$$

dabei ist h die Höhe der Adsorbensschicht und $F = \dfrac{F_2}{F_2 + F_1}$.

5. Die erhaltenen Ergebnisse sind im Hinblick auf die durch Parametervariation erhaltenen Unterschiede zu diskutieren. Dazu ist auch auf die Form der Kurven einzugehen (Symmetrie, Asymmetrie).

Literatur

GMEHLING, J.; BREHM, A.: „Grundoperationen – Lehrbuch der Technischen Chemie", Bd. 2, *Georg Thieme Verlag, Stuttgart/New York* **1996**, Kapitel 5.4.

KAST, W.: „Adsorption aus der Gasphase – ingenieurwissenschaftliche Grundlagen und technische Verfahren", *VCH, Weinheim/New York* **1988**.

PATAT, F.; KIRCHNER, K.: „Praktikum der Technischen Chemie", *Verlag de Gruyter, Berlin/New York* **1986**, Kapitel 1.3.5.

2.3
Stoff- und Wärmetransport

Chemische Umsetzungen sind einschließlich ihrer Vor- und Nachbehandlungsstufen immer mit Stoff-, Wärme- und Impulstransportprozessen verbunden. Nach Ursache und Mechanismus sind innerhalb einer Phase zwei Arten des Transportes zu unterscheiden: Leitung und Konvektion.

Transportprozesse durch **Leitung** sind auf Leitströmen basierende Ausgleichsvorgänge. Sie haben ihre Ursache in räumlichen Differenzen für die Werte einer Intensitätsgröße (z. B. der Konzentration eines Stoffes i), den Gradienten:

$$\text{grad } c_i = -\left(\frac{\partial c_i}{\partial x} + \frac{\partial c_i}{\partial y} + \frac{\partial c_i}{\partial z}\right).$$

Diese Gradienten bewirken, dass den zufälligen thermischen Molekularbewegungen eine mehr oder weniger starke Orientierung entgegen der Gradientenrichtung aufgeprägt wird. Dadurch kommt es zu einem Stoffstrom in Richtung niedrigerer Werte der jeweiligen Intensitäts- oder Bilanzgröße.

Für den Fall eines Konzentrationsgefälles beschreibt das 1. FICKsche Gesetz die Größe des Diffusionsstromes:

$$J_{\text{Diff}} = -D \text{ grad } c_i.$$

Das 2. FICKsche Gesetz beschreibt die zeitliche Änderung der Konzentration, die der Diffusionsstrom in einem von ihm durchströmten differentiellen Volumenelement d V hervorruft:

$$\frac{\partial c_i}{\partial t} = -\text{div}(-D \text{ grad } c_i).$$

Der konvektive Transport erfolgt über die gerichtete makroskopische Bewegung von größeren Volumen- oder Masseelementen eines Mediums mit einem Geschwindigkeitsvektor $\vec{w}$. Im Falle der Konvektion eines Stoffes i gilt für den Konvektionsstrom die Beziehung:

$$J_{\text{Konv}} = \vec{w} \, c_i.$$

Angewendet auf die im differentiellen Volumenelement dV durch den Stoffstrom hervorgerufene zeitliche Konzentrationsänderung folgt:

$$\frac{\partial c_i}{dt} = -\text{div}(\vec{w} \cdot c_i).$$

Die **Konvektion** wird durch die Schwerkraft, die Ausbildung von Dichteunterschieden aufgrund von Temperatur- und Konzentrationsfeldern (freie Konvektion) und mechanischen Kräften (erzwungene Konvektion) ausgelöst. Die Konvektionsanteile hängen vom Strömungszustand ab. Es wird zwischen laminarer und turbulenter Strömung unterschieden. Bei ersterer strömen die Teilchen in geordneten Schichten, während es bei der turbulenten Strömung zu ungeordneten Mischbewegungen infolge sich ständig neu bildender und sich wieder auflösender Teilchenaggregate (Turbulenzballen) kommt. Erfolgt der Transportvorgang nicht nur in der Phase selbst, sondern gleichzeitig noch an die Phasengrenzfläche, so sind am Gesamtvorgang sowohl molekulare als auch konvektive Ströme beteiligt. Man spricht dann von **Übergangsvorgängen**, bei denen der langsamste Transportvorgang der geschwindigkeitsbestimmende ist. Zwischen den einzelnen Transportströmen, das sind die zeitlichen Änderungen der Transportgrößen, besteht eine formale Analogie. In der folgenden Tabelle sind die Beziehungen für die drei Transportvorgänge zusammengefasst:

Transportvorgang	Stoffstrom in $kg \cdot s^{-1}$	Energiestrom in $J \cdot s^{-1}$	Impulsstrom in $kg \cdot m \cdot s^{-2}$
Leitung	$\dot{m} = -D \cdot A \cdot \dfrac{\Delta c}{\Delta x}$	$\dot{Q} = -\lambda \cdot A \cdot \dfrac{\Delta T}{\Delta x}$	$J = -\eta \cdot A \cdot \dfrac{\Delta w}{\Delta x}$
Konvektion	$\dot{m} = \rho \cdot A \cdot w$	$\dot{Q} = \rho \cdot c_p \cdot A \cdot T \cdot w$	$J = \rho \cdot A \cdot w^2$
Übergang	$\dot{m} = \beta \cdot A \cdot \Delta c$	$\dot{Q} = \alpha \cdot A \cdot \Delta T$	$J = \gamma \cdot A \cdot \Delta w$

In der Tabelle stellen die Größen α, β, γ die Stoff-, Wärme- und Impulsübergangskoeffizienten dar. Während die Leitungskoeffizienten der Diffusion, der Wärmeleitung und die dynamische Viskosität nur von molekularen Größen abhängig und damit Stoffwerte sind, werden die Übergangskoeffizienten durch mehrere am Transportvorgang beteiligte Größen beeinflußt. Die Übergangskoeffizienten können experimentell in Modellapparaturen bestimmt oder durch Näherungsrechnungen berechnet werden. Die Experimente sind wegen der technischen Bedeutung für viele Anordnungen durchgeführt worden (für den Wärmeübergang vgl. VDI-Wärmeatlas). Die Ergebnisse lassen sich vorteilhaft als Beziehungen zwischen **dimensionslosen Kennzahlen** darstellen. Für den praktischen Gebrauch wurden diese Kennzahlen zu Zahlenwertbeziehungen in Form von Potenzprodukten zusammengefasst:

$Nu = C_1 Re^m Pr^n L^p$ für den Wärmeübergang und

$Sh = C_2 Re^m Sc^n L^p$ für den Stoffübergang;

Nu, Sh, Re, Pr, Sc, L   sind dimensionslose Kennzahlen, deren Bedeutung dem Symbolverzeichnis zu entnehmen ist;

C, m, n, p   sind Konstanten, die für spezielle Fälle neu zu bestimmen sind.

Außerdem besteht die Möglichkeit, die Übergangskoeffizienten über die auf theoretischen Vorstellungen basierenden Modelle (z. B. Filmmodell für den Stoffübergang) zu berechnen.

Transportvorgänge können auch über Phasengrenzen hinweg erfolgen. Für den Wärmetransport heißt dieser Vorgang Wärmedurchgang. Er wird in Wärmetauschern verwirklicht, in denen warmes und kaltes Fluid durch eine Wand hindurch Wärme austauschen. Beim Stoffübergang zwischen fluiden Phasen sind die Verhältnisse insofern komplizierter, weil keine starre begrenzende Wand existiert. Die Phasen bilden eine Phasengrenzfläche, deren Gestalt und Größe bei turbulenten Mischbewegungen ständig wechseln kann. Weiterhin sind beim Stofftransport durch Grenzflächen die geltenden thermodynamischen Gesetze zu berücksichtigen, die eine sprunghafte Konzentrationsänderung in der Phasengrenzfläche erklären. Modellvorstellungen zum Stoffdurchgang sind als Zweifilmtheorie und als Oberflächenerneuerungstheorie bekannt geworden.

Literatur

BAERNS, M.; HOFMANN, H.; RENKEN, A.: „Chemische Reaktionstechnik – Lehrbuch der Technischen Chemie"
    Bd. *1, 3.* Auflage, *Georg Thieme Verlag, Stuttgart/New York* **1999**, Kapitel 5 und 6.

2.3.1
Stofftransport in der Blasensäule

Technisch-chemischer Bezug

Blasenreaktoren oder **-säulen** werden in technisch-chemischen Prozessen wie Paraffinoxidationen oder Oxosynthesen eingesetzt. Eine Blasensäule besteht aus einem senkrechten, flüssigkeitsgefüllten Rohr, in welches die gasförmige Reaktionskomponente über Düsen oder Lochplatten am unteren Ende zugeführt wird. Bei kontinuierlicher Prozessführung durchströmt die flüssige Reaktionskomponente das Rohr ebenfalls. Die Reaktion findet nach dem Übergang des Reaktionspartners aus der Gasphase in die Flüssigphase statt. Die Geschwindigkeit dieses Schrittes wird durch den **Stoffübergangskoeffizienten** bestimmt. Für die Auslegung einer Blasensäule ist daher die genaue Kenntnis des Stoffübergangskoeffizienten erforderlich.

Grundlagen

Finden chemische Umsetzungen zwischen Reaktionspartnern statt, die in unterschiedlichen, fluiden Phasen vorliegen, wird die effektive Reaktionsgeschwindigkeit durch die Geschwindigkeit des Stoffdurchganges durch die Phasengrenze und die Geschwindigkeit der chemischen Reaktion bestimmt. Der langsamste Vorgang begrenzt den Stoffumsatz.

Das modellmäßige Erfassen des Stoffdurchganges ist durch die **Zweifilmtheorie** möglich. Dabei wird angenommen, dass die Fluide an den Phasengrenzflächen einen laminar fließenden Film ausbilden. Der Stofftransport senkrecht zur Fließrichtung dieses Films erfolgt nur durch molekulare Diffusion. Mit Kenntnis des übergehenden Stoffmengenstromes (Messgröße) und der Größe der Phasengrenzfläche lässt sich die Stoffstromdichte J analog dem 1. Fickschen Gesetz beschreiben:

$$J = \frac{D}{\delta}(c_i^* - c_i),\tag{1}$$

wobei δ als Dicke des Grenzfilms aufgefasst wird (s. Abb. 2.26). δ ist eine modellspezifische Größe und stellt den Abstand zwischen Phasengrenzfläche und dem intensiv durchmischten Bereich des Fluidstromes (Kernströmung) dar.

Die Grenzfilmdicke δ ist von zahlreichen stofflichen und hydrodynamischen Parametern abhängig und experimentell nicht oder nur indirekt zugänglich. Der Quotient D/δ wird als Stoffübergangskoeffizient β bezeichnet:

$$\beta = \frac{D}{\delta}.\tag{2}$$

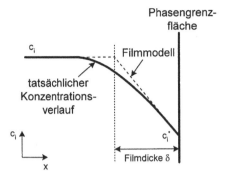

Abb. 2.26. Filmmodell zur Beschreibung des Stoffüberganges an Phasengrenzflächen

Weiter gilt, dass an der Phasengrenzfläche Phasengleichgewicht vorliegt. Für Gas/
Flüssigkeits-Systeme kann das Gleichgewicht bei nicht zu hohen Drücken durch
das HENRYsche Gesetz beschrieben werden:

$$p = H \cdot c^*. \tag{3}$$

Unter der Voraussetzung, dass beim Stoffdurchgang durch eine Phasengrenze gasför-
mig/flüssig der gesamte Durchtrittswiderstand auf der Flüssigkeitsseite liegt (die Diffusionskoeffizienten in Gasphasen sind meist mehrere Zehnerpotenzen größer als in
Flüssigphasen) lässt sich für den Strom des Stoffes i durch die Phasengrenze für den im
Abb. 2.27 skizzierten Fall formulieren:

$$\dot{n}_i = \beta_i A_S \left(c_i^{(2)*} - c_i^{(2)} \right); \tag{4}$$

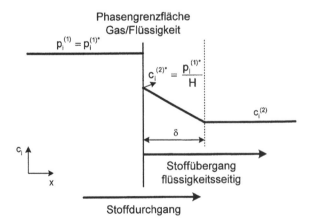

Abb. 2.27. Darstellung des Stoff-
durchgangs unter Verwendung des
Filmmodells

unter Einbeziehung von (3) folgt

$$\dot{n}_i = \beta_i A_S \left(\frac{p_i^{(1)*}}{H_i} - c_i^{(2)} \right).$$

(5)

Aufgabenstellung

Der Stoffübergangskoeffizient des Kohlendioxids für den Transport aus der Gasphase in die wässrige Phase ist auf der Grundlage der Filmtheorie zu ermitteln. Dazu wird in einer Blasensäule destilliertes Wasser vorgelegt und ein Kohlendioxid-Luft-Gemisch eingeleitet. Aus dem Konzentrations/Zeit-Verlauf für das Kohlendioxid in der Gasphase sind die mittlere Konzentrationsdifferenz zwischen Gasphase und wässriger Phase (Triebkraft des Prozesses), aus der Massenbilanz für das Kohlendioxid (Verbleib zwischen Gasphase und wässriger Phase) der Massenübergangsstrom und daraus der Stoffübergangskoeffizient zu berechnen.

Versuchsaufbau und -durchführung

In Abb. 2.28 ist das Schema der Versuchsapparatur dargestellt. Das Kernstück des Versuchsstandes ist die Blasensäule, in der die CO_2-Absorption stattfindet. Kohlendi-

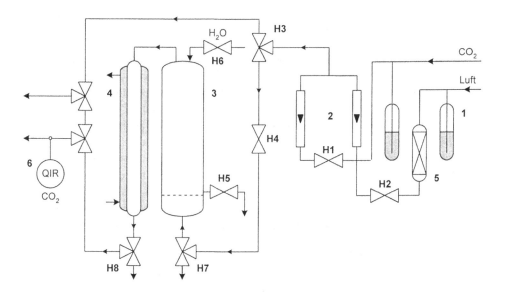

1	Tauchungen		4	Kühlung
2	Durchflussmessung		5	Luftreinigung
3	Blasensäule		6	CO_2-Messgerät

Abb. 2.28. Schema der Versuchsapparatur

oxid aus der Gasflasche und Luft aus der Druckluftleitung (über Durchflussmengen-regler) werden über Nadelventile, Tauchungen (Einstellung von Volumenströmen und Vordruck) und Durchflussmesser geführt, danach vereinigt und über eine Lochplatte in die Blasensäule geleitet. Als Absorptionsflüssigkeit wird destilliertes Wasser verwendet. Der Kohlendioxidgehalt des Gases am Ausgang der Blasensäule wird nach einer Gastrocknung (Intensivkühler) mit Hilfe eines IR-CO_2-Detektors bestimmt.

Der Konzentrations/Zeit-Verlauf für das Kohlendioxid während der Absorption wird on-line verfolgt und mit einem Tabellenkalkulationsprogramm ausgewertet. Die CO_2-Konzentration im Gleichgewichtszustand wird maßanalytisch erfasst.

In folgenden Grenzen können die Versuchsparameter variiert werden:

Gasdurchsatz CO_2 am Eingang: $\dot{v}_{CO_2}$ $1-4$ l/h,

Gasdurchsatz Luft am Eingang: $\dot{v}_{Luft}$ $100-120$ l/h,

CO_2-Anteil im Gas am Eingang: $c_{CO_2} = \dfrac{\dot{v}_{CO_2}}{\dot{v}_{CO_2} + \dot{v}_{Luft}} \cdot 100\%$ $1-4$ Vol%.

Parameter für die Blasensäule sind:
Durchmesser Blasensäule: d_{BS} 8,0 cm
Durchschnittlicher Blasendurchmesser: d_B 0,45 cm.

Vorbereitung der Messungen

- Hauptschalter am Versuchsstand einschalten.
- Kühlwasserhahn öffnen, Thermostat einschalten und Arbeitstemperatur einstellen, CO_2-Detektor in Betrieb nehmen, Computer einschalten und Messwerterfassungs-programm starten.
- Apparatur mit Luft spülen: Dazu den Hahn H6 öffnen und Blasensäule mit 2 l destilliertem Wasser füllen, Volumenstrom der Luft über Nachstellen der Tauchung konstant halten. (Während des gesamten Versuches muss ständig Luft durch die Apparatur strömen, damit kein Wasser in das Schlauchsystem eindringt).
- Danach wird der vorgegebene Luftdurchsatz eingestellt (Tauchung).
- Es ist so lange mit Luft zu spülen, bis sich ein konstanter Skalenwert am CO_2-Detektor eingestellt hat.
- CO_2-Druckgasflasche öffnen und einen geringen CO_2-Strom durch das Feinregelventil einstellen (Gas strömt dabei über die Tauchung aus), Hahn H2 kurz öffnen und vorgegebenen CO_2-Strom möglichst genau durch Veränderung der Eintauchtiefe des Tauchrohres einstellen; dann den Hahn H2 wieder schließen.

Durchführung der Messungen

- Der Beginn der Messung erfolgt durch Öffnung des H2 und gleichzeitigem Start der Messwerterfassung am Computer (Funktionstaste F1).
- Durchflussmengen von Kohlendioxid und Luft kontrollieren, gegebenenfalls nachregulieren.
- Das Ende des Versuches ist erreicht, wenn die CO_2-Konzentration konstant bleibt (Zeitdauer ca. $10-20$ min), Messwertaufnahme am Computer beenden.

- Nach Beendigung des Versuches Hähne H1, H2 und H4 möglichst schnell schließen, Hähne H5 und H6 öffnen und Säulenwasser für die maßanalytische CO_2-Bestimmung abnehmen, Hähne H4 und H7 öffnen und restliches Wasser ablassen (Apparatur weiter mit Luft spülen!).
- Beendigung des Messwertaufnahmeprogrammes am Computer, Abspeichern der Dateien auf Festplatte.
- Flaschenventil und Druckluftzufuhr schließen, Thermostat ausschalten, Kühlwasser abstellen.

Hinweise zur Auswertung und Diskussion

Bei der Auswertung des Versuches wird von der Zweifilmtheorie ausgegangen. Dabei gelten folgende vereinfachende Annahmen:

- In der Gasphase bildet sich keine Strömungsgrenzschicht heraus, an der Phasengrenze stellt sich das Verteilungsgleichgewicht ein.
- Die Flüssigphase ist in der Blasensäule ideal durchmischt, es bilden sich keine makroskopischen Konzentrationsgradienten aus.
- Für die Konzentration des CO_2 in der Gasphase wird ein logarithmischer Mittelwert p_{lg} verwendet (Durch die Pfropfenströmung des Gases in der Blasensäule nimmt während der Absorption die Konzentration des CO_2 zwischen Eingang und Ausgang logarithmisch ab):

$$p_{lg}^{(1)} = \frac{p^{(1),ein} - p^{(1),aus}}{\ln \frac{p^{(1),ein}}{p^{(1),aus}}} .$$

1. Berechnung der Triebkraft des Stoffaustausches
   Die Triebkraft des Stoffaustausches Δc ist zeitabhängig. Es wird deshalb eine mittlere Konzentrationsdifferenz $\overline{\Delta c}$ berechnet. Da eine kontinuierliche Messung der Kohlendioxidkonzentration in der wässrigen Phase über die Absorptionszeit nicht möglich ist, wird zur Ermittlung der Konzentrationsdifferenz näherungsweise der Konzentrationsverlauf in der Gasphase herangezogen. Dabei wird vorausgesetzt, dass die Stoffmenge CO_2, die pro Zeiteinheit die Gasphase verlässt, gleich der Stoffmenge CO_2 ist, die von der flüssigen Phase aufgenommen wird. Für den Absorptionsprozess wird dazu eine zeitlich gemittelte CO_2-Konzentration in der Gasphase berechnet:

$$\bar{p}^{(1)} = \frac{1}{n} \sum_{i=1}^{n} p_{lg}^{(1)}, \text{ mit}$$

n Anzahl der Messwerte bis zur Einstellung des Gleichgewichtes.

Daraus lässt sich eine mittlere Konzentration in der Flüssigphase berechnen:

$$\bar{c}^{(2)} = H \cdot \bar{p}^{(1)}.$$

Werte der HENRY-Konstanten für das System Wasser/Kohlendioxid

ϑ in °C	10	15	20	25	30
H in bar	1060	1236	1435	1655	1904

Als Triebkraft für den Stoffübergang wird die Differenz zwischen mittlerer CO_2-Konzentration in der Flüssigphase und Gleichgewichtskonzentration definiert:

$$\overline{\Delta c} = c^{(2)*} - \bar{c}^{(2)}.$$

Die Gleichgewichtskonzentration des CO_2 im Wasser $c^{(2)*}$ (der Index * bezieht sich auf den Gleichgewichtszustand) wird nach zwei unterschiedlichen Methoden bestimmt:
- Maßanalytische Bestimmung nach Umsetzung mit NaOH,
- Berechnung über die CO_2-Konzentration im Gas im Gleichgewichtszustand.

2. Berechnung der Stoffaustauschfläche

Die Stoffaustauschfläche A_S ergibt sich aus dem in der Blasensäule im stationären Zustand befindlichen Gasvolumen V_g und dem Durchmesser der Blasen d_B:

$$A_S = \frac{6V_g}{d_B}.$$

Das Gasvolumen ist aus der Höhenänderung Δh des Flüssigkeitsvolumens der Blasensäule ohne und mit Gasdurchfluss zugänglich:

$$V_g = \Delta h \cdot \frac{\pi}{4} d_{BS}^2.$$

Für einen Gasstrom von 100 l/h und einem Wasservolumen von 2 l beträgt die Höhendifferenz Δh ca. 10 mm.

3. Berechnung des mittleren Stoffstromes

Da die Kohlendioxidkonzentration zeitabhängig ist, ändert sich die pro Zeiteinheit aus der Gasphase in die Flüssigphase übergehende Stoffmenge. Vereinfachend wird ein mittlerer Stoffstrom definiert, der sich auf die Stoffmenge des Kohlendioxides bezieht, welches vom Beginn der Absorption bis zur Einstellung des Gleichgewichtszustandes aus der Gasphase in die wässrige Phase übergegangen ist:

$$\bar{n} = \frac{c^{(2)*}}{t^*} V_1.$$

Die exakte Ermittlung der Zeit t* für die Einstellung des Gleichgewichtszustandes ist schwierig. Die Konzentrationskurve nähert sich der Gleichgewichtskonzentration approximativ an, Streuungen der Messwerte erschweren die Auswertung zusätzlich. Mit dem folgenden Algorithmus lassen sich die Fehler durch die ungenaue Ermittlung der Zeit t* vermeiden. Für den Stoffübergangskoeffizienten β gilt:

$$\beta = \frac{\bar{\dot{n}}}{\overline{\Delta c} \cdot A_S} .$$

Die Größen $\bar{\dot{n}}$ und $\overline{\Delta c}$ lassen sich numerisch aus der Konzentrations-Zeit-Messreihe in Abhängigkeit von t berechnen:

$$\overline{\dot{n}(t)} = \frac{c(t) \cdot V}{t} , \qquad \overline{\Delta c}(t) = c(t) - \bar{c}(t) , \qquad \bar{c}(t) = \frac{\Delta t}{t} \sum_{t=0}^{t/\Delta t} c(t) ,$$

mit Δt Zeitdifferenz zwischen 2 Messwerten,
     t Messzeit
und damit

$$\beta = \frac{V}{A_S} \cdot \frac{c(t)}{t(c(t) - \bar{c}(t))} .$$

Der Quotient $\dfrac{c(t)}{t(c(t) - \bar{c}(t))}$ wird in Abhängigkeit von der Präzision der Messung (Einhaltung der Arbeitsbedingungen) für die Zeit $t \geq t^*$ eine zeitunabhängige Konstante. Dieser Sachverhalt lässt sich durch die grafische Darstellung dieses Quotienten in Abhängigkeit von der Zeit in einem Tabellenkalkulationsprogramm nachweisen und damit ein zuverlässiger Wert für den Stoffübergangskoeffizienten ermitteln.

4. Die Ergebnisse der einzelnen Messungen sind wie folgt zusammenzustellen:

Versuchsparameter

$\dot{v}_{CO_2}^{ein}$	$\dot{v}_{Luft}^{ein}$	$c_{CO_2}^{ein}$	ϑ_{H_2O}	V_{H_2O}
$1\ h^{-1}$	$1\ h^{-1}$	%	°C	1
Volumenströme am Eingang		daraus ermittelter CO_2-Gehalt	Temperatur und Volumen des Wassers in der Blasensäule	

Messwerte

ϑ_{Luft}	ϑ_{H_2O}	P_{Luft}	ΔV_g	t^*	$c_{CO_2,1}$	$c_{CO_2,g}$	$c_{CO_2,1}$
°C	°C	kPa	ml	s	mmol/l	mmol/l	mmol/l
			Gasvolumen in der Blasensäule	Zeit bis zur Gleichgewichtseinstellung	Konzentration des CO_2 am Versuchsende (Gleichgewicht)		
					im Wasser	im Gas	berechnet aus $c_{CO_2,g}$

Versuchsergebnisse (berechnet)

$\dot{n}_{CO_2}$	A_S	$\bar{c}_{CO_2,g}$	$\bar{c}_{CO_2,l}$	$\overline{\Delta c}_{CO_2,l}$	β_{CO_2}
mmol/s	cm^2	%	mmol/l	mmol/l	cm/s
Massenüber-gangsstrom	Stoffaustausch-fläche	mittlere CO$_2$-Konzentration im Gas	im Wasser	mittlere Konzen-trationsdifferenz	Stoffübergangs-koeffizient

Literatur

BAERNS, M.; HOFMANN, H.; RENKEN, A.: „Chemische Reaktionstechnik – Lehrbuch der Technischen Chemie", Bd. *1*, 3. Auflage, *Georg Thieme Verlag Stuttgart/New York* **1999**, Kapitel 3.1.

2.3.2
Bestimmung des Wärmetransportes durch Leitung und Konvektion in einem Strömungsrohr

Technisch-chemischer Bezug

Wärmetransportprozesse haben für die chemische Prozessführung eine außerordentliche Bedeutung. Das gilt sowohl für die Vorbereitung der Reaktanden für die Reaktion, die Stoffumwandlung selbst als auch für das Aufarbeiten der Reaktionsprodukte. Eine optimale wärmetechnische Gestaltung dieser drei Verfahrensschritte macht oftmals den Gesamtprozess erst wirtschaftlich.

Für die richtige Auslegung der Reaktoren, Wärmetauscher oder Rektifikationskolonnen ist die Kenntnis der **Wärmetransportmechanismen** nötig. Mit diesem Wissen wird die Berechnung von Wärmeaustauschvorgängen erreicht, was letztlich ein sicheres und umweltverträgliches Betreiben von großtechnischen Chemieanlagen ermöglicht.

Grundlagen

Wärme kann durch **Leitung, Konvektion und Strahlung** übertragen werden. In den meisten Fällen erfolgt der Wärmetransport jedoch nicht durch einen einzigen Mechanismus, sondern stellt einen komplexen, vom Übertragungsmedium abhängigen Vorgang dar. Für die Beurteilung der Wärmeübertragung sind dann die einzelnen Anteile summarisch zu berücksichtigen bzw. man vernachlässigt zur Vereinfachung der Rechnung die Anteile mit dem geringsten Einfluss auf den Gesamtvorgang.

Wärmeleitung in festen, flüssigen und gasförmigen Stoffen erfolgt durch thermische Molekularbewegung. Durch eine Temperaturdifferenz im wärmeleitenden Medium wird ein Wärmestrom ausgelöst, der unter stationären Bedingungen konstant ist. Diesen Zusammenhang beschreibt das 1. FOURIER'sche Gesetz:

$$\dot{Q} = -\lambda \cdot A_W \cdot \frac{dT}{dx}, \quad \text{mit} \quad$$

$\dot{Q}$ Wärmestrom
A_W Wärmeaustauschfläche
λ Wärmeleitkoeffizient
x Ortsparameter
T Temperatur

Für instationäre Bedingungen gilt das 2. FOURIER'sche Gesetz:

$$\frac{\partial T}{\partial t} = \frac{\lambda}{\rho c_p} \cdot \frac{\partial^2 T}{\partial x^2}, \quad \text{mit} \quad \frac{\lambda}{\rho c_p} = a;$$

a Temperaturleitkoeffizient

Wärmekonvektion ist ein Transportmechanismus, der durch die Bewegung größerer Volumenelemente fluider Stoffe hervorgerufen wird. Durch die ortsveränderlichen Volumenelemente des wärmetransportierenden Mediums wird der Wärmetransport durch Leitung meist von der Wärmekonvektion überlagert.

Freie Konvektion tritt auf, wenn der Wärmestrom allein durch einen Temperaturgradienten hervorgerufen wird.

Erzwungene Konvektion ergibt sich für den Fall, dass dem Temperaturgradienten ein Druckgefälle überlagert ist. Der Wärmestrom wird hauptsächlich durch den Druckgradienten, der das Fluid bewegt, erzeugt. Die Berechnung erfolgt im einfachsten Fall nach der Gleichung:

$$\dot{Q} = \rho \cdot c_p \cdot \dot{v} \cdot dT, \qquad \text{mit } \dot{v} \text{ Volumenstrom.}$$

Wärmestrahlung erfolgt durch Emission elektromagnetischer Wellen von Körpern, deren atomare oder molekulare Bausteine unter dem Einfluss einer Temperaturdifferenz energetisch angeregt worden sind. Der emittierte Wärmestrom errechnet sich nach dem Gesetz von STEFAN-BOLTZMANN:

$$\dot{Q} = A_W \cdot \varepsilon \cdot C_S \cdot T^4, \quad \text{mit } C_S \text{ Strahlungszahl des schwarzen Körpers,}$$
$$\varepsilon \quad \text{Emissionsverhältnis.}$$

Erfolgt der Wärmetransport über eine Phasengrenze hinaus auf einen anderen Stoff, so spricht man von **Wärmeübergang**. Als Beispiel sei der Wärmeübergang von einer beheizten Wand auf ein zu erwärmendes Fluid genannt.

Dieser Wärmetransport wird durch Wärmeleit- und konvektive Vorgänge bestimmt. In Abhängigkeit von der mittleren Geschwindigkeit des strömenden Mediums wird sich in Richtung des Strömungskerns (x-Richtung) ein schematisiertes Temperaturprofil einstellen ((b) in Abb. 2.29). Es wird angenommen, dass im Strömungskern turbulente Strömung, und somit Wärmekonvektion, in der wandnahen Schicht der

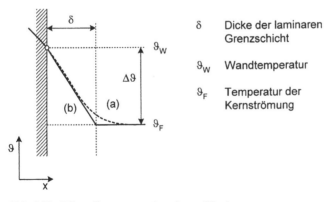

Abb. 2.29. Wärmeübergang an einer festen Wand, (a) Temperaturprofil, (b) schematische Darstellung

Dicke δ dagegen laminare Strömung und damit Wärmeleitung bestimmend ist. Die Dicke der wandnahen Schicht ist abhängig von der Hydrodynamik der Kernströmung.

Vernachlässigt man den wesentlich schnelleren konvektiven Wärmetransport in der Kernströmung, lässt sich der Wärmeübergang Wand-Fluid auf einen Wärmeleitvorgang reduzieren:

$$\dot{Q} = -\frac{\lambda}{\delta} A_W \cdot (\vartheta_W - \vartheta_F).$$

Mit dem Quotienten $\lambda/\delta = \alpha$, dem **Wärmeübergangskoeffizient** (bei angenommenem linearen Temperaturverlauf in der laminaren Grenzschicht) und der Wärmeaustauschfläche A_W erhält man die Gleichung für den Wärmeübergang:

$$|\dot{Q}| = \alpha \cdot A_W \cdot \Delta T$$

Der Wärmeübergangskoeffizient ist keine Stoffkonstante, da er neben den Stoffwerten des Fluids von der Strömungsform (laminare, turbulente Strömung) und der Apparategeometrie abhängig ist. Man findet ihn als Schätzgröße für verschiedene Strömungsverhältnisse tabelliert.

Zur Berechnung des Wärmeübergangskoeffizienten bedient man sich häufig der Ähnlichkeitstheorie, nach der für den Wärmeübergang folgende dimensionslose Kennzahlen als bestimmend gefunden worden sind:

NUSSELT-Zahl	$Nu = \alpha \cdot l/\lambda$
REYNOLDS-Zahl	$Re = w \cdot l/\nu$
PRANDTL-Zahl	$Pr = \nu/a$
GRASHOF-Zahl	$Gr = l^3 \cdot g\varepsilon\Delta\vartheta/\nu$

Aus der physikalischen Ähnlichkeit verschiedener Wärmeübergangsvorgänge wurden folgende Zusammenhänge gefunden:

für freie Konvektion:	$Nu = f\,(Gr, Pr)$;
für erzwungene Konvektion:	$Nu = f\,(Re, Pr)$.

Eine Übersicht über dimensionslose Kennzahlen befindet sich im Symbolverzeichnis.

Wegen der vielfältigen Varianten des Wärmeüberganges an Grenzflächen, stehen für Berechnungen o. g. Gleichungen in Form von Potenzproduktansätzen zur Verfügung, z. B.:

$$Nu = C \cdot Re^m \cdot Pr^n.$$

Diese Ansätze wurden aus experimentellen Daten gewonnen. Die für den speziellen Wärmeübergangs-Fall gültigen Konstanten C bzw. Exponenten m, n sind im VDI-Wärmeatlas tabelliert.

Wärmedurchgang ist der Transport von Wärme aus einer fluiden Phase über eine Wand auf ein zweites Fluid. Der Gesamtvorgang des Wärmedurchganges setzt sich nach dieser Definition aus folgenden Einzelvorgängen zusammen:

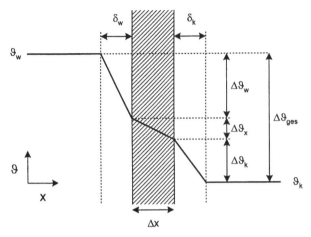

Abb. 2.30. Wärmedurchgang durch eine ebene Wand

1. Wärmeübergang vom fluiden Medium 1 auf die begrenzende Wand,
2. Wärmeleitung durch die begrenzende Wand der Dicke x,
3. Wärmeübergang von der begrenzenden Wand auf das fluide Medium 2.

Die Richtung des Wärmedurchganges wird durch die Temperatur der Fluide bestimmt. Für den stationären Zustand ist in Abb. 2.30 der Wärmedurchgang durch eine ebene Wand dargestellt. Man findet:

$$\frac{\dot{Q}}{A_W} = \alpha_w \Delta\vartheta_W + \frac{\lambda}{\Delta x} \Delta\vartheta_x + \alpha_k \Delta\vartheta_k.$$

Die Addition der Triebkräfte für Wärmeleitung und -übergang ergibt:

$$\Delta\vartheta_w = \frac{\dot{Q}}{A_W} \cdot \frac{1}{\alpha_w}$$

$$\Delta\vartheta_x = \frac{\dot{Q}}{A_W} \cdot \frac{\Delta x}{\lambda}$$

$$\Delta\vartheta_k = \frac{\dot{Q}}{A_W} \cdot \frac{1}{\alpha_k}$$

$$\Delta\vartheta_{ges} = \frac{\dot{Q}}{A_W} \left(\frac{1}{\alpha_w} + \frac{\Delta x}{\lambda} + \frac{1}{\alpha_k}\right)$$

Der Ausdruck $(1/\alpha_w + \Delta x/\lambda + 1/\alpha_k)$ wird als Wärmedurchgangswiderstand bezeichnet.

Bei Kenntnis der Einzelwiderstände des Wärmedurchganges lassen sich somit Aussagen über die Beeinflussung des Gesamtvorganges durch die Teilvorgänge treffen. Mit Einführung des **Wärmedurchgangskoeffizienten**

$$k_W = \frac{1}{\dfrac{1}{\alpha_w} + \dfrac{\Delta x}{\lambda} + \dfrac{1}{\alpha_k}}$$

erhält man für den Wärmedurchgang:

$$\dot{Q} = A_W \cdot k_W \cdot \Delta\vartheta_{ges}.$$

Bei der Berechnung des Wärmedurchganges durch gekrümmte Flächen (z. B. Rohre) ist im Ausdruck für k_W die Flächenänderung senkrecht zur Rohrachse zu berücksichtigen. Weiterhin wird anstelle von $\Delta\vartheta_{ges}$ die mittlere logarithmische Temperaturdifferenz benutzt (s. Gl. (3)).

Wärmeaustauscher sind Apparate in denen Wärme indirekt, durch eine Wand getrennt, zwischen zwei flüssigen Medien übertragen wird. Oft wird dieser Begriff auch auf die Vorgänge mit Phasenänderung ausgedehnt (Kondensator, Verdampfer). Wärmeaustauscher zur Kühlung eines Produktstromes heißen Kühler. Technisch kommen u. a. Rohrbündel- und Platten-Wärmeaustauscher sowie Luftkühler zum Einsatz.

Die Stromführung der Fluide kann im Gleich- oder Parallelstrom, im Gegenstrom und im Kreuz- oder Querstrom erfolgen (s. Abb. 2.31).

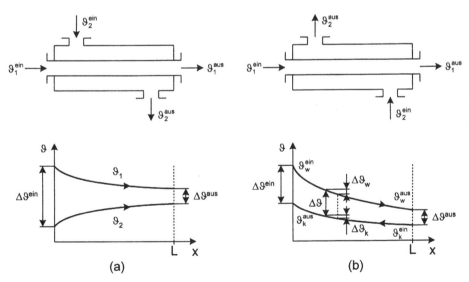

Abb. 2.31. Temperaturverlauf in einem Wärmeaustauscher ($\vartheta_1 = \vartheta_w$, $\vartheta_2 = \vartheta_k$). (a) Gleichstrombetrieb, (b) Gegenstrombetrieb

Aufgabenstellung

In einem als Wärmeaustauscher ausgebildeten Doppelrohr sind nach Einstellung des stationären Zustandes die Temperaturdifferenzen der Fluide an den Ein- und Ausgängen des Rohres zu messen und daraus die Wärmeströme zu berechnen. Durch Variation der Volumenströme und Eingangstemperaturen der Fluide lassen sich Aussagen zum Wärmedurchgang treffen. Im Rohr können die Fluide im Gleich- oder Gegenstrom geführt werden. Folgende Teilaufgaben sind zu lösen:

- Berechnung des Wärmedurchgangskoeffizienten k_W
  Dazu ist es notwendig, die Wärmeströme für Kalt- und Warmwasser mit Hilfe der Messwerte (Volumenströme, Temperaturdifferenzen) zu berechnen.
- Berechnung des Wärmedurchgangskoeffizienten k_W aus den Einzelvorgängen
  Wärmeübergang: Warmwasser-Wand,
  Wärmeleitung durch die Wand,
  Wärmeübergang: Wand-Kaltwasser
  mit Hilfe von Potenzproduktansätzen aus dimensionslosen Kennzahlen.

Stoffkonstanten und Abmessungen des Doppelrohres liegen an der Versuchsapparatur aus.

Versuchsaufbau und -durchführung

In Abb. 2.32 ist der schematische Versuchsaufbau dargestellt. Das im Thermostat 2 aufgeheizte Warmwasser wird über ein Ventil und einen magnetisch-induktiven Durchflussmesser 5 im geschlossenen Kreislauf durch den Ringspalt des Doppelrohr-Wärmeaustauschers 1 gepumpt.

Das Kaltwasser wird im Thermostat 3 temperiert und strömt im offenen Kreislauf über ein Ventil und einen magnetisch-induktiven Durchflussmesser 6, die Magnetventilschaltung 7 zur Wahl der Strömungsrichtung, durch das Innenrohr (Kupferrohr) des Wärmetauschers 1.

Jeweils am Ein- bzw. Austritt der Fluide aus dem Rohr werden mit Hilfe von Pt-100 Messwiderständen die exakten Temperaturen bestimmt und wie die Durchflussmengen am Computer erfasst.

Vorbereitung der Messungen

- Am Thermostat für das Warmwasser ist die vorgegebene Eingangstemperatur (ca. 50-70 °C) einzustellen.
- Zur Temperierung des Kaltwassers sind Thermostat und Kryostat einzuschalten.
- Nach Erreichen der Temperatur am Warmwasserthermostat ist der Kaltwasser-Kreislauf zuzuschalten.
- Mit Hilfe der Ventile unter den induktiven Durchflussmessern (5 und 6) werden die Volumenströme beider Fluide eingestellt (0,5 bis 4,0 l/min).

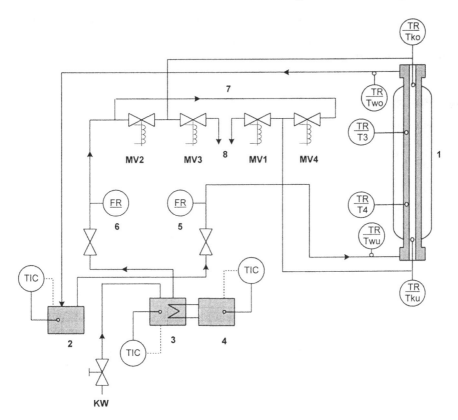

1	Wärmeaustauscher	5	Ventil und Durchflussmesser für Warmwasser
2	Thermostat Warmwasser	6	Ventil und Durchflussmesser für Kaltwasser
3	Thermostat Kaltwasser	7	Magnetventile für Gleich- und
4	Kryostat		Gegenstromschaltung
		8	Auslauf für Kaltwasser

Abb. 2.32. Schematische Darstellung der Versuchsapparatur

Durchführung der Messungen

- Am Computer ist das Messprogramm „Wärmeaustausch" zu starten, der Name der Messdatei ist einzugeben.
- Die Strömungsart (Gleichstrom, Gegenstrom) ist zu wählen, die Messdauer (6 bis 8 min) und Messintervall (5 s) ist einzustellen.
- Konstanz der Volumenströme am Computer kontrollieren und ggf. an den Ventilen nachregulieren.
- Die Parameter sind zu bestätigen und die Messung zu starten.
- Anzeige der laufenden Messdaten:

  Two, Tko   Temperaturen der Fluide am oberen Rohrende

  Twu, Tku   Temperaturen der Fluide am unteren Rohrende

  T3, T4   weitere Messstellen für Warmwasser

Nach Ablauf der eingestellten Messzeit werden alle Daten automatisch gespeichert und können mit einem Tabellenkalkulationsprogramm bearbeitet werden. Analog können weitere Messungen durchgeführt werden.

Hinweise zur Auswertung und Diskussion

1. Berechnung der ausgetauschten Wärmeströme $|\dot{Q}|$ und des Wärmedurchgangskoeffizienten k_W aus den experimentell ermittelten Daten

   Mit Hilfe der Konvektionsgleichung: $\dot{Q} = \rho \cdot c_p \cdot \dot{v} \cdot \Delta\vartheta$, mit   (1)

   $\dot{v}$ Mittelwert des Volumenstromes von Warm- bzw. Kaltwasser aus den letzten 10 Messwerten der Datenerfassung,

   $\Delta\vartheta$ Temperaturdifferenz Eingang – Ausgang des Warm- bzw. Kaltwassers Grundlage ist der Mittelwert der letzten 10 Messwerte,

   ρ, c_p Stoffkonstanten für die mittlere Temperatur zwischen Ein- und Ausgang des jeweiligen Fluides

werden die Wärmeströme für das Kalt- und Warmwasser berechnet.

Unter stationären Bedingungen muss nach dem Energieerhaltungssatz der abgebende Wärmestrom $|\dot{Q}_w|$ gleich dem aufnehmendem Wärmestrom $|\dot{Q}_k|$ sein. Durch Messfehler bedingte Abweichungen werden durch Mittelwertbildung ausgeglichen. Dieser Mittelwert wird benötigt zur Berechnung des Wärmedurchgangskoeffizienten nach:

$$k_W = \frac{\overline{\dot{Q}}}{\overline{A}_W \cdot \Delta\overline{\vartheta}}, \text{ mit} \qquad (2)$$

$\overline{A}_W$ mittlere Austauschfläche mit $\overline{d} = \dfrac{d_i + d_a}{2}$ des Kupferrohres (Angaben am Arbeitsplatz),

$\Delta\overline{\vartheta}$ mittlere Temperaturdifferenz zwischen den Fluiden über die Rohrlänge. Das logarithmische Mittel wird verwendet, weil die Temperaturdifferenz in Richtung der Rohrachse veränderlich ist.

$$\Delta\overline{\vartheta} = \frac{|\Delta\vartheta_u| - |\Delta\vartheta_o|}{\ln\dfrac{\Delta\vartheta_u}{\Delta\vartheta_o}}, \text{ mit } |\Delta\vartheta_u| \text{ Betrag der Temperaturdifferenz} \qquad (3)$$

am unteren Rohrende,

$|\Delta\vartheta_o|$ Betrag der Temperaturdifferenz am oberen Rohrende.

Die Berechnung der Wärmeströme und des Wärmedurchgangskoeffizienten hat für alle durchgeführten Versuche zu erfolgen. Alle verwendeten Stoffkonstanten ρ, c_p, λ, ν sind dabei jeweils auf die mittlere Temperatur am Ein- und Ausgang des abgebenden bzw. aufnehmenden Fluids zu beziehen.

2. Berechnung des Wärmedurchgangskoeffizienten mit Hilfe dimensionsloser Kennzahlen aus Potenzproduktansätzen

Berechnung der Strömungsform (Re-Zahl) getrennt für Warm- und Kaltwasser:

$$\text{Re} = \frac{w \cdot d \cdot \rho}{\eta} = \frac{w \cdot d}{v}, \text{ mit}$$

η, v dynamische bzw. kinetische Viskosität,

ρ Dichte der Fluide,

w ist die lineare Geschwindigkeit in m/s, die durch Division der gemessenen Volumenströme $\dot{v}$ in m^3/s durch die jeweilige Querschnittsfläche erhalten wird, Querschnittsfläche für das Kaltwasser ist die Querschnittsfläche des Innenrohres, Querschnittsfläche für das Warmwasser ist der Ringspalt zwischen Außen- und Innenrohr,

d ist der diesen Querschnittsflächen entsprechende Durchmesser, für Kaltwasser gilt der Innendurchmesser des Kupferrohres. Für Warmwasser ist ein der Ringspaltfläche äquivalenter Wert für nichtkreisförmige Flächen zu berechnen:

$$d_{\text{äqu}} = \frac{4 A_R}{L_a + L_i}, \text{ mit}$$

$L_a + L_i$ als Summe der den Ringspalt A_R bildenden Umfänge außen (L_a) und innen (L_i).

Die so berechneten Re-Zahlen lassen eine Aussage über die Strömungsform (laminar, turbulent, Übergangsgebiet) zu.

Je nach Strömungsform stehen zur weiteren Berechnung des Wärmedurchgangs bei erzwungener Strömung im Rohr folgende Potenzproduktansätze zur Verfügung:

a) erzwungene laminare Strömung Re < 2300

$$\text{Nu} = 1{,}86 \cdot \text{Re}^{1/3} \cdot \text{Pr}^{1/3} \cdot \left(\frac{d}{L}\right)^{1/3},$$

b) erzwungene turbulente Strömung Re > 8000

$$\text{Nu} = 0{,}024 \cdot \text{Re}^{0{,}8} \cdot \text{Pr}^{1/3} \cdot \left[1 + \left(\frac{d}{L}\right)^{2/3}\right],$$

c) erzwungene Strömung im Übergangsgebiet 8000 > Re > 2300

$$\text{Nu} = 0{,}116 \cdot (\text{Re}^{2/3} - 125) \cdot \text{Pr}^{1/3} \cdot \left[1 + \left(\frac{d}{L}\right)^{2/3}\right], \text{ mit}$$

L Länge des Rohres,

d Durchmesser des Rohres an dessen Fläche der Übergang erfolgt (d_{Cu_i} oder d_{Cu_a}).

Mit den ermittelten Nu-Zahlen kann der Wärmeübergangskoeffizient α für den Übergang Warmwasser-Wand (α_w) bzw. Wand-Kaltwasser (α_k) berechnet werden:

$$\alpha = \frac{Nu \cdot \lambda}{d}, \qquad \text{mit} \quad \lambda \quad \text{Wärmeleitkoeffizient des Wassers,}$$

$$\quad d \quad \text{Durchmesser des Rohres, an dessen Fläche der Übergang erfolgt } (d_{Cu_i} \text{ oder } d_{Cu_a}).$$

Die Summe der Einzelwiderstände (Übergang + Leitung Wand + Übergang) ergibt den Durchgangswiderstand. Der reziproke Wert ist der Wärmedurchgangskoeffizient k_W.

Bei gekrümmten Flächen (Rohr) ist der Einfluss der Flächenänderung zu berücksichtigen. Bezieht man den Wärmedurchgangswiderstand auf den Durchmesser des inneren Rohres ergibt sich folgende Beziehung:

$$\frac{1}{k_W} = \frac{1}{\alpha_w} + \frac{d_{Cu_i}}{2\lambda} \cdot \ln \frac{d_{Cu_a}}{d_{Cu_i}} + \frac{d_{Cu_i}}{\alpha_k d_{Cu_a}}, \text{ mit } \lambda \quad \text{Wärmeleitkoeffizient von Kupfer.}$$

3. In der Auswertung ist an Hand der Versuche der Einfluss der Volumenstrom- und Temperaturänderung sowie die Wirkung des Gleich- und Gegenstroms zu diskutieren.

An einem Beispiel soll der Vergleich von k_W, ermittelt aus experimentellen Größen bzw. empirischen Ansätzen, diskutiert werden.

Für die Gleichungen (1) und (2) ist an einem Beispiel eine Fehlerrechnung (absoluter und relativer Fehler) durchzuführen.

Literatur

PATAT, F.; KIRCHNER, K.: „Praktikum der Technischen Chemie", *Verlag de Gruyter, Berlin/New York,* **1986,** Kapitel 1.

VAUK, W.; MÜLLER, H.: „Grundoperationen chemischer Verfahrenstechnik", 10. Auflage, *Deutscher Verlag für Grundstoffindustrie, Leipzig/Stuttgart,* **1994.**

VDI-Wärmeatlas, *VDI Verlag GmbH, Düsseldorf.*

3
Reaktionstechnische Praktikums-
aufgaben

3.1
Arten der Reaktionsführung

Mit den Begriffen Reaktions- oder Prozessführung wird die gezielte Gestaltung der Stufen zur Herstellung einer chemischen Verbindung bezeichnet, bei denen eine stoffliche Umwandlung erfolgt. Üblich ist die Verwendung des Begriffes Reaktionsführung im Zusammenhang mit Stoffströmen (diskontinuierliche, halbkontinuierliche oder kontinuierliche Reaktionsführung), mit der Temperatur (isotherme, polytrope, autotherme, adiabatische Reaktionsführung) und mit Phasenübergängen (homogene oder heterogene Reaktionsführung).

Im vorliegenden Abschnitt und den dazugehörigen Versuchen wird auf wesentliche Aspekte des Einflusses der konvektiven Strömung in kontinuierlich betriebenen Reaktoren auf den Verlauf von chemischen Reaktionen eingegangen. Eine Einführung in die Probleme der heterogenen Reaktionsführung erfolgt im Abschnitt 3.2 und für die thermische Reaktionsführung im Abschnitt 3.3.

Bezüglich der konvektiven Strömung der Reaktionsmasse durch den Reaktor kann eine chemische Umsetzung grundsätzlich auf drei verschiedene Arten durchgeführt werden.

Im **Satzbetrieb (diskontinuierlich)** wird der Reaktor (diskontinuierlicher Idealkessel (DIK)) mit den Edukten gefüllt und die Reaktion gestartet. Die Reaktionszeit ist durch die Aufenthaltszeit der Reaktionsmischung im Reaktor gegeben. Sie ist für alle Volumenelemente der Reaktionsmasse gleich groß. Die Konzentrationen der an der Reaktion beteiligten Stoffe ändern sich ständig, bis der vollständige Umsatz oder der Gleichgewichtsumsatz eines Ausgangsstoffes erreicht ist oder die Reaktion vorher abgebrochen wird. Bezüglich der Stoffkonzentrationen ist die diskontinuierliche Reaktionsführung also immer instationär. Lediglich bei Folgereaktionen kann unter bestimmten Bedingungen die Konzentration von Zwischenprodukten über bestimmte Umsatzbereiche nach dem BODENSTEINschen Stationaritätsprinzip auf niedrigem Niveau quasistationär werden.

Als **halbkontinuierlich** werden Verfahren bezeichnet, bei denen eine Reaktionskomponente im Reaktor vorgelegt und die zweite über einen Teil der Reaktionszeit zudosiert wird, wobei sich das Volumen der Reaktionsmasse vergrößert. Halbkontinuierlicher Betrieb liegt auch dann vor, wenn z. B. während des Ablaufs einer Gleichgewichtsreaktion in einem Rührkessel ein entstehendes Produkt durch Destillation kontinuierlich aus dem Reaktionsgemisch entfernt wird. Bei dieser auch als Teilfließbetrieb bezeichneten Art der Reaktionsführung handelt es sich bezüglich der Konzentrationen und des Reaktionsvolumens um eine instationäre Betriebsweise. Als chemischer Reaktor kommen nur der Rührkessel oder andere tankartige Gefäße in Frage. Sie werden bei dieser Reaktionsführung als Semi-Batchreaktoren bezeichnet. Die halbkontinuierliche Betriebsweise ist besonders geeignet zur Durchführung von sehr schnellen und stark exothermen Reaktionen, weil über die kinetisch kontrollierte Zulaufgeschwindigkeit der zweiten Komponente der Reaktionsverlauf leicht steuerbar ist. Bei Folgereaktionen zweiter Ordnung vom Typ $A + B \rightarrow P$; $P + B \rightarrow R$ ermöglicht der kinetisch kontrollierte Zulauf eines der Edukte eine Steuerung der Produktverteilung.

Im **Fließbetrieb (kontinuierlich)** werden die Edukte mit konstantem Volumenstrom dem Reaktor zugeführt. Die am Reaktorausgang ablaufende Reaktionsmasse enthält die Reaktionsprodukte neben nicht umgesetzten Edukten. Zu- und abgeführter Volumenstrom müssen so abgestimmt sein, dass das Volumen der Reaktionsmasse im Reaktor konstant bleibt.

Ein Maß für die mittlere Aufenthaltsdauer der strömenden Volumenelementen im chemischen Reaktor und damit für die mittlere Reaktionszeit ist die Raumzeit bzw. hydrodynamische Verweilzeit τ, der Quotient aus dem Volumen der Reaktionsmasse V_R und dem Volumenstrom $\dot{v}$:

$$\tau = V_R/\dot{v}.$$

Die Raumzeit allein reicht als Größe zur Charakterisierung der Reaktionszeit nicht aus, um bestimmte Effekte zu erklären oder voraus zu sagen. Jeder kontinuierlich betriebene Reaktor weist im stationären Zustand eine von seiner Konstruktion, von den Strömungsverhältnissen und den hydrodynamischen Eigenschaften des Mediums bedingte Verteilung der individuellen Verweilzeiten der strömenden Volumenelemente auf. Erst die Wahrscheinlichkeitsdichteverteilung $E(t)$ der Aufenthaltszeiten und ihr Mittelwert (**mittlere Verweilzeit** $\bar{t}$) liefern eine statistisch fundierte und für reaktionstechnische Berechnungen ausreichende Beschreibung der Reaktionszeit. Die zur Ermittlung dieser Kenngrößen erforderlichen Daten können experimentell durch Markierung des Zulaufstromes und Signalverfolgung im Ablaufstrom ermittelt werden (Verweilzeitmessung).

Zur Systematisierung des Verweilzeitverhaltens sind Reaktorgrundtypen definiert, deren Vermischungs- und Strömungsverhalten bekannt und berechenbar ist: der kontinuierliche Idealkessel (KIK; auch Durchflussmischreaktor, englisch: CSTR continuous stirred tank reactor), das Idealrohr (IR; auch Pfropfenströmungsreaktor, englisch: PFTR plug flow tube reactor), die Kaskade kontinuierlicher Idealkessel (Zellenmodell), der Rohrreaktor mit axialer Rückvermischung (Dispersionsmodell) und der Rohrreaktor mit laminarer Strömung.

Im **kontinuierlichen Idealkessel** findet eine totale Rückvermischung des Reaktorinhaltes statt. Dadurch sind die Konzentrationen der Stoffe und die Temperatur der Reaktionsmasse in allen Volumenelementen gleich groß. Im Gegensatz dazu existieren bei Rohrreaktoren immer axiale Konzentrationsgradienten und im polytropen oder adiabatischen Betrieb auch axiale Temperaturgradienten. Beim Modell **Idealrohr** wird die Rückvermischung ausgeschlossen. Eine pfropfenförmige Markierung am Eingang eines Idealrohres erscheint nach der durch das Volumen der Reaktionsmasse V_R und den Eingangsvolumenstrom $\dot{v}^{ein}$ bestimmten Raumzeit ohne Formveränderung am Ausgang des Reaktors. Mit dem Modell der **Rührkesselkaskade**, bestehend aus N kontinuierlichen Idealkesseln ($1 \leq N \leq \infty$), lässt sich das Ausmaß der Rückvermischung zwischen den Grenzfällen Idealkessel und Idealrohr einstellen, weil an jeder Übergabestelle zwischen zwei Kesseln die Rückvermischung unterbrochen wird. Das Dispersionsmodell lässt ausgehend vom Idealrohr eine axiale Rückvermischung zu, deren Ausmaß durch die BODENSTEIN-Zahl Bo festgelegt wird. Die Grenzfälle Bo $\rightarrow$ 0 und Bo $\rightarrow \infty$ entsprechen dem KIK (vollständige Rückvermischung) bzw. dem Idealrohr (keine Rückvermischung).

Die mittlere Verweilzeit und die Verweilzeitverteilung beeinflussen entscheidend den Umsatz und die Ausbeute einer chemischen Reaktion. Im einfachsten Fall einer stöchiometrisch unabhängigen Reaktion ist die auf das Reaktorvolumen bezogene Produktionsleistung des Idealrohres (gleiche Reaktionsbedingungen wie Temperatur, Zusammensetzung und Volumenströme der Reaktionspartner vorausgesetzt) stets größer als die des kontinuierlichen Idealkessels. Das Reaktorvolumen für eine bestimmte Produktionsleistung hängt stets vom geforderten Umsatz und von der Reaktionsordnung ab, wobei die Unterschiede zwischen Idealkessel und Idealrohr umso größer werden, je größer der Umsatz und je höher die Reaktionsordnung sind. Vom Standpunkt der Reaktorkapazität aus betrachtet ist unter diesen Bedingungen das Idealrohr immer günstiger als der Idealkessel. In der Praxis lassen sich diese Aussagen nicht immer konsequent umsetzen. Lange Verweilzeiten bei niedrigen Reaktionsgeschwindigkeiten sowie isotherme Reaktionsführung sind im Rührkessel leichter zu realisieren als im Strömungsrohr. Auch bei komplexen Reaktionssystemen lassen sich Umsätze und Ausbeuten durch die Wahl des Reaktors beeinflussen. Die Aussage, welcher Reaktor oder welche Reaktorkombination am günstigsten ist, hängt dabei stark von der Art des Reaktionssystems (Folge- und Parallelreaktionen) und von den Reaktionsgeschwindigkeitskonstanten ab.

Im Unterschied zur diskontinuierlichen und halbkontinuierlichen Reaktionsführung können bei kontinuierlich betriebenen Reaktoren zwei Zustände das Zeitverhalten der Temperatur der Reaktionsmasse und der Konzentrationen bestimmen: **instationäres Verhalten** (beim An- und Abfahren, beim Umsteuern und bei Störungen der Betriebsparameter) und **stationäres Verhalten** (nach der Einfahrphase unter Konstanthaltung der Betriebsparameter und bei thermisch stabiler Prozessführung).

In der chemischen Industrie wird für die Herstellung von großtonnagigen Produkten die kontinuierliche Prozessführung bevorzugt. Derartige Anlagen sind immer auf ein Produkt oder eine Produktgruppe ausgelegt. Beim Satzbetrieb, der für die Herstellung

3

von Stoffen mit geringerem Produktionsvolumen bevorzugt wird, besteht die Möglichkeit, die Reaktoren nach Bedarf für unterschiedliche Verfahren zu nutzen (Mehrzweckanlagen).

3.1.1
Messung der Verweilzeitverteilung in verschiedenen Reaktortypen

Technisch-chemischer Bezug

Typisch für die chemische Industrie ist der Einsatz kontinuierlich durchströmter Reaktoren. Dabei wird dem jeweiligen chemischen Reaktor am Eingang ein konstanter Volumenstrom $\dot{v}^{ein}$ in der technologisch erforderlichen Stärke, Zusammensetzung und Temperatur zugeführt. Am Ausgang wird der konstante Volumenstrom $\dot{v}^{aus}$ entnommen. Dessen Größe ist so einzustellen, dass im Reaktor das technologisch vorgegebene Volumen V_R für die Reaktionsmasse zeitlich konstant bleibt. Bei Prozessen ohne Volumenänderung sind die Volumenströme am Eingang und am Ausgang des chemischen Reaktors gleich groß.

Unabhängig von der Konstruktion des chemischen Reaktors lässt sich als Quotient aus dem Volumen der Reaktionsmasse im Reaktor und dem Volumenstrom am Eingang des Reaktors eine mittlere Aufenthaltsdauer, die sogenannte **Raumzeit** (mittlere technologische Verweilzeit, hydrodynamische Verweilzeit) $\tau = V_R/\dot{v}^{ein}$ definieren. Die den Reaktor durchströmenden einzelnen Teilchen oder Volumenelemente der Reaktionsmasse weisen jedoch keine einheitliche Verweilzeit, sondern je nach Art des Reaktors und der Strömungsbedingungen typische Verteilungen ihrer individuellen Verweilzeiten auf.

Für die meisten der vom Labormaßstab bis zur Großproduktion benutzten Reaktorarten ist die a priori Zuordnung zu einem Grundmodell aufgrund der konstruktiven Übereinstimmung oder der geometrischen und hydrodynamischen Ähnlichkeit naheliegend:

Grundmodell	Realer Reaktor
Kontinuierlicher Idealkessel (KIK)	Kontinuierlicher Rührkessel mit Überlauf oder regelbarem Bodenauslauf
Kaskade aus kontinuierlichen Idealkesseln: **Zellenmodell** (keine Rückvermischung zwischen den Zellen) mit Rührstufenzahl N als Modellparameter	Reihenschaltung von kontinuierlichen Rührkesseln
Rohrreaktor ohne axiale Rückvermischung: **Idealer Rohrreaktor** (IR)	Rohrreaktor mit sehr großem Länge/Durchmesser-Verhältnis bei hochturbulenter Strömung
Rohrreaktor mit axialer Rückvermischung: **Dispersionsmodell** mit BODENSTEINzahl Bo als Modellparameter	Rohrreaktor mit kleinem Länge/Durchmesser-Verhältnis bei schwach turbulenter Strömung
Rohrreaktor mit **laminarer** Strömung	Rohrreaktor mit viskosem Medium, niedrige Strömungsgeschwindigkeit

3

Die gesicherte Zuordnung eines beliebigen realen Reaktors zu einem Grundmodell kann jedoch nur über den Vergleich der experimentell ermittelten Verweilzeitkurven mit ausgewählten Modellverteilungen erfolgen. Deshalb gehört die experimentelle Untersuchung des Verweilzeitverhaltens eines chemischen Reaktors beliebiger Konstruktion und Größe für ein vorgegebenes fluides Medium zu den notwendigen Schritten bei der Auslegung und Optimierung kontinuierlicher chemischer Verfahren.

Grundlagen

Verweilzeitaussagen beziehen sich auf den stationären Zustand eines Reaktors, werden aber über dynamische Methoden ermittelt: dem im stationären Zustand befindlichen System wird am Eingang ein definiertes Signal mit einem nicht an den Reaktionen beteiligten Indikator aufgeprägt. Prinzipiell ist dafür jeder beliebige Zeitverlauf der Markierungsfunktion möglich. Zur Vereinfachung der Auswertung bevorzugt man zwei experimentell leicht zu realisierende Grundfunktionen: die **Impulsfunktion** (Dirac-Impuls) und die **Sprungfunktion** (meist mit positivem Flankenanstieg). Aus der am Ausgang des Systems ermittelten Antwortfunktion für den zeitlichen Konzentrationsverlauf des Indikators lassen sich direkt die zwei für jede statistische Größe (Zufallsgröße) charakteristischen Funktionen berechnen: die **Wahrscheinlichkeitsdichteverteilung** als differenzielle Form aus der **Impulsantwort** bzw. die **integrale Verteilungsfunktion** (Summenhäufigkeit) aus der **Sprungantwort** bei positivem Flankenanstieg. Bei der Verweilzeit als zu untersuchende Zufallsgröße bezeichnet man die Wahrscheinlichkeitsdichtefunktion auch als äußere Verweilzeitverteilung (external age distribution) $E(t)$, die Summenhäufigkeit als $F(t)$. Außerdem lässt sich noch eine innere Altersverteilung (internal age distribution) $I(t)$ definieren.

Die $E(t)$-Funktion gibt an, wie groß die Wahrscheinlichkeit dafür ist, dass ein Volumenelement, das zur Zeit $t = 0$ in den Reaktor eintrat, diesen im Zeitraum zwischen t und $t + \Delta t$ (exakt: $t + dt$) wieder verlässt. Sie hat demnach die Maßeinheit „Bruchteil der Gesamtmenge pro Zeiteinheit", also Zeit^{-1}. Nach unendlich langer Zeit ist die Wahrscheinlichkeit dafür, dass alle zur Zeit $t = 0$ eingetretenen Volumenelemente den Reaktor wieder verlassen haben, gleich 1: $\int\limits_{0}^{\infty} E(t)dt = 1$. Dieses Integral ist damit auch ein wirksamer Test auf die Richtigkeit der numerischen Auswertung.

Der Wert der Summenfunktion $F(t_i)$ gibt an, wie groß der Anteil der Volumenelemente oder Teilchen ist, die nach Eintritt in den Reaktor zum Zeitpunkt $t = 0$ diesen bis zum Zeitpunkt $t = t_i$ wieder verlassen haben, deren Verweilzeit also kürzer als t_i war: $F(t_i) = \int\limits_{0}^{t_i} E(t)dt$. Diese Funktion hat keine Maßeinheit.

Die Funktion $I(t)$ beschreibt die Altersverteilung der Volumenelemente, die sich noch im Reaktor aufhalten (Maßeinheit: Zeit^{-1}) und wird deshalb auch als innere Verweilzeitverteilung bezeichnet:

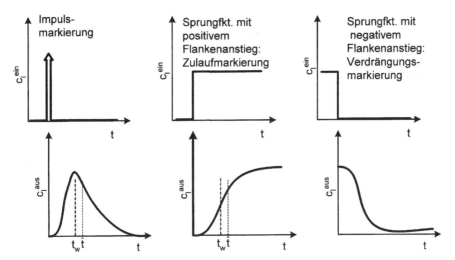

Abb. 3.1. Typische Eingangssignale und ihre Antwortfunktionen

$$I(t) = (1 - F(t))/\tau.$$

Für die Ermittlung der E(t)-Funktion nach einer Impulsmarkierung mit einem Indikatorstoff I muss für den Ausgang des Reaktors der Zeitverlauf $c_I(t)$ für dessen Konzentration vorliegen. Ist dafür die Zeitfunktion für eine sekundäre Größe gemessen worden, z. B. die für eine Lichtadsorption oder Leitfähigkeit, muss diese mit einer Kalibriergleichung in die Konzentrationsfunktion umgerechnet werden. Anschließend können dann, ausgehend von der vorliegenden Messwerttabelle $c_I^{aus} = f(t)$, folgende Berechnungen für die statistischen Funktionen und die Parameter der Verteilung vorgenommen werden:

Wahrscheinlichkeitsdichtefunktion E(t)
(äußere Altersverteilung)
aus dem Konzentrations-Zeit-Verlauf

$$E(t) = \frac{c(t)}{\int\limits_0^\infty c(t) \cdot dt} = \frac{c(t)}{c_0} \tag{1}$$

Mittlere Verweilzeit

$$\bar{t} = \int\limits_0^\infty t \cdot E(t) \cdot dt \tag{2}$$

Streuung (wenn E(t) theoretische
Verteilung: σ_t^2, wenn E(t)
Messwerttabelle: s_t^2)

$$\sigma_t^2 \text{ bzw. } s_t^2 = \int\limits_0^\infty (\bar{t} - t)^2 \cdot E(t) \cdot dt \tag{3}$$

3

Integrale Verteilungsfunktion	$$F(t_i) = \int_0^{t_i} E(t) \cdot dt$$	(4)

Interne Altersverteilung	$$I(t) = (1 - F(t))/\tau$$	(5)

Intensitätsfunktion	$$\lambda(t) = \frac{E(t)}{I(t)}$$	(6)

Die Intensitätsfunktion $\lambda(t)$ ermöglicht es, bereits geringe Abweichungen vom idealen Strömungsverhalten (z. B. Durchbrüche, Totzonen) deutlich zu erkennen.

Für die in den Integralen auftretende Wahrscheinlichkeitsdichtefunktion existieren nur für Modellreaktoren algebraische Ausdrücke. Bei experimentellen Verweilzeituntersuchungen liegen dafür diskrete Zahlenwerte vor. Die Integration erfolgt dann unter Verwendung der Messwerte als Stützstellen numerisch (z. B. Trapezregel).

Damit Reaktoren, die unterschiedliche Größen aufweisen und mit verschiedenen Raumzeiten betrieben werden, trotzdem bezüglich ihres Verweilzeitverhaltens verglichen werden können, werden die genannten statistischen Funktionen in der Regel bezüglich der normierten Zeit (relativen oder reduzierten Zeit) Θ dargestellt mit $\Theta = t/\tau$. Es gelten dann folgende Gleichungen für die Umrechnung:

$$E(\Theta) = \tau \cdot E(t) \qquad F(\Theta) = F(t) \qquad I(\Theta) = \tau \cdot I(t)$$

Für die Streuung der Verweilzeitdichteverteilung lautet die Transformationsgleichung $\sigma_\Theta^2 = \sigma_t^2/\tau^2$ bzw. $s_\Theta^2 = s_t^2/\tau^2$.

Zum Vergleich der experimentell ermittelten Verweilzeitverteilungsfunktionen der realen Reaktoren mit denen von exakt definierten Reaktorgrundmodellen stehen geeignete Berechnungsformeln zur Verfügung. Ihr Ausgangspunkt ist die Bilanzgleichung für die zeitliche Änderung der Konzentration eines nicht an den Reaktionen beteiligten Markierungsstoffes für den instationären Zustand des jeweiligen Idealreaktors. Für den Fall der Impulsmarkierung ergeben sich aus den Differentialgleichungen folgende Lösungen zur Beschreibung der Wahrscheinlichkeitsdichtefunktionen $E(\Theta)$:

Kontinuierlicher Idealkessel (KIK)	$$E(\Theta) = \exp(-\Theta)$$	(7)

Kaskade von N KIK: Zellenmodell	$$E(\Theta) = \frac{N \cdot (N \cdot \Theta)^{N-1}}{(N - 1)!} \cdot \exp(-N \cdot \Theta)$$	(8)

Rohrreaktor mit Rückvermischung: Dispersionsmodell mit den Systemgrenzen offen/offen	$$E(\Theta) = \frac{1}{2} \sqrt{\frac{Bo}{\pi \cdot \Theta}} \cdot \exp\left[-\frac{(1 - \Theta)^2 \cdot Bo}{4 \cdot \Theta}\right]$$	(9)

Laminare Rohrströmung $\qquad$ $E(\Theta) = 0$ für $\Theta < 0,5;$ $\qquad$ (10)

$$E(\Theta) = 0,5/\Theta^3 \text{ für } \Theta \geq 0,5 \qquad (11)$$

Zur Berechnung der Summenfunktion $F(\Theta)$ für die einzelnen Modellreaktoren existieren ebenfalls algebraische Gleichungen. Sie kann aber auch genügend genau numerisch aus den $E(\Theta)$-Funktionen berechnet werden, z. B. nach der Trapezregel.

Während die Wahrscheinlichkeitsdichtefunktion $E(\Theta)$ bei einem KIK und einem Rohrreaktor mit laminarer Strömung eine parameterfreie einfache Funktion der reduzierten Zeit Θ ist, tritt in den Gleichungen für die Kesselkaskade und den Rohrreaktor mit axialer Dispersion zusätzlich jeweils ein Parameter auf, der die Verteilung beeinflusst: N für die Anzahl der KIK in der Kaskade bzw. die BODENSTEIN-Zahl $Bo = w_1 L/D_1$ als dimensionslose Kenngröße für das Verhältnis von Konvektions- zu Dispersionsstrom (Rückvermischung) im Rohrreaktor. In der BODENSTEIN-Zahl tritt neben der linearen Strömungsgeschwindigkeit w_1 und der Rohrlänge L noch der axiale Dispersionskoeffizient D_1 auf, dessen Wert vom hydrodynamischen Zustand des im Rohr strömenden Mediums abhängt. Deshalb ist es sinnvoll, die für unterschiedliche Bedingungen aus der Verweilzeitverteilung eines Rohrreaktors ermittelten Werte für die BODENSTEIN-Zahl als Funktion der REYNOLDS-Zahl Re darzustellen, weil diese als Verhältniszahl von Trägheits- zu Scherkraft ($Re = w_1 L/\nu$, wobei die charakteristische Länge L dem Rohrdurchmesser d entspricht) den hydrodynamischen Zustand im Rohr charakterisiert.

Obwohl die Verteilungsfunktionen für das Zellen- und das Dispersionsmodell einen ähnlichen Verlauf aufweisen, sind sie nur für zwei Grenzzustände deckungsgleich: für (N = 1; Bo = 0) und (N $\to \infty$; Bo $\to \infty$). Trotzdem wurde auf Grund der Ähnlichkeit beider Verteilungsfunktionen folgende Beziehung zwischen N und Bo abgeleitet: $Bo = \sqrt{4(N - 1)^2 - 1}$. Diese Gleichung gilt exakt nur bei einem Wert auf der normierten Zeitachse: $\tau = 1$. Der durch Umstellen dieser Gleichung aus einer vorgegebenen BODENSTEIN-Zahl Bo berechenbare Wert für N wird als äquivalente Rührstufenzahl $N_{äq}$ bezeichnet. Die quantitativen Relationen lassen sich sehr gut an den für verschiedene vergleichbare Rührstufenzahlen und BODENSTEIN-Zahlen berechneten $E(\Theta)$- und $F(\Theta)$-Kurven erkennen, die in den Abb. 3.2 und 3.3 dargestellt sind.

Beim Zellenmodell besteht zwischen der Zellenanzahl N und der Streuung σ_Θ^2 für die exakte algebraische Modellfunktion $E(\Theta)$ (s. Gl. (8)) die Beziehung $N = 1/\sigma_\Theta^2$. Bei der Auswertung von Verweilzeitmessungen erhält man nach der Gleichung (3) aus den experimentell ermittelten Werten für $E(\Theta)$ einen Schätzwert s_Θ^2 für die Streuung der empirischen Verteilung von Θ. Die dazugehörige Zellenzahl wird als äquivalente Rührstufenzahl $N_{äq}$ bezeichnet und kann im Unterschied zu N gebrochene Zahlenwerte aufweisen: $N_{äq} = 1/s_\Theta^2$.

In der Praxis wird zur Normierung der Zeitachse oft auch der Quotient aus der Zeit t und der mittleren Verweilzeit $\bar{t}$ benutzt: $\Theta_{\bar{t}} = t/\bar{t}$. Unter der Bedingung, dass bei konstantem Volumen der Reaktionsmasse für die Volumenströme $\dot{v}^{aus} = \dot{v}^{ein}$ gilt, erhält

3

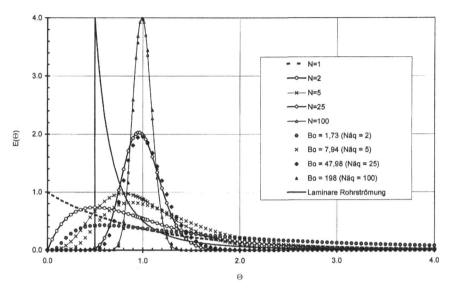

Abb. 3.2. Die Wahrscheinlichkeitsdichtefunktion $E(\Theta)$ für verschiedene Parameterwerte beim Zellenmodell, Dispersionsmodell und für laminare Rohrströmung

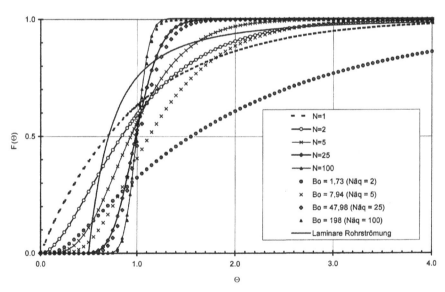

Abb. 3.3. Die Summenfunktion $F(\Theta)$ für verschiedene Parameterwerte beim Zellenmodell, Dispersionsmodell und für laminare Rohrströmung

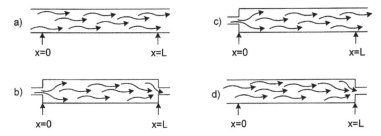

Abb. 3.4. Randbedingungen für Rohrreaktoren mit Rückvermischung

man für die Grundmodelle KIK, Zellenmodell und IR vollkommen gleiche Ergebnisse wie beim Normieren auf die Raumzeit τ. Beim Rohrreaktor mit Rückvermischung (Dispersionsmodell) ist zu beachten, dass sich je nach Zustand der Systemgrenzen (Randbedingungen!, vgl. Abb. 3.4) bei den Verweilzeitmessungen unterschiedliche Werte für $\bar{t}$ und τ sowie für die BODENSTEIN-Zahl Bo beim Vorliegen eines experimentell ermittelten Wertes für σ_Θ^2 ergeben:

Systemgrenzen	$\mathbf{\bar{t} = f(\tau;\ Bo)}$	$\mathbf{Bo = f(\bar{t};\ \tau)}$	$\mathbf{Bo = f(s_\Theta^2)}$
a) offen/offen	$\bar{t} = \tau\left(1 + \dfrac{2}{Bo}\right)$	$Bo_{o-o} = 2\tau/(\bar{t} - \tau)$	$Bo_{o-o} = \dfrac{1}{s_\Theta^2} + \sqrt{\left(\dfrac{1}{s_\Theta^2}\right)^2 + \dfrac{8}{s_\Theta^2}}$
b) geschlossen/geschlossen	$\bar{t} = \tau$	keine Aussage	$Bo_{g-g} = \left(\dfrac{1}{s_\Theta^2} - 1\right)$
			$+ \sqrt{\left(\dfrac{1}{s_\Theta^2} - 1\right)^2 + \left(\dfrac{2}{s_\Theta^2} - 2\right)}$
c) geschlossen/offen	$\bar{t} = \tau\left(1 + \dfrac{1}{Bo}\right)$	$Bo_{g-o} = \tau/(\bar{t} - \tau)$	$Bo_{g-o} = \dfrac{1}{s_\Theta^2} + \sqrt{\left(\dfrac{1}{s_\Theta^2}\right)^2 + \dfrac{3}{s_\Theta^2}}$
d) offen/geschlossen	wie c)	wie c)	wie c)

Beim Dispersionsmodell führt also die Substitution von τ durch $\bar{t}$ beim Normieren der Zeit nur unter Versuchsbedingungen „geschlossen/geschlossen" zu gleichem Ergebnis. Bei Reaktoren mit Durchbrüchen ($\bar{t} < \tau$) oder Totzonen ($\bar{t} > \tau$) können ebenfalls erhebliche Unterschiede zwischen mittlerer Verweilzeit und Raumzeit auftreten.

Stellt man die experimentell ermittelten Verteilungsfunktionen mit den für Reaktorgrundmodelle berechneten in einem Diagramm grafisch dar, dann lassen sich Übereinstimmungen oder Abweichungen besser erkennen und für reaktionstechnische Entscheidungen nutzen.

3

Aufgabenstellung

Für folgende Reaktortypen sind die Verweilzeitverteilungskurven experimentell zu ermitteln:

- Kontinuierlicher Rührkessel,
- Kaskade aus 2 bis 5 kontinuierlichen Rührkesseln,
- Rohrreaktoren verschiedener Bauart.

Dazu ist in den jeweiligen Eingangsstrom der kontinuierlich von Wasser durchflossenen Reaktoren impulsartig ein vorgegebenes kleines Volumen Kochsalzlösung zu injizieren. Am Ausgang des zu untersuchenden Reaktors wird nach der Injektionsmarkierung in diskreten Zeitabständen (Messfrequenz zwischen 0,1 und 5 Hz, je nach Werten für V_R und $\dot{v}^{ein}$) die Leitfähigkeit des ausströmenden Wassers gemessen. Für die Messwerterfassung wird ein Personalcomputer mit einer Analog/Digital-Wandlerkarte und einem Messwerterfassungsprogramm verwendet. Als Messsystem dient eine 4-Elektroden-Leitfähigkeitsmesszelle mit einem Leitfähigkeitsmessgerät, dessen Analogausgang an die A/D-Wandlerkarte des PC angeschlossen ist.

Versuchsaufbau und -durchführung

Der Praktikumsversuchsstand zur PC-gestützten Verweilzeituntersuchung ist in Abb. 3.5 und Abb. 3.6 schematisch dargestellt. Er besteht aus folgenden Bauteilen:

- Reaktoren (Kaskade aus 5 kontinuierlichen Rührkesseln zu je 0,5 Liter; Rohrreaktor (PVC-Schlauch, Verhältnis $L/d \approx 2 \cdot 10^3$); Leer-Rohr mit L/d-Verhältnis ≈ 25; Rohr mit SULZER-Packungen, L/d-Verhältnis ≈ 25) mit Einstell- und Messeinheiten für die durchströmende Wassermenge sowie Vorrichtungen für die Impulsmarkierung mit Kochsalzlösung,
- Konzentrationsmesseinrichtung: Leitfähigkeitsmessgerät mit Analogausgang $(0-1 \text{ V})$,
- Messcomputer mit A/D-Wandlerkarte und Messprogramm,
- PC mit installiertem EXCEL-Tabellenkalkulationsprogramm und Auswertevorlage in EXCEL.

Die Messbereiche der Konzentrationsmessgeräte und die Menge an eingespritzter Markierungslösung werden jeweils so aufeinander abgeglichen, dass der Spannungsmessbereich der A/D-Wandlerkarte optimal ausgenutzt wird.

Um den Zeitpunkt der Impulsmarkierung genau zu erfassen, wird durch Zu- und Abschalten eines niederohmigen Shunts parallel zum Eingang der A/D-Karte der Messdatenreihe für einige Sekunden eine Kennung aufgeprägt, an deren positiver Flanke der Messbeginn $t = 0$ liegt (s. Abb. 3.7).

Bei der Festlegung der Messfrequenz ist zu beachten, dass die Messung der Tracerkonzentration am Ausgang so lange zu erfolgen hat, bis deren Startwert wieder erreicht ist. Die dafür erforderliche Messzeitdauer t_M liegt je nach Breite der Verweilzeitverteilung zwischen 5 bis 10 Raumzeiten. Die Genauigkeit der Auswertung hängt

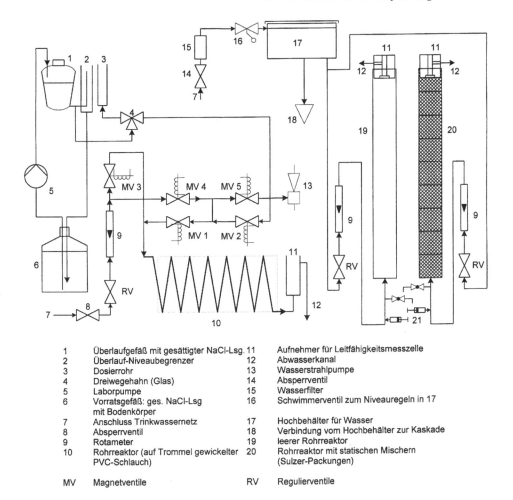

1	Überlaufgefäß mit gesättigter NaCl-Lsg.	11
2	Überlauf-Niveaubegrenzer	12
3	Dosierrohr	13
4	Dreiwegehahn (Glas)	14
5	Laborpumpe	15
6	Vorratsgefäß: ges. NaCl-Lsg	16
	mit Bodenkörper	
7	Anschluss Trinkwassernetz	17
8	Absperrventil	18
9	Rotameter	19
10	Rohrreaktor (auf Trommel gewickelter	20
	PVC-Schlauch)	
MV	Magnetventile	RV

11	Aufnehmer für Leitfähigkeitsmesszelle
12	Abwasserkanal
13	Wasserstrahlpumpe
14	Absperrventil
15	Wasserfilter
16	Schwimmerventil zum Niveauregeln in 17
17	Hochbehälter für Wasser
18	Verbindung vom Hochbehälter zur Kaskade
19	leerer Rohrreaktor
20	Rohrreaktor mit statischen Mischern
	(Sulzer-Packungen)
RV	Regulierventile

Abb. 3.5. Schematische Darstellung der Versuchsapparatur (Teil 1)

vom zeitlichen Abstand der Messwerte ab. Bei ca. 100 Messwerten pro Θ-Einheit sind präzise Ergebnisse erreichbar. Mit $\tau = V_R/\dot{v}$ und $t_M = z \cdot \tau$ ($5 \leq z \leq 10$) lässt sich zur Festlegung der Messfrequenz f folgende Gleichung ableiten:

$$f = \frac{\text{Anzahl der Messwerte}}{z \cdot (V_R/\dot{v})}.$$

3

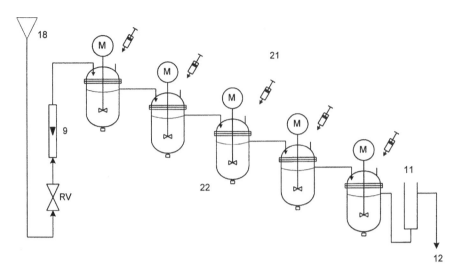

9   Rotameter
11   Aufnehmer für Leitfähigkeitsmesszelle
12   Abwasserkanal
18   Verbindung vom Hochbehälter zur Kaskade
21   Injektionsstellen und –vorrichtungen zur Impulsmarkierung
22   Rührkesselkaskade
RV   Regulierventil

Abb. 3.6. Schematische Darstellung der Versuchsapparatur (Teil 2)

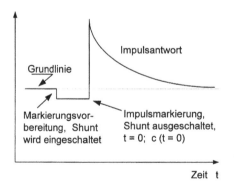

Abb. 3.7. Zuordnung des Messwertes c(t = 0) zu t = 0 über einen manuell ausgelösten Grundliniensprung

Vorbereitung der Messungen

- Das Leitfähigkeitsmessgerät ist einzuschalten. Die vorgegebenen Werte für die Zellkonstante und den Temperaturkoeffizienten sind zu kontrollieren und erforderlichenfalls neu einzustellen.
- Der Mess-PC ist einzuschalten.
- (*) Das Messprogramm ist aufzurufen.
- Vor jeder Messung sind im Messprogramm die spezifischen Einstellungen für die Messfrequenz und die Messdauer vorzunehmen.
- Bodenauslaufventile und Verzweigungen für den Zulaufstrom zu anderen Reaktoren sind zu schließen.
- Mit dem Ventil am Rotameter für den zu untersuchenden Reaktor ist der vorgegebene Volumenstrom $\dot{v}^{ein}$ einzustellen und konstant zu halten. Dabei ist die jeweilige Kalibriertabelle zu verwenden. Mit Mensur und Stoppuhr ist der tatsächliche Wert für $\dot{v}^{ein}$ zu ermitteln.
- Die Leitfähigkeitsmesszelle ist im Probebecher am Ausgang des zu untersuchenden Reaktors so zu positionieren, dass das Messmedium Wasser möglichst ungehindert abfließen kann und möglichst wenig Luftblasen in den Messraum der Tetracon-Leitfähigkeitsmesszelle gelangen.
- Am PC ist die Messwerterfassung zu starten. Die Wirksamkeit des Shunt-Schalters zum Anlegen einer Zeitmarke auf der Leitfähigkeitsgrundlinie ist zu testen. Wenn die Leitfähigkeitsgrundlinie auf einem konstanten Wert läuft, kann mit der eigentlichen Messung begonnen werden.

Durchführung der Messungen

- Am Mess-PC wird der Testlauf ohne Abspeicherung abgebrochen und die Messwerterfassung erneut gestartet. Nach ca. 10 Sekunden wird die Grundlinie mit dem Shunt-Schalter abgesenkt. Nach weiteren 10 Sekunden wird bei gleichzeitigem Einspritzen der vorgegebenen Menge der bereitstehenden Kochsalzlösung mittels Injektionsspritze am Eingang des zu untersuchenden Reaktors der Shunt-Schalter wieder auf den Messmodus geschaltet.
- Wenn die eingestellte Messzeit t_M abgelaufen ist, bricht die Messwertaufnahme von selbst ab.
- Die im Arbeitsspeicher des PC befindlichen Messwerte sind als ASCII-Datei abzuspeichern. Dazu werden Dateinamen vorgegeben.
- Von der mit (*) gekennzeichneten Stelle an ist die Messung für weitere Reaktoren oder andere Versuchsparameter zu wiederholen.

Hinweise zur Auswertung und Diskussion

1. Bei den nach jeder Verweilzeitmessung im ASCII-Format abgespeicherten Daten handelt es sich um eine 1-kanalige Reihe von Spannungswerten, die der gemessenen Leitfähigkeit proportional sind und die in Zeitabständen der reziproken Messfrequenz abgelegt wurden.

3

2. Diese Daten sind in eine EXCEL-Arbeitsmappe zu importieren. Zur Datenbereinigung werden in dieser alle Werte gelöscht, die vor dem positiven Shunt-Sprung liegen, der zur Kennzeichnung des Zeitpunktes der Impulsmarkierung (t = 0) der Grundlinie (Leitfähigkeit des reinen Leitungswassers) aufgeprägt wurde (s. Abb. 3.7). Zu löschen sind außerdem alle Daten, die nach dem Zeitpunkt liegen, von dem an die abklingenden Messwerte wieder stabil in die Grundlinie übergehen.

3. Unter Verwendung einer für diesen Versuch entwickelten Dateivorlage ist eine EXCEL-Arbeitsmappe zur Versuchsauswertung aufzurufen. Sie enthält Kommentare und Handlungsanleitungen. In diese Arbeitsmappe sind die aufbereiteten Messdaten (s. o.) zu kopieren. Nach der manuellen Eingabe weiterer Versuchsdaten (z. B. Messfrequenz, V_R, $\dot{v}^{ein}$) erfolgt die automatische Berechnung von c(t), E(t), $\bar{t}$, t_W, τ, s_t^2, s_Θ^2, $N_{äq}$, Bo, E(Θ), F(Θ), I(Θ) und $\lambda(\Theta)$. Diese Parameter und Funktionen der gemessenen Verweilzeitverteilung werden in einem Datenblatt druckbereit tabellarisch bzw. als Diagramme dargestellt. In zwei weiteren Datenblättern werden die aus den Messdaten berechneten E(Θ)- und F(Θ)-Werte gemeinsam mit den jeweiligen Kurvenscharen für das Zellenmodell ($1 \leq N \leq 115$; 20 Werte), das Dispersionsmodell (offen/offen; $1 \leq Bo \leq 1000$; 20 Werte) und das Rohr mit laminarer Strömung dargestellt.

4. Die auf den Datenblättern ausgedruckten Ergebnisse sind in einer gemeinsamen Tabelle darzustellen, die für jede Verweilzeitmessung eine Datenspalte aufweist. In der angeführten Reihenfolge sollen in die Datenspalten zeilenweise die folgenden Informationen eingetragen werden:
Reaktortyp; Dateiname; t_M in s; f in s^{-1}; V_R in l; $\dot{v}$ in l/h; $\dot{v}_{Rota}$ in l/h; τ in s; $\bar{t}$ in s; t_W in s; $(\bar{t} - \tau) \cdot 100/\bar{t}$; $(\bar{t} - t_W)100/\bar{t}$; s_t^2 in s^2; s_Θ^2; s_t in s; s_Θ; N; $N_{äq}$; Bo; Bo_{o-o}; Bo_{g-g}; Bo_{g-o}; Re; Vorzugsmodell.

5. Ausgehend von dieser Tabelle und den Diagrammen zur Bewertung der grafischen Einpassung der gemessenen E(Θ)- und F(Θ)-Werte in die entsprechenden Kurvenscharen von Modellreaktoren sind die erhaltenen Ergebnisse zu diskutieren.

6. Für die Versuche mit Rohrreaktoren sind die BODENSTEIN-Zahlen Bo_{o-o}; Bo_{g-g}; Bo_{g-o} und die äquivalenten Rührstufenzahlen $N_{äq}$ in einem Diagramm als Funktion der Re-Zahl darzustellen.

Beachten: in Bo $= w_1 \cdot L/D_1$ ist L die Rohrlänge,
             in Re $= w_1 \cdot L/\nu$ ist für L als charakteristische Länge der Rohrdurchmesser d einzusetzen.

Aus den Relationen zwischen $\bar{t}$ und τ ist eine Aussage zu treffen, welcher Fall für die Bilanzgrenzen des Dispersionsmodells auf die durchgeführten Messungen am besten zutrifft.

Literatur

BAERNS, M.; HOFMANN, H.; RENKEN, A.: „Chemische Reaktionstechnik – Lehrbuch der Technischen Chemie",
Bd. *1, Georg Thieme Verlag, Stuttgart/New York* **1999**, Kapitel 9.

FITZER, E.; FRITZ, W.; EMIG, G.: „Technische Chemie – Einführung in die Chemische Reaktionstechnik",
Springer-Lehrbuch, 4. Auflage, *Berlin/Heidelberg/New York* **1995**, Kapitel 11.

FOGLER, H. S.: „Elements of Chemical Reaction Engineering", 2. Auflage, *Prentice-Hall International Inc.*
1992, Kapitel 13 und 14.

LEVENSPIEL, O.: „The Chemical Reactor Omnibook", *OSU Book Store Inc. Corvallis* **1996**, Chapter 61 bis 68.

3

3.1.2
Verweilzeitverteilung und stationärer Umsatz

Technisch-chemischer Bezug

Der überwiegende Teil der chemischen Produktion erfolgt in kontinuierlich von der Reaktionsmasse durchströmten Reaktoren. Für die Aufenthaltsdauer der einzelnen Moleküle oder Volumenelemente im von der Reaktionsmasse eingenommenen Volumen V_R liegt immer eine **Verweilzeitverteilung** vor.

Ein einzelner kontinuierlich betriebener Rührkessel und dessen theoretisches Grundmodell, der kontinuierliche Idealkessel (KIK), weisen unter allen bekannten Reaktoren die breiteste Verweilzeitverteilung und damit das ungünstigste Umsatz- und Selektivitätsverhalten auf. In der chemischen Produktion werden sie deshalb dort, wo man auf bestimmte vorteilhafte Eigenschaften der Rührkessel nicht verzichten kann, oft in Form von Kesselkaskaden eingesetzt, denn bereits eine Reihenschaltung aus zwei Kesseln besitzt ein deutlich engeres Verweilzeitspektrum als das Einzelelement. Wenn aus bestimmten reaktionstechnischen oder aus ökonomischen Gründen Rührkesselkaskaden nicht einsetzbar sind, werden andere Reaktorarten mit enger Verweilzeitverteilung verwendet, z. B. hochturbulent durchströmte Rohrreaktoren, Füllkörperreaktoren, Rohre mit eingebauten statischen Mischkörpern, Kreislaufreaktoren, Bodenkolonnen, Drehscheibenkolonnen, Zellreaktoren, Wirbelschichtreaktoren. Bei der Auswahl eines Reaktors für eine vorgegebene chemische Reaktion ist der zu erwartende Umsatz ein entscheidendes Kriterium.

Grundlagen

Die Vorausberechnung des zu erwartenden stationären Umsatzes in einem beliebigen kontinuierlich betriebenen Reaktor bei bekannter Kinetik der darin ablaufenden Reaktion(en) ist nur dann möglich, wenn wenigstens eine der folgenden Vorgaben erfüllt ist:

- Es wird angenommen oder es ist nachgewiesen, dass sich der Reaktor wie ein ideales Reaktorgrundmodell (z. B. kontinuierlicher Idealkessel, Kaskade kontinuierlicher Idealkessel, Idealrohr, Rohreaktor mit axialer Rückvermischung (Dispersion), Rohrreaktor mit laminarer Strömung, Schlaufenreaktor) verhält.
- Vom Reaktor liegt ein Verweilzeitspektrum vor oder es kann experimentell ermittelt werden.

Im ersten Fall kann aus der Bilanzgleichung für das dynamische Verhalten des ausgewählten Reaktorgrundmodells die Gleichung für den stationären Zustand formuliert werden. Das führt zu den sogenannten **Auslegungsgleichungen**. Für die Modellfälle KIK und IR lauten diese:

$$\tau_{KIK} = \frac{c_{A,0} \cdot U_A}{-r_A} \tag{1}$$

bzw.

$$\tau_{IR} = c_{A,0} \int \frac{dU_A}{-r_A} \,. \tag{2}$$

Die Größen U_A und r_A in der Gleichung (1) werden für die Bedingungen am Reaktorausgang bestimmt, die im Falle des KIK dem Zustand im Reaktorinnern entsprechen. Im Gegensatz dazu ändern sich diese Größen beim IR kontinuierlich zwischen Eingang und Ausgang. Deshalb muss nach Gleichung (2) vom Umsatz am Eingang bis zum Umsatz am Ausgang integriert werden.

Für einen gut konstruierten Rührkessel kann man mit großer Sicherheit annehmen, dass er sich annähernd wie ein kontinuierlicher Idealkessel (KIK) verhält. Ein Rohrreaktor muss mit stark turbulenter Strömung betrieben werden, wenn er sich angenähert wie ein idealer Rohrreaktor (IR) verhalten soll. Die experimentelle Überprüfung dieser Annahme kann durch Aufnahme des Verweilzeitspektrums erfolgen. Häufig liegt bei Rohrreaktoren axiale Rückvermischung vor. Während die Auslegungsgleichungen zur Berechnung der für einen vorgegebenen Umsatz erforderlichen Raumzeit für die Reaktortypen KIK und IR sowie deren Reihenschaltungen nur Größen zur Kinetik der betrachteten Reaktion enthalten, beinhalten die Gleichungen für das Realrohr modellbedingt auch den axialen Dispersionskoeffizienten. Dieser muss in der Regel erst experimentell durch Verweilzeitmessungen ermittelt werden.

Liegt für einen chemischen Reaktor die Wahrscheinlichkeitsdichtefunktion E(t) oder die integrale Verteilungsfunktion F(t) in algebraischer Form oder als Ergebnis experimenteller Untersuchungen in Form einer Wertetabelle vor, dann kann daraus der **mittlere stationäre Umsatz** $\bar{U}_A$ wie folgt berechnet werden:

$$\bar{U}_A = \int_0^\infty U_A(t) \cdot E(t) \cdot dt \tag{3}$$

bzw.

$$\bar{U}_A = \int_0^\infty U_A(t) \cdot dF(t). \tag{4}$$

Diese Gleichungen gelten unter der Annahme, dass im Reaktor vollständige Segregation herrscht, die Bahnen der einzelnen Teilchenballen durch den Reaktor also separat ohne Vermischung mit anderen verlaufen.

Die Ermittlung der in den Gleichungen auftretenden Funktionen E(t) bzw. F(t) aus gemessenen Verweilzeitspektren wird beim Versuch 3.1.1 „Messung der Verweilzeitverteilung in verschiedenen Reaktortypen" ausführlich dargestellt.

Die Form dieser Verteilungsfunktion hängt wesentlich vom Reaktortyp und den Strömungsverhältnissen im Reaktor ab. Damit haben sie einen erheblichen Einfluss auf den mittleren Umsatz und bei Reaktionen mit komplexer Kinetik zusätzlich starke Auswirkungen auf die Produktverteilung.

Zur Untersuchung des Einflusses der Verweilzeitverteilung auf den Umsatz in kontinuierlich betriebenen Reaktoren eignet sich als Modellreaktion die alkalische Verseifung des Essigsäureethylesters, die unter bestimmten Bedingungen irreversibel nach einer Kinetik 2. Ordnung abläuft:

$$H_3CCOOC_2H_5 + NaOH \xrightarrow{k} H_3CCOONa + C_2H_5OH$$

$$r = kc_Ac_B = k_0exp(-E_A/RT)c_Ac_B, \tag{5}$$

mit c_A Konzentration des Essigsäureethylesters,
c_B Konzentration der Natronlauge.

Bei äquimolarem Zulauf beider Komponenten gilt $c_{A,0} = c_{B,0}$ und damit $c_A = c_B$. Für die Stoffumwandlungsgeschwindigkeit des Essigsäureethylesters ergibt sich damit die Gleichung:

$$r_A = \frac{dc_A}{dt} = v_Ar = -kc_A^2 . \tag{6}$$

Für die Berechnung des mittleren stationären Umsatzes $\bar{U}_A$ gemäß Gleichungen (3) und (4) wird ein mathematischer Ausdruck für die Zeitfunktion des Umsatzes $U_A(t)$ benötigt. Diesen erhält man nach Einführung des Umsatzes U_A über die Beziehung $c_A = c_{A,0}(1 - U_A)$ in Gleichung (6) und anschließende Integration:

$$U_A(t) = \frac{kc_{A,0}t}{1 + kc_{A,0}t} . \tag{7}$$

Die Gleichung zur Berechnung des theoretisch zu erwartenden mittleren Umsatzes lautet damit

$$\bar{U}_A = \int_0^\infty (kc_{A,0}t/(1 + kc_{A,0}t)) \cdot E(t)dt. \tag{8}$$

Wenn für die Wahrscheinlichkeitsdichteverteilung E(t) diskrete Messwerte in Form einer Tabelle $(t_i; E(t_i))$ vorliegen, kann der Wert des Integrals, also der mittlere Umsatz $\bar{U}_A$, numerisch berechnet werden. Bei genügend kleinen Abständen zwischen den Messwerten für $E(t_i)$ ist dafür die Trapezregel geeignet.

Für die Berechnung von τ_{KIK} bzw. τ_{IR} erhält man nach dem Einsetzen des Ausdruckes

$$r_A = -k \cdot c_{A,0}^2(1 - U_A)^2 \tag{9}$$

in die Auslegungsgleichungen (1) und (2)

$$\tau_{KIK} = \frac{1}{k \cdot c_{A,0}} \cdot \frac{U_A}{(1 - U_A)^2} \tag{10}$$

bzw.

$$\tau_{IR} = \frac{1}{k \cdot c_{A,0}} \cdot \frac{U_A}{1 - U_A} . \tag{11}$$

Um für eine vorgegebene Raumzeit den dazugehörigen stationären Umsatz zu berechnen, sind diese Gleichungen nach U_A umzustellen.

Zur Berechnung des **Übergangsverhaltens** eines kontinuierlichen Idealkessels von einem stationären Umsatzwert in den nächsten nach einer sprungartigen Änderung der Zulaufströme (dabei ändert sich auch die Raumzeit τ sprungartig) lässt sich unter Einführung der reduzierten Zeit Θ für die vorliegende Reaktion 2. Ordnung folgende Gleichung aufstellen:

$$\frac{dU_A}{d\Theta} = -U_A + Da \cdot (1 - U_A)^2, \text{ mit}$$

$$Da = k\tau c_{A,0} \quad \text{und} \quad \Theta = t/\tau = t/\bar{t}. \tag{12}$$

Neben dem stationären Verhalten lässt sich auch das dynamische Verhalten des kontinuierlichen Rührkessels nach einer sprungartigen Änderung der Volumenströme beider Komponenten auf einen neuen Wert (unter Beachtung des äquimolaren Zulaufs!) experimentell erfassen und **simulieren**. Dazu müssen von einem stationären Zustand ausgehend möglichst schnell beide Volumenströme auf den neuen Wert eingestellt werden. Mit Hilfe der kontinuierlichen Leitfähigkeitsmessung und durch parallele Probenahme mit Titration wird dann die Zeitfunktion $U_A(t)$ bis zum Erreichen des neuen stationären Zustandes aufgenommen. Die kontinuierliche Messung des Umsatzes kann beim vorliegenden Modell-Stoffsystem sehr gut über eine Leitfähigkeitsmessung erfolgen, weil während der Verseifung proportional zum Umsatz Hydroxylionen durch Acetationen ersetzt werden. Da OH^--Ionen eine deutlich höhere molare Leitfähigkeit als Acetationen besitzen, sinkt mit steigendem Umsatz die Leitfähigkeit des Reaktionsgemisches.

Aufgabenstellung

Für einen kontinuierlichen Rührkessel und einen Rohrreaktor sind bei vorgegebener Temperatur für verschiedene Volumenströme das Übergangsverhalten $U_A(t)$ nach dem sprungartigen Umstellen von einem Wert des Volumenstromes auf einen anderen und der stationäre Umsatz bei der alkalischen Verseifung von Essigsäureethylester experimentell zu ermitteln (kontinuierlich durch Leitfähigkeitsmessung, Stichproben mit Titration).

Nach Abschluss dieser Versuche sind für die gleichen Strömungsbedingungen, jedoch mit Leitungswasser statt Reaktionslösung, die Verweilzeitverteilungen aufzunehmen und deren Parameter zu berechnen (EXCEL-Vorlage!). Die Ermittlung der Verweilzeitspektren erfolgt durch Impulsmarkierung des zulaufenden Wassers mit Kochsalzlösung und Registrierung des Zeitverlaufs der NaCl-Konzentration am Reaktorausgang mit einer 4-Elektroden-Leitfähigkeitssonde.

Aus den mittleren Verweilzeiten sind mit Hilfe der Auslegungsgleichungen für KIK und IR die zu erwartenden Umsätze zu berechnen.

Mit den experimentell ermittelten Werten für E(t) ist durch Integration der Gleichung $\bar{U}_A = \int\limits_0^\infty (kc_{A,0}t/(1 + kc_{A,0}t)) \cdot E(t)dt$ der zu erwartende mittlere Umsatz $\bar{U}_A$ zu berechnen.

Unter Verwendung des EXCEL-Programms ist für die bei den experimentellen Untersuchungen benutzten Werte für die mittlere Verweilzeit das dynamische Verhalten des Rührkessels zu simulieren und mit den gemessenen Werten zu vergleichen.

Alle drei pro Versuch vorliegenden stationären Umsatzwerte (experimentell, aus $U_A(t) \cdot E(t)$ durch Integration und nach der Auslegungsgleichung ermittelt) sind miteinander und mit denen aus anderen Versuchen zu vergleichen.

Versuchsaufbau und -durchführung

Das Apparateschema ist in Abb. 3.8 dargestellt. In den Vorratsbehältern befinden sich die wässrigen Lösungen der Ausgangsstoffe: 0,1 n NaOH und 0,1 n Essigsäureethylester. Diese Lösungen werden mit Hilfe von Schlauchpumpen durch Rotameter und Wärmeaustauscher zu einer Mischstelle gepumpt. Je nach Schaltzustand der Magnetventile (Schalter „KI-Kessel" und „R-Reaktor" am Schaltkasten) wird das Reaktionsgemisch in den Rührkessel bzw. in den Rohrreaktor geleitet.

Der Versuchsaufbau gestattet Volumenströme von 2 − 20 l/h für jede Komponente.

Durchflussmischreaktor

Der Zulauf zum kontinuierlichen Rührkessel erfolgt über einen Stutzen am Deckel, der Ablauf an einem seitlich angesetzten Überlauf. In dem dort angeschlossenen Messbecher erfolgt die kontinuierliche Konzentrationsmessung mit der Leitfähigkeitssonde bzw. die Probenahme für die Titration. Das im Kessel befindliche Volumen V_R an Reaktionsflüssigkeit ist am Ende der Versuche durch Ablassen am Bodenauslauf mit einem Messzylinder zu ermitteln.

Die Impulsmarkierung mit Kochsalz-Lösung für die Aufnahme der Verweilzeitspektren wird beim Rührkessel manuell mit einer Spritze über einen Stutzen am Deckel ausgeführt. Die Ermittlung des Zeitverlaufes der Kochsalz-Konzentration erfolgt mit einem Leitfähigkeitsmessgerät und einer 4-Elektroden-Leitfähigkeitssonde. Die Messwerte werden mit einem Personalcomputer registriert und auf einem Bild-

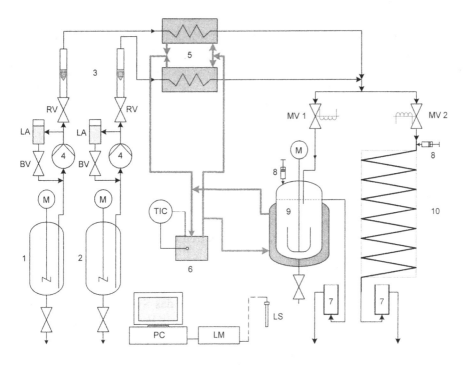

1	Vorratsgefäß: 0,1 n Natronlauge		6	Thermostat
2	Vorratsgefäß: 0,1 n wässrige		7	Überlauf (regelt im Rührkessel)
	Essigsäureethylester-Lösung		8	Injektionsvorrichtung für
3	Rotameter			Natriumchlorid-Lösung
4	Schlauchpumpen		9	kontinuierlicher Rührkessel
5	Wärmeaustauscher		10	Rohrreaktor
M	Rührmotor		PC	Personalcomputer mit A/D-
MV	Magnetventile			Wandlerkarte
RV	Rotameterventil		LM	Leitfähigkeitsmessgerät
BV	Bypass-Feinventil		LS	Leitfähigkeitssonde

Abb. 3.8. Schematische Darstellung der Versuchsapparatur

schirm online dargestellt. Zur Auswertung steht eine Vorlage für eine EXCEL-Tabellenkalkulation zur Verfügung.

Strömungsrohrreaktor

Der Reaktor besteht aus einem PVC-Schlauch, der in Wicklungen auf einem Zylinder aufgebracht ist. Das Reaktorvolumen ist am Versuchsstand angegeben. Die Impulsmarkierung mit Kochsalzlösung für die Aufnahme der Verweilzeitspektren erfolgt beim Strömungsreaktor über eine Einspritzvorrichtung an der Frontplatte des Versuchsstandes. Die Probenahme und die kontinuierliche Konzentrationsmessung mit der Leitfähigkeitssonde erfolgt im durchströmten Messbecher am Ausgang des Reaktors.

Vorbereitung der Messungen

- Die Vorratsgefäße sind mit der 0,1 n NaOH-Lösung und der 0,1 n Essigsäure-ethylester-Lösung aufzufüllen, der Thermostat ist in Betrieb zu nehmen.
- Danach wird am Schaltkasten der Schalter „Anlage ges." eingeschaltet, wobei sich vorher alle anderen Schalter noch in der Stellung „Aus" befinden müssen. Anschließend werden der Personalcomputer, der Bildschirm und das Leitfähigkeitsmessgerät eingeschaltet.
- Dem NaOH-Vorratsgefäß ist eine Probe zu entnehmen und zu titrieren. Aus dem Titrationsergebnis ist die Konzentration zu berechnen.
- Einstellung des Leitfähigkeitsmessgerätes, Aufruf und Bedienung des Messprogramms
  - Diese Vorgänge sind in der Arbeitsplatzanleitung beschrieben.
  - Für die Umrechnung der Leitfähigkeitswerte in Konzentrationswerte liegt eine Tabellenkalkulation vor, die die Kalibrierfunktion enthält.
- Einstellung der Volumenströme
  - Für die Rotameter stehen am Versuchsstand Kalibriertabellen zur Verfügung.
  - Um eine hohe Stabilität der Volumenströme zu erreichen, ist die in der Arbeitsplatzanleitung enthaltene Bedienungsvorschrift für das System Drehzahlsteller an der Schlauchpumpe, Rotameterventil und Bypass-Feinventil genau einzuhalten.
  - Die Einhaltung der Sollwerte ist in kurzen Abständen zu überwachen.
- Titrationsvorschrift
  - Es sind mehrere Titrierkolben mit 20 ml 0,05 n HCl-Lösung vorzubereiten.
  - In vorgegebenen Abständen sind aus den an den Reaktorausgängen befindlichen Messbechern Proben von exakt 10 ml zu entnehmen und möglichst rasch in die vorbereiteten Titrierkolben zu füllen.
  - Anschließend ist die überschüssige Säure mit 0,05 n NaOH gegen Phenolphthalein zurückzutitrieren.
  - Zur Titration der reinen NaOH-Lösung sind 25 ml 0,05 n HCl-Lösung vorzulegen.
  - Nach Abschluss einer Titration ist sofort die nächste vorzubereiten.
- Bei allen Verseifungsversuchen ist die Temperatur der Reaktionsmasse zu notieren.

Durchführung der Messungen zur Verseifung im Durchflussmischreaktor

- Am Schaltkasten sind die Schalter „KI-Kessel" und „Pumpe" einzuschalten. Der Schalter „R-Reaktor" muss ausgeschaltet sein.
- Der Rührmotor ist einzuschalten, der Drehzahlstellknopf soll auf ca. 200 U min^{-1} stehen.
- Das Bodenauslaufventil am Rührkessel muss geschlossen sein.
- Der erste vorgegebene Volumenstrom ist für beide Edukte einzustellen (s. Bedienungsanleitung am Arbeitsplatz).
- Die Leitfähigkeitsmesssonde ist im Messbecher am Reaktorausgang zu positionieren.

- Das Messprogramm ist aufzurufen, aber noch nicht zu starten. Die vorgegebenen Werte für Messfrequenz und Messdauer t_M sind einzugeben.
- Sobald Reaktionslösung durch den Messbecher strömt, sind das Messprogramm und die Stoppuhr zu starten.
- (*) Während der Übergangszeit und im stationären Zustand sind der ablaufenden Lösung Stichproben zu entnehmen und zu titrieren (Zeitpunkt notieren).
- Wenn die Registrierkurve für die Leitfähigkeit ca. 10 Minuten auf gleichem Wert bleibt, ist die sprungartige Änderung der Eingangsströme auf den nächsten vorgegebenen Wert vorzunehmen. Synchron dazu wird mit einem Schalter eine Zeitmarke auf die Messdaten gesetzt.
- Fortsetzung der Messungen nach der Einstellung neuer Werte für die Versuchsparameter bei (*).

Durchführung der Messungen zur Verseifung im Strömungsrohrreaktor
- Am Schaltkasten sind die Schalter „R-Reaktor" und „Pumpe" einzuschalten. Der Schalter „KI-Kessel" muss ausgeschaltet sein.
- Alle weiteren Schritte sind analog zum kontinuierlichen Rührkessel auszuführen.

Durchführung der Verweilzeitmessungen
- Die Vorratsbehälter sind abzulassen, mehrfach mit Leitungswasser zu spülen und damit zu füllen.
- Für den jeweiligen Reaktor werden die vorgegebenen Volumenströme eingestellt, das Messprogramm aufgerufen, die Messfrequenz und Messdauer eingegeben.
- Die Markierungsvorrichtungen sind mit der bereitgestellten Kochsalzlösung zu füllen.
- Analog zur Beschreibung der Verweilzeitmessung im Versuch 3.1.1 „Messung der Verweilzeitverteilung in verschiedenen Reaktortypen" erfolgt die Markierung und Messwerterfassung.
- Für die Auswertung ist die zum Versuch gehörende EXCEL-Dateivorlage zu benutzen.

Hinweise zur Auswertung und Diskussion

1. Für alle durchgeführten Verseifungsversuche ist eine zusammenfassende Tabelle mit folgenden Angaben zu erstellen: Reaktortyp, τ, $\bar{t}$; die experimentell ermittelten stationären Umsätze: $U_{A,Titr.}$, $U_{A,Leit}$; die mit τ und $\bar{t}$ nach den Gleichungen (10) bzw. (11) berechneten stationären Umsätze; der mittlere stationäre Umsatz $\bar{U}_A$ (s. Gl. (8)) ist als Ergebnis der Tabellenkalkulation für die Verweilzeit-Auswertung zu entnehmen; $U_{A,stat.}$ ist aus der Tabellenkalkulation für die Simulation nach dem RUNGE-KUTTA-Verfahren erhältlich.
2. In das Diagramm für die Simulation des Übergangsverhaltens sind die jeweiligen Daten aus den Verseifungsversuchen zu importieren.

3

3. Aus den experimentell gefundenen stationären Umsätzen sind mit den Gleichungen (10) bzw. (11) die dafür erforderlichen Werte τ_{KIK} bzw. τ_{IR} zu berechnen und mit den im Experiment wirksam gewesenen Werten für τ und $\bar{t}$ zu vergleichen.

4. Zur Berechnung der Stoffumwandlungsgeschwindigkeit (s. Gl. (5) und Gl. (9)) sind folgende Werte für den präexponentiellen Faktor k_0, die Aktivierungsenergie E_A und die Anfangskonzentration $c_{A,0}$ einzusetzen:

$k_0 = 4{,}0127 \cdot 10^8 \; 1 \cdot mol^{-1} \cdot min^{-1}$, $E_A = 44427 \; J \cdot mol^{-1}$, $c_{A,0} = 0{,}05 \; mol \cdot l^{-1}$

5. Die Verweilzeitmessungen sind analog zum Versuch 3.1.1 „Messung der Verweilzeitverteilung in verschiedenen Reaktortypen" auszuwerten.

Literatur

BAERNS, M.; HOFMANN, H.; RENKEN, A.: „Chemische Reaktionstechnik – Lehrbuch der Technischen Chemie", Bd. *1, Georg Thieme Verlag, Stuttgart/New York* **1999**, Kapitel 9.

FITZER, E.; FRITZ, W.; EMIG, G.: „Technische Chemie – Einführung in die Chemische Reaktionstechnik", Springer-Lehrbuch, 4. Auflage, *Berlin/Heidelberg/New York* **1995**, Kapitel 11.

3.2
Stofftransport und Reaktion

Bei den meisten technisch-chemischen Prozessen erfolgt die chemische Umsetzung in einem Mehrphasensystem. In diesen Fällen ist die chemische Reaktion immer mit Transportprozessen zu und von Phasengrenzflächen (heterogen katalysierte Reaktionen) oder mit Stoffübergängen durch Phasengrenzen (Absorptionsvorgänge mit nachfolgenden Reaktionen) verbunden.

Die Geschwindigkeit, mit der eine chemische Reaktion in einem Bilanzraum abläuft, ist durch die Wechselwirkung zwischen der Reaktionsgeschwindigkeit und der Geschwindigkeit des Stofftransportes bestimmt. In der Stoffbilanz wird die zeitliche Änderung der Stoffmenge im Bilanzraum beschrieben. Grundlage dafür ist der Satz von der Erhaltung der Masse. Verbal und in koordinatenfreier Form lautet die **Stoffbilanzgleichung**:

$$
\begin{array}{cccccc}
\text{zeitl. Änderung} & = & \text{Änderung} & + & \text{Änderung} & + & \text{Änderung} & + & \text{Änderung} \\
\text{der Molzahl} & & \text{durch} & & \text{durch} & & \text{durch Stoff-} & & \text{durch} \\
& & \text{Konvektion} & & \text{Diffusion} & & \text{übergang} & & \text{chem. Reaktion}
\end{array}
$$

$$
\frac{\partial c_i}{\partial t} = -\mathrm{div}\,(\vec{w} \cdot c_i) \;-\; \mathrm{div}\,(-D\,\mathrm{grad}\,c_i) \;+\; \beta \cdot A_V \Delta c \;+\; \sum_j v_{ij} r_j
$$

Die einzelnen Terme der Stoffbilanzgleichung sind in Kapitel 2.3 „Stoff- und Wärmetransport" näher erläutert.

Bei mehrphasigen Systemen muss allgemein die Stoffbilanz für jede beteiligte Phase formuliert werden. Die einzelnen Bilanzgleichungen sind durch die Übergangsterme miteinander verknüpft.

Der Begriff **Makrokinetik** kennzeichnet Stoffumwandlungen, die unter Einbeziehung von Transportvorgängen oder Phasenübergängen ablaufen, im Gegensatz zu der **Mikrokinetik**, die die chemische Kinetik ohne Einbeziehung von Transportvorgängen beschreibt.

Die Ermittlung der effektiven Stoffumwandlungsgeschwindigkeit (Makrokinetik) im stationären Zustand erfordert die Verknüpfung der Gleichungen für Stoffübergang und Reaktion. Als Ergebnis erhält man eine Geschwindigkeitsgleichung, welche die Koeffizienten für Stoffübergang und Reaktion enthält.

Für die chemische Umsetzung zwischen Stoffen, die in unterschiedlichen fluiden Phasen vorliegen, lassen sich makrokinetisch folgende Teilschritte unterscheiden:

- konvektiver Antransport bis an die Grenzschicht
- Transport durch die Grenzschicht bis zur Phasengrenze
- Durchtritt durch die Phasengrenze
- Transport durch die Grenzschicht der zweiten Phase, Reaktion
- konvektiver Transport in das Innere der zweiten Phase, Reaktion bis zur Gleichgewichtseinstellung

3

Für die Beschreibung des Transportes durch die Phasengrenzschicht wurden unterschiedliche Modellvorstellungen entwickelt. Der Zweifilmtheorie nach LEWIS und WHITMAN liegt die Vorstellung zugrunde, dass sich an der Phasengrenze eine laminare Grenzschicht ausbildet, durch welche der Stofftransport durch Diffusion erfolgt. Oberflächenerneuerungstheorie nach DANCKWERTS und Penetrationstheorie nach HIGBIE gehen davon aus, dass der Austausch von Fluidelementen erfolgt, die sich für gewisse Zeiten an der Phasengrenzfläche aufhalten. Für die Stoffübergangsgeschwindigkeit führen beide Theorien weitgehend zu gleichen Ergebnissen.

Bei der Beteiligung fester Phasen an einer chemischen Reaktion sind dieser ebenfalls mehrere Transportvorgänge vor- und nachgelagert:

- konvektiver Transport zum Feststoffteilchen
- Diffusion durch die äußere Grenzschicht zur Feststoffoberfläche (Filmdiffusion)
- Diffusion im Porensystem des Feststoffes zur inneren Oberfläche
- Adsorption, Reaktion und Desorption der Reaktionsprodukte (Mikrokinetik)
- Porendiffusion bis zur Feststoffoberfläche
- Filmdiffusion durch die äußere Grenzschicht
- konvektiver Abtransport

Das Auftreten von Konzentrations- und Temperaturgradienten in der äußeren Grenzschicht des Feststoffes kann durch Kopplung der Reaktionsgeschwindigkeitsgleichung mit den Gleichungen für Stoff- und Wärmeübergang untersucht werden. Im Allgemeinen treten derartige Gradienten nur bei sehr schnellen Reaktionen auf.

Wesentlich häufiger wird die **effektive Reaktionsgeschwindigkeit** durch innere Transportvorgänge beeinflusst. Zur Beschreibung von Stofftransport und Reaktion im Porensystem eines Katalysators geht man oft vom Modell einer zylindrischen Einzelpore aus. In der Stoffbilanzgleichung werden dabei nur die axialen Konzentrationsgradienten berücksichtigt. Für den stationären Zustand erhält man für Edukte und Produkte Konzentrations-/Ortsabhängigkeiten über die Porenlänge, die durch das Verhältnis zwischen Reaktions- und Transportgeschwindigkeit determiniert sind. Grundlegende Untersuchungen zur effektiven Reaktionsgeschwindigkeit in porösen Systemen wurden von DAMKÖHLER und THIELE durchgeführt.

Besondere Bedeutung haben in der chemischen Technik die heterogen-katalysierten Gasreaktionen, über die ein großer Teil der anorganischen und organischen Grundchemikalien (Ammoniak, Methanol) erzeugt wird.

Literatur

BRAUER, A.: „Stoffaustausch einschließlich chemischer Reaktionen", *Verlag Sauerländer Aarau/Frankfurt* **1971**.

DIALER, K.; ONKEN, U.; LESCHONSKI, K.: „Grundzüge der Verfahrenstechnik und Reaktionstechnik", *Carl Hanser Verlag München/Wien* **1986**, Kapitel 3.

3.2.1
Benzylchloridverseifung im Rührkessel

Technisch-chemischer Bezug

Bei der Auslegung technischer Reaktoren für **heterogene Flüssigphasenreaktionen** ist neben der chemischen Reaktionskinetik (Mikrokinetik) der Einfluss von Stoff- und Wärmetransportvorgänge (Makrokinetik) auf die Geschwindigkeit des Gesamtprozesses zu berücksichtigen. Dabei wirken sich Reaktorvolumen, Reaktorgeometrie und Art der Mischeinrichtung auf die Strömungsverhältnisse und die Stoffaustauschfläche aus.

Mit Hilfe von Laborversuchen können die einzelnen Schritte, die die Reaktionsgeschwindigkeit beeinflussen, durch entsprechende Variation der Einflussgrößen untersucht werden.

Grundlagen

Stoffübergang an einer fluid/fluid-Phasengrenzfläche

Nach der **Zweifilmtheorie** (s. Abb. 3.9) wird angenommen, dass sich an der Phasengrenze zwei laminare Filme ausbilden, in denen der Stofftransport durch molekulare Diffusion erfolgt. Im Inneren der Phasen sollen keine Konzentrationsgradienten auftreten. In den laminaren Filmen liegt damit der gesamte, durch den Konzentrationsgradienten bestimmte Transportwiderstand aus der Phase (1) in die Phase (2).

An der Grenzfläche stellt sich das Phasengleichgewicht ein. Bei niedrigen Konzentrationen des übergehenden Stoffes bildet sich eine Konzentrationsdifferenz entsprechend des Nernstschen Verteilungssatzes aus. Die Dicke der laminaren Grenzschicht hängt von den Eigenschaften der Medien (Viskosität) und von der Stärke der Konvektion im Phaseninneren ab. Formal kann der Stoffstrom durch die laminare Grenzschicht nach dem 1. Fickschen Gesetz beschrieben werden:

$$J = -D\frac{\Delta c}{\delta}. \qquad (1)$$

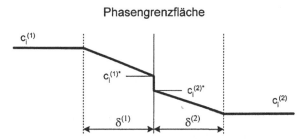

Abb. 3.9. Stoffübergang nach der Zweifilmtheorie

Mit der Stoffaustauschfläche A_S und dem Stoffübergangskoeffizienten $\beta = D/\delta$ ergibt sich für den Strom des Stoffes i durch die Phasengrenze

$$\dot{n}_i = \beta_i^{(1)} \cdot A_S \left(c_i^{(1)} - c_i^{(1)*} \right) \tag{2}$$

und

$$\dot{n}_i = \beta_i^{(2)} \cdot A_S \left(c_i^{(2)*} - c_i^{(2)} \right). \tag{3}$$

Die unbekannten Konzentrationen c* sind über den NERNSTschen Verteilungssatz verknüpft

$$K = \frac{c_i^{(1)*}}{c_i^{(2)*}} . \tag{4}$$

Chemische Reaktion und Stoffübergang

Reagiert der aus der Phase (1) in die Phase (2) übergegangene Stoff nach einem Geschwindigkeitsgesetz erster Ordnung ab:

$$r = k c_i^{(2)} V^{(2)} \tag{5}$$

und wird angenommen, dass die Konzentration des Stoffes i in der Phase (1) an der Phasengrenze gleich der im Phaseninneren ist

$$c_i^{(1)} = c_i^{(1)*}, \tag{6}$$

wird der Stoffübergang nur durch den Diffusionswiderstand in der Phase (2) bestimmt. Aus (3) bis (6) folgt

$$r_{eff} = k_{eff} \cdot c_i^{(1)}, \quad \text{mit} \quad k_{eff} = \frac{1}{K \left(\dfrac{1}{\beta_i^{(2)} A_S} + \dfrac{1}{k V^{(2)}} \right)} . \tag{7, 8}$$

Die Geschwindigkeitskonstante k_{eff} setzt sich aus den Komponenten für Stofftransport und für Reaktion zusammen.

Um hohe Reaktionsgeschwindigkeiten zu erreichen, muss der Term $(\beta_i^{(2)} \cdot A_S)$ möglichst große Werte annehmen. Es müssen also durch intensive Durchmischung zum Einen möglichst kleine Diffusionsgrenzschichtdicken und zum Anderen möglichst fein verteilte Tröpfchen für die disperse Phase und damit eine große Stoffaustauschfläche angestrebt werden.

Diese Größen werden bei Einsatz eines Rührkessels durch die Geometrien von Reaktor und Rührer, durch die Rührerdrehzahl sowie durch die Stoffeigenschaften der Medien bestimmt.

Die Temperaturabhängigkeit der Geschwindigkeitskonstanten k der chemischen Reaktion (ARRHENIUS-Gleichung) ist in der Regel stärker als die des Stofftransportkoeffizienten β. Durch größere Temperaturänderungen kann daher das die Reaktionsgeschwindigkeit bestimmende Prinzip wechseln.

Sollen bei Laborversuchen die Stofftransporteinflüsse weitgehend ausgeschaltet werden, so erfordert dies eine geringe Reaktionstemperatur und eine möglichst intensive Durchmischung. Durch systematische Änderung der hydrodynamischen Bedingungen (Rührerdrehzahl, Fließgeschwindigkeit) kann der stofftransportkontrollierte Bereich ermittelt werden.

Aus k_{eff} lässt sich die scheinbare Reaktionsordnung ableiten. Weicht diese von 1 ab, so ist anzunehmen, dass die eigentliche chemische Reaktion geschwindigkeitsbestimmend ist, da bei der Stofftransportgeschwindigkeit der Exponent der Konzentration gleich 1 ist. Ist die scheinbare Reaktionsordnung gleich 1, so kann keine Aussage getroffen werden.

Die scheinbare Reaktionsordnung und die effektive Reaktionsgeschwindigkeitskonstante können experimentell ermittelt werden. Man bestimmt die zeitliche Änderung der Reaktandenkonzentration c und vergleicht durch grafische Auftragung verschiedene Geschwindigkeitsgesetze:

- Reaktion 0. Ordnung: $\quad c = c_0 - k_{eff}\, t \qquad \Rightarrow c \sim t$
- Reaktion 1. Ordnung: $\quad \ln c = \ln c_0 - k_{eff}\, t \Rightarrow \ln c \sim t$
- Reaktion 2. Ordnung: $\quad 1/c = 1/c_0 + k_{eff}\, t \quad \Rightarrow 1/c \sim t$

Der Einfluss des Stofftransportes kann durch die Abschätzung des Stofftransportkoeffizienten $\beta_i^{(2)}$ und der spezifischen Stoffaustauschfläche A_V in Abhängigkeit von den Reaktionsparametern untersucht werden. Für den Stofftransportkoeffizienten β wurde empirisch folgender Zusammenhang gefunden:

$$\beta = C_R\, n^m \ (0{,}3 < m < 0{,}8), \text{ mit } C_R \text{ Rührerkonstante,} \qquad (9)$$
$$n \quad \text{Rührerdrehzahl.}$$

Die Rührerkonstante C_R lässt sich nach KAFAROV und BABANOV für definierte Reaktionsbedingungen folgendermaßen berechnen:

$$C_R = \frac{A_V L}{We^{0{,}5} Re^{0{,}1} (\varphi^{(2)})^{0{,}84}}, \text{ mit } \quad L \quad \text{Durchmesser des Rührerblattes,} \qquad (10)$$
$$We \quad \text{WEBER-Zahl,}$$
$$Re \quad \text{REYNOLDS-Zahl,}$$
$$\varphi^{(2)} \quad \text{Volumenanteil der Phase 2.}$$

3

Die WEBER-Zahl We und die REYNOLDS-Zahl Re sind für einen Rührkessel definiert durch:

$$We = \frac{\text{Trägheitskraft/Volumen}}{\text{Oberflächenkraft/Volumen}} = \frac{\rho_M \, n^2 \, L^3}{\sigma_M}, \tag{11}$$

$$Re = \frac{\text{Trägheitskraft/Volumen}}{\text{Reibungskraft/Volumen}} = \frac{\rho_M \, n \, L^2}{\eta_M}, \tag{12}$$

mit ρ_M Dichte der Dispersion,
σ_M Grenzflächenspannung des heterogenen Flüssig-Flüssig-Systems,
η_M dynamische Viskosität der Dispersion.

Unter Verwendung der Gleichungen (11) und (12) lässt sich nach Gleichung (10) die Rührerkonstante für einen bestimmten Rührertyp in einem vorgegebenen Reaktor und bei festgelegten Reaktionsbedingungen (Temperatur, Konzentration, Phasenverhältnis, Rührerdrehzahl) berechnen. Nach der Ähnlichkeitstheorie ist die Übertragung des Zusammenhangs in Gleichung (10) auf „ähnliche" Geometrien zulässig: C_R kann in einem definierten Bereich der Reaktionsbedingungen als konstante Größe angesehen werden, so dass die Gleichung die Berechnung der Stoffaustauschfläche für einen anderen Satz von Reaktionsparametern ermöglicht. Die Variablen in Gleichung (10) sind nach Gleichungen (11) und (12) entsprechend umzurechnen.

Verseifung von Benzylchlorid

Bei der basischen Verseifung von Benzylchlorid handelt es sich um eine monomolekulare nucleophile Substitutionsreaktion (vom S_N1-Typ). Bei der zweistufigen Reaktion dissoziiert zunächst das Benzylchlorid in ein Carbenium-Ion und ein Chlorid-Ion:

$$C_6H_5 - CH_2Cl \rightleftharpoons C_6H_5 - CH_2^+ + Cl^-.$$

Im zweiten Schritt reagiert das Carbenium-Ion mit einem Hydroxid-Ion der Natronlauge zu Benzylalkohol:

$$C_6H_5 - CH_2^+ + OH^- \rightleftharpoons C_6H_5 - CH_2OH.$$

Diese reine Ionenreaktion läuft im Vergleich zur Dissoziation sehr schnell ab, so dass der erste Reaktionsschritt die Geschwindigkeit der Gesamtreaktion bestimmt. Als Nebenreaktion tritt die Bildung von Dibenzylether auf:

$$C_6H_5 - CH_2^+ + HO - CH_2 - C_6H_5 \rightleftharpoons C_6H_5 - CH_2 - O - CH_2 - C_6H_5 + H^+.$$

Diese Reaktion ist unabhängig von der geschwindigkeitsbestimmenden Dissoziationsreaktion und läuft langsamer ab als die Bildung von Benzylalkohol. Sie kann daher im Folgenden vernachlässigt werden.

Da Benzylchlorid und wässrige Natronlauge nicht mischbar sind, findet die chemische Reaktion überwiegend an der Phasengrenze statt. Die Reaktionsprodukte diffundieren in die wässrige (Cl^-) bzw. in die organische (Benzylalkohol, Löslichkeit in H_2O nur 40 g/l) Phase. Die Ermittlung von Stofftransportkoeffizienten über den Ansatz der Zweifilmtheorie ist deshalb nur mit großen Unsicherheiten möglich und erfolgt auf der Basis der Ähnlichkeitstheorie.

Aufgabenstellung

Es soll der Einfluss der Parameter Temperatur und Natronlauge-Konzentration (Mikrokinetik) sowie Rührerdrehzahl und Rührertyp (Makrokinetik) auf die Reaktionsgeschwindigkeit der Verseifung von Benzylchlorid mit Natronlauge in einem diskontinuierlichen Rührkessel (DIK) untersucht und diskutiert werden.

Unter vorgegebenen Reaktionsbedingungen wird die Zunahme des Chlorid-Gehaltes in der wässrigen Phase durch potenziometrische Titration ermittelt. Aus den Messergebnissen werden die scheinbare Reaktionsordnung, die effektive Geschwindigkeitskonstante k_{eff}, die spezifische Stoffaustauschfläche A_V und der Stoffübergangskoeffizient $\beta_i^{(2)}$ bestimmt.

Versuchsaufbau und -durchführung

Die Verseifung von Benzylchlorid wird in einem Rührkessel aus Glas durchgeführt, der durch einen Doppelmantel mit Hilfe eines Flüssigkeitsthermostaten beheizt werden kann. Die Temperatur im Reaktor wird mit einem Thermoelement erfasst und auf einem Schreiber aufgezeichnet. Die Durchmischung des Reaktionsmediums erfolgt mittels eines Rührers mit regelbarer Rotationsfrequenz. Es stehen verschiedene Rührertypen zur Verfügung. Die Natronlauge wird im Reaktor vorgelegt. Die Zugabe von Benzylchlorid erfolgt mit einem Tropftrichter, der zur Vermeidung von Wärmetransporteffekten ebenfalls durch einen Doppelmantel thermostatiert werden kann. Durch ein Ventil am Boden des Reaktors können während des Versuches Proben entnommen werden. Die Apparatur ist schematisch in Abb. 3.10 dargestellt.

Die Versuchsparameter können in den folgenden Grenzen variiert werden:

- Temperatur ϑ 60 °C – 90 °C,
- Konzentration der Natronlauge c_{NaOH} 0,5 – 3,0 mol/l,
- Rührerdrehzahl n   100 – 1000 min^{-1},
- Rührertyp   Propellerrührer (4 Flügel), L = 75 mm, Ankerrührer L = 80 mm.

Die Bedingungen werden für den jeweiligen Versuch vorgegeben. Das Volumenverhältnis Natronlauge : Benzylchlorid soll 12 : 1 betragen ($\varphi^{(1)} = 0{,}077$). Dazu werden 1500 ml Natronlauge in der entsprechenden Konzentration und 125 ml Benzylchlorid eingesetzt.

3

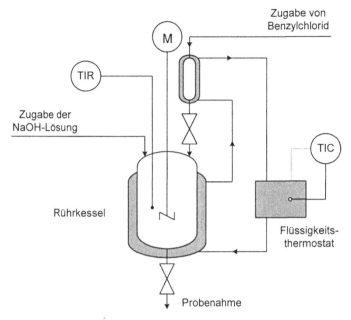

Abb. 3.10. Schematische Darstellung der Versuchsapparatur

Vorbereitung der Messungen
- Thermostat einschalten und vorgegebene Temperatur einregeln.
- Bei geschlossenem Bodenauslaufventil werden 1500 ml Natronlauge in der angegebenen Konzentration im Reaktor vorgelegt. Der Tropftrichter wird mit 125 ml Benzylchlorid gefüllt.
- Der Rührer wird eingeschaltet und die entsprechende Drehzahl eingestellt.
- Der Temperaturschreiber wird mit einem Vorschub von 4 cm/h eingeschaltet.
- Nach Erreichen der stationären Temperatur im Reaktor wird der Versuch durch schnelle Zugabe des Benzylchlorids gestartet.

Durchführung der Messungen
- Im Abstand von 30 min werden durch das Ventil am Reaktorboden Proben genommen. Das Probenvolumen sollte klein gegenüber dem Reaktionsvolumen gewählt werden, damit die Volumenänderung während des Versuches vernachlässigt werden kann (ca. 10 ml).
- Die Proben werden unter fließendem Wasser schnell auf Raumtemperatur abgekühlt.
- Nach Phasentrennung werden der wässrigen Phase 1 ml entnommen, mit HNO_3 angesäuert und mit einer 0,1 m $AgNO_3$-Lösung potenziometrisch titriert, um den Chlorid-Gehalt zu bestimmen. Die Zudosierung der Titrierlösung und Bestimmung des Äquivalenzpunktes erfolgt mit der automatischen Titriereinheit Titroline 96 der Firma SCHOTT, das Ergebnis wird vom Display abgelesen.
- Nach 6 Probenahmen wird der Versuch beendet.

Hinweise zur Auswertung und Diskussion

1. Die Bestimmung der Reaktionsordnung und der effektiven Reaktionsgeschwindigkeitskonstanten k_{eff} erfolgt durch geeignete Auftragung der Konzentrations/Zeit-Abhängigkeit.
2. Bestimmung der Rührerkonstanten C_R:
   - Die für die Berechnung von C_R erforderlichen Größen werden den am Versuchsstand ausliegenden Diagrammen und Unterlagen entnommen.
3. Die Bestimmung der Stoffaustauschfläche A_S erfolgt anhand einer vorliegenden Fotografie durch statistische Auswertung der Tropfengrößenverteilung:
   - Einteilung der Tröpfchen auf der Fotografie nach dem Durchmesser in 10 Größenklassen, Bestimmung der Häufigkeit h_k pro Größenklasse und der Gesamtzahl der Tropfen N
   - Berechnung des realen Tropfendurchmessers d_T unter Berücksichtigung des Maßstabes der Fotografie
   - Berechnung der relativen Häufigkeit $H_k = \dfrac{h_k}{N}$ und der Summenhäufigkeit $S = \sum\limits_k H_k$
   - Grafische Auftragung von S über $\lg d_T$ auf logarithmischem Wahrscheinlichkeitspapier
   - Bestimmung des mittleren geometrischen Tröpfchendurchmessers $\bar{d}_T$ (S = 50%) und der logarithmischen Standardabweichung $\sigma_{lg} = 0,5 \lg(d_T(S = 84,13\%)/ d_T(S = 15,87\%))$ aus dem obigen Diagramm
   - Berechnung der spezifischen Stoffaustauschfläche A_V gemäß

$$A_V = \frac{6\varphi^{(1)}}{\bar{d}_T} \cdot \exp\left(2,652\sigma_{lg}^2\right)$$

   - Berechnung der Dichte der Dispersion ρ_M nach

$$\rho_M = \rho^{(1)}\varphi^{(1)} + \rho^{(2)}\left(1 - \varphi^{(1)}\right)$$

   - Berechnung der Grenzflächenspannung σ_M nach

$$\sigma_M = \frac{\rho^{(1)} - \rho^{(2)}}{\rho^{(H_2O)}} \cdot \frac{Z^{(H_2O)}}{Z^{(1)}} \sigma^{(H_2O/Luft)}, \text{ mit}$$

$\dfrac{Z^{(H_2O)}}{Z^{(1)}}$ Verhältnis der Tröpfchenzahlen pro Zeiteinheit bei stalagmometrischer Bestimmung der Grenzflächenspannung.

   - Berechnung der dynamischen Viskosität der Dispersion

$$\eta_M = \frac{\eta^{(2)}}{1 - \varphi^{(1)}}\left(1 - 1,5\,\varphi^{(1)} \cdot \frac{\eta^{(1)}}{\eta^{(1)} + \eta^{(2)}}\right)$$

4. Es ist der Stoffübergangskoeffizient $\beta_i^{(2)}$ (m $\approx$ 0,5) für die Reaktionsparameter, bei denen der Versuch durchgeführt worden ist, zu bestimmen.

3

Literatur

BAERNS, M.; HOFMANN, H.; RENKEN, A.: „Chemische Reaktionstechnik – Lehrbuch der Technischen Chemie", Bd. *1, Georg Thieme Verlag, Stuttgart/New York* **1999**, Kapitel 3.1.

3.2.2
Isomerisierung von n-Hexan

Technisch-chemischer Bezug

Das Bestreben der erdölverarbeitenden Industrie ist auf die optimale Verwertung des Rohstoffes Erdöl gerichtet. Die maximale Rohstoffausnutzung ist von essenzieller Bedeutung für das wirtschaftliche Betreiben einer Raffinerie und die Schonung der begrenzten Erdölressourcen. Die Aufarbeitung der Einsatzöle zielt insbesondere auf die Gewinnung von Kraftstoffen, wobei das **Spalten** und **Reformieren** von Kohlenwasserstofffraktionen die Hauptprozesse der stofflichen Umwandlung des Erdöls sind. Das katalytische Reformieren dient der Qualitätsverbesserung von Kraftstoffen. Eine Teilreaktion des Reforming-Prozesses ist die Isomerisierung von n-Alkanen, die bei C_5/C_6-Alkanen auch separat betrieben wird (**Leichtbenzinisomerisierung**).

Grundlagen

Die aus der destillativen Trennung von Rohöl gewonnenen Fraktionen sind in der Regel nicht als Treibstoffe einsetzbar. Der Anteil geeigneter Fraktionen bis zu einem Siedepunkt von 250 °C beträgt in Abhängigkeit vom eingesetzten Rohöl maximal 30%. Außerdem enthalten Rohölfraktionen einen hohen Anteil (bis 7%) an Heteroverbindungen. Vor allem Schwefel- und Stickstoffverbindungen führen zur Vergiftung von Katalysatoren bei Konversionsprozessen und zur Verminderung der Treibstoffqualität. Die Entfernung dieser störenden Verbindungen ist unbedingt notwendig und erfolgt in der Praxis durch **Hydroraffinations-Verfahren**.

Die Spaltung (katalytisches Cracken, Hydrocracken, thermisches Cracken) von hochsiedenden Kohlenwasserstoffen liefert niedrigsiedendere Kohlenwasserstoffe. Die Produkte der Crackprozesse müssen im allgemeinen nach der Rektifikation einem sogenannten „Upgrading" unterzogen werden, da sie noch keine Kraftstoffqualität besitzen.

Ein Maß für die Qualität von Vergaserkraftstoffen ist die **Octanzahl** bzw. für Diesel die Cetanzahl. Die Octanzahl (OZ) beschreibt die Klopffestigkeit von Motorkraftstoffen für Ottomotoren. Unter „Klopfen" versteht man die vorzeitige Zündung des Luft-Kraftstoffgemisches im Verbrennungsraum. Definitionsgemäß wird dem klopffesten Isooctan (2,2,4-Trimethylpentan) die OZ 100 und n-Heptan die OZ Null zugeordnet. Andere Kohlenwasserstoffe ordnen sich in Relation zu diesen beiden Verbindungen ein (s. Tab. 3.1). Die Octanzahl von Kraftstoffen kann auch durch Zusätze erhöht werden. Heute wird in großem Umfang Methyltertiärbutylether (MTBE) dazu verwendet.

Das Ziel des Reformierens ist die Umwandlung von Kohlenwasserstoffen niederer Octanzahl in Verbindungen mit höherer Octanzahl, unter weitgehender Beibehaltung der C-Zahl. Im Mittelpunkt steht dabei die Isomerisierung.

Die Isomerisierung von n-Alkanen wird als separater Prozess und als Teilreaktion des Reforming-Prozesses durchgeführt. Ausschließlich C_5/C_6-Kohlenwasserstoffe

Tab. 3.1. Octanzahlen ausgewählter Kohlenwasserstoffe

Kohlenwasserstoff	OZ	Kohlenwasserstoff	OZ
n-Butan	94	i-Butan	99
n-Pentan	62	i-Pentan	89
n-Hexan	29	2,2-Dimethylbutan	92
		2-Methylpentan	69
		3-Methylpentan	86
		Benzen	99
		Cyclohexan	109
n-Heptan	0	2-Methylhexan	60
		2,3-Dimethylpentan	90
		Methylcyclohexan	107
		Toluen	124
n-Octan	− 15	2,2,4-Trimethylpentan	100

werden im **Hysomer-Verfahren** (Shell) isomerisiert. Die Trennung des Isomeren-gemisches kann durch Adsorption an Zeolithen erfolgen.

Das Reformieren wird bei Temperaturen von ca. 450 °C und einem Wasserstoff-partialdruck von 1–3 MPa in einer Kaskade von meistens drei Vollraumreaktoren durchgeführt. Der Wasserstoffpartialdruck kann durch die Auskreisung von Wasserstoff variiert werden. Der entstehende CO-freie Wasserstoff wird für andere Raffinerieprozesse eingesetzt, z. B. beim Hydrocracken.

Die Umsetzungen erfolgen an **bifunktionellen Katalysatoren**, die acide und hydrier-/dehydrieraktive Zentren besitzen. Die Hauptreaktionen sind:

Naphthene	$\leftrightarrow$	Aromaten + H_2	endotherm	(1)
n-Alkane	$\leftrightarrow$	Aromaten + H_2	endotherm	(2)
6-Ring-Naphthene	$\leftrightarrow$	5-Ring-Naphthene	schwach endotherm	(3)
n-Alkane	$\leftrightarrow$	i-Alkane	schwach endotherm	(4)
n, i-Alkane + H_2	$\leftrightarrow$	Spaltgas	exotherm	(5)

Die Temperatur- und Druckabhängigkeit der zur Bildung von Aromaten führenden Gleichgewichte (1) und (2) ist am stärksten ausgeprägt. Die Erhöhung der Temperatur und die Absenkung des Wasserstoffdruckes steigert die Ausbeute an aromatischen Kohlenwasserstoffen. Unter diesen Bedingungen werden aber auch unselektive Spaltreaktionen begünstigt (5). Die Bildung von Spaltgasen führt zur Absenkung des Wasserstoffpartialdruckes, zur Bildung von Verkokungsprodukten und dementsprechend zum Nachlassen der Katalysatoraktivität. Der Gesamtprozess ist stark endotherm. Im Reaktionsprodukt liegt noch ein relativ hoher Anteil an Alkanen vor, da die Geschwindigkeit der Dehydrocyclisierung von Alkanen kleiner als die der Dehydrierung von Naphthenen ist.

Ein für den Prozess bevorzugter bifunktioneller Katalysator muss die säurekatalysierten Umlagerungen von **Carbokationen** und die metallkatalysierten Hydrier-/De-

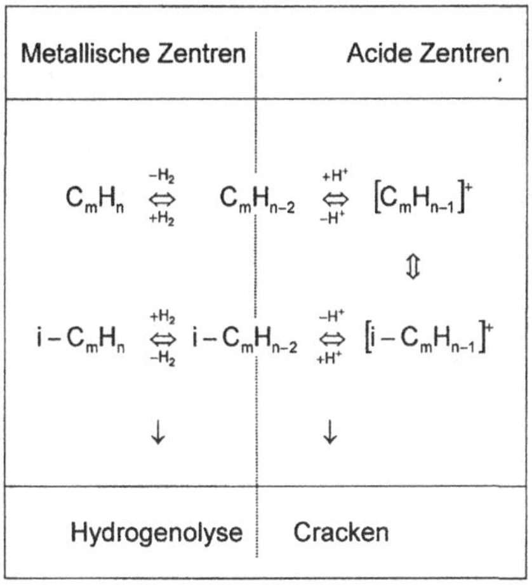

Metallische Zentren	Acide Zentren
$C_mH_n \underset{+H_2}{\overset{-H_2}{\Leftrightarrow}} C_mH_{n-2} \underset{-H^+}{\overset{+H^+}{\Leftrightarrow}} [C_mH_{n-1}]^+$	
$\Updownarrow$	
$i-C_mH_n \underset{-H_2}{\overset{+H_2}{\Leftrightarrow}} i-C_mH_{n-2} \underset{+H^+}{\overset{-H^+}{\Leftrightarrow}} [i-C_mH_{n-1}]^+$	
$\downarrow$	$\downarrow$
Hydrogenolyse	Cracken

Abb. 3.11. Zuordnung der aktiven Zentren bei der Umwandlung von Paraffin-Kohlenwasserstoffen an bifunktionellen Katalysatoren

hydrierreaktionen beschleunigen (s. Abb. 3.11). Für den Fall der Isomerisierung von n-Alkanen wird zunächst durch die Dehydrierung am Metall ein n-Olefin gebildet, das anschließend zu einem BRÖNSTED-Säurezentrum diffundiert, sich hier über ein Carbokation als Zwischenstufe umlagert und nach erneuter Diffusion und Reaktion an einem Hydrierzentrum dieses als iso-Alkan verlässt. Auf jeden Fall müssen auch Nebenreaktionen berücksichtigt werden, z. B. das Cracken an den aciden Zentren oder die Hydrogenolyse an den metallischen Zentren. Als typische Katalysatoren kommen in der Praxis fast ausschließlich Platin-Trägerkatalysatoren zum Einsatz.

Das acide Zentren enthaltende Trägermaterial ist hauptsächlich halogendotiertes γ-Al_2O_3. Der Masseanteil des hochdispersen Platins beträgt ca. 0,25–0,5%. Die Standzeit der Katalysatoren liegt bei ca. 3–8 Monaten. Gebrauchte Katalysatoren werden durch die schrittweise Erhöhung des Sauerstoffanteils in einem Stickstoffstrom regeneriert. Die Koksablagerungen werden oxidativ entfernt. Während der Regenerierung darf der Katalysator aber keinen extremen Temperaturen ausgesetzt werden, da Sintervorgänge zur Zerstörung der Metalldispersität und des Trägers führen.

Aufgabenstellung

In einem Rohrreaktor soll als Modellreaktion die Isomerisierung von n-Hexan an einem bifunktionellen Pt/γ-Al_2O_3-Katalysator durchgeführt werden. In Abhängigkeit von der Reaktionstemperatur und der Belastung des Katalysators ist die Zusammensetzung der Reaktionsprodukte gaschromatografisch zu bestimmen. Es ist eine Massebilanz aufzustellen und die Ergebnisse sind im Hinblick auf optimale Reaktionsführung zu diskutieren.

Versuchsaufbau und -durchführung

Der schematische Aufbau der Versuchsapparatur ist in Abb. 3.12 dargestellt. Die Gasversorgung erfolgt mittels der an einer Schalttafel montierten Magnetventile. Sie ermöglichen die Dosierung von zwei Reaktionsgasen (Wasserstoff, Stickstoff) und von Druckluft. Die Volumenströme der Reaktionsgase werden mit Hilfe der Durchflussmesser kontrolliert. Die Versorgungsleitungen der Reaktionsgase können über die Handregelventile entlüftet werden. Die Schaltung der Gasströme erfolgt entsprechend der Ventilanordnung über den Zyklusschalter der zentralen Steuerung. Unterhalb der Gasversorgungseinheit ist ein thermostatierter n-Hexan-Sättiger mit einer Bypass-Leitung installiert. Der Wasserstoffstrom passiert den Sättiger nur während des Isomerisierungsprozesses. In Abhängigkeit von der gewählten Sättigertemperatur wird der Wasserstoffstrom mit dem Kohlenwasserstoff beladen. In einem beheizbaren Strömungsrohr-Reaktor ist der Katalysator angeordnet ($V_{Reaktor} = 136$ ml, $m_{Kat} = 50$ g, $V_{Kat} = 75$ ml). Am Reaktorausgang ist zum Sammeln der Reaktionsprodukte eine Kühlfalle mit einer Kältemischung aus Alkohol und Trockeneis angeschlossen. Die Regenerierung des gebrauchten Katalysators erfolgt mit Luft.

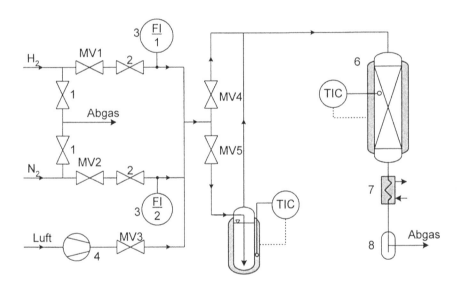

1	Absperrventil	6	Reaktor
2	Absperrventil	7	Kühler
3	Durchflussregler	8	Kühlfalle
4	Verdichter		
5	Sättiger (temperierbar)	MV1-5	Magnetventile

Abb. 3.12. Schematische Darstellung der Versuchsapparatur

Vorbereitung der Messungen

- Der Hauptschalter und der Temperaturregler sind einzuschalten; der Drehschalter für den Versuchszyklus muss in Stellung „0" stehen.
- Der Anschluss der Kühlfalle zur Produktabscheidung ist zu überbrücken.
- Die H_2- und N_2-Volumenströme sind entsprechend der Vorgaben einzuregulieren. Das Ablesen der Strömungsmesser ist nur möglich, wenn die Gaswege frei sind.
- Die Gasströme sind in folgenden Bereichen variabel: N_2 zwischen 30 und 40 l/h; H_2 zwischen 8 und 14 l/h.
- Der Thermostat für die Sättigertemperatur ist auf die geforderte Temperatur einzuregulieren (zwischen 18 und 26 °C).
- Das Kühlwasser für den Kühler, der dem Reaktor nachgeschaltet ist, ist anzustellen.
- Am Regler ist der Sollwert für die Reaktortemperatur vorzugeben. Die genaue Einstellung der Temperatur ist an der Temperaturanzeige ablesbar; bei Temperaturkonstanz stellt dieser Wert den „Istwert" dar.
- (*) Nach Erreichen der Reaktortemperatur ist die Kühlfalle für die Produktabscheidung auszuwägen und anzuschließen.
- Reaktor und Kühlfalle sind ca. 5 Minuten mit Stickstoff zu spülen.

Durchführung der Messungen

- Der Zyklusschalter ist in Position „Isomerisieren" zu stellen; das Dosierventil für H_2 ist zu öffnen. Der H_2-Strom ist auf die gewünschte Strömungsgeschwindigkeit nachzuregulieren.
- Es ist 20 Minuten lang zu isomerisieren.
- Anschließend ist kurz mit Stickstoff zu spülen. Danach kann die Kühlfalle abgenommen und das Produkt ausgewogen und gaschromatografisch analysiert werden.
  Achtung: Das Reaktionsgemisch enthält Benzen!
- Zur Vorbereitung weiterer Versuche ist durch Betätigung des Zyklusschalters die Apparatur in der Reihenfolge „Spülen" (5 min) – „Regenerieren" (3 min) – „Spülen" (5 min) mit Stickstoff, Luft und erneut mit Stickstoff zu spülen.
- Eine neue Sollwerttemperatur ist am Regler einzustellen.
- Bis zum Erreichen der Temperaturkonstanz ist der Zyklusschalter auf „Aktivieren" zu schalten. Der Katalysator wird mit Wasserstoff aktiviert.
- Ab Anstrich (*) kann der Isomerisationszyklus erneut durchlaufen werden.
- Nach Beendigung des letzten Isomerisationszyklus ist noch 15 min zu „Aktivieren". Danach ist die Reaktorheizung auszuschalten, und die Druckgasflaschen sind zu schließen; die Apparatur ist zu entspannen und der Zyklusschalter in die Position „0" zu stellen.

3

Hinweise zur Auswertung und Diskussion

1. Aus Abb. 3.13 kann für die eingestellte Sättigertemperatur der entsprechende Partialdruck von n-Hexan entnommen werden. Mit Hilfe der idealen Gasgleichung wird die Stoffmenge an n-Hexan berechnet, mit dem der Wasserstoffstrom beaufschlagt wird.
2. Die abgeschiedenen Reaktionsprodukte werden gewogen und gaschromatografisch analysiert. Die Zuordnung der einzelnen Komponenten erfolgt auf der Basis eines typischen Gaschromatogramms (s. Abb. 3.14) bzw. mit einer Auswertesoftware.
3. Der Anteil der einzelnen Reaktionsprodukte ist in Abhängigkeit von den Reaktionsbedingungen grafisch darzustellen und zu diskutieren. Die Ergebnisse sind wie folgt tabellarisch zusammen zu fassen:

Versuchsparameter

Versuchs-Nr.	Reaktor-temperatur ϑ_R in °C	Sättiger-temperatur ϑ_S in °C	$\dot{v}_{H_2}$ in l h^{-1}	Katalysator-belastung B in h^{-1}	Raumzeit τ in s

Versuchsergebnisse

Versuchs-Nr.	Masse n-Hexan in g	Auswaage in g	Isomere in Ma.-%	nicht umgesetztes n-Hexan in Ma.-%	Verluste in Ma.-%

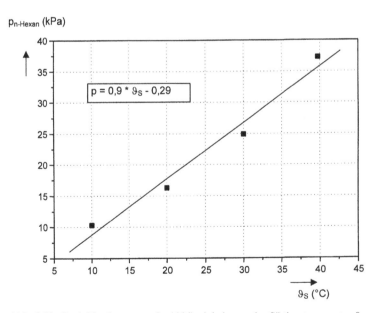

Abb. 3.13. Partialdruck $p_{n-Hexan}$ in Abhängigkeit von der Sättigertemperatur ϑ_s

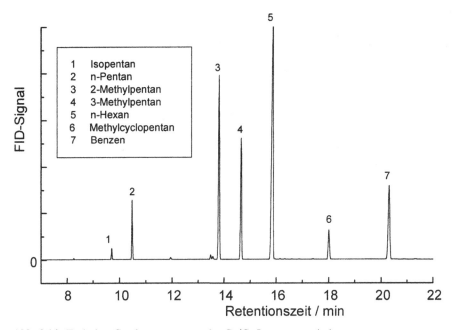

Abb. 3.14. Typisches Gaschromatogramm des C_5/C_6-Isomerengemisches

Literatur

BAERNS, M.; HOFMANN, H.; RENKEN, A.: „Chemische Reaktionstechnik – Lehrbuch der Technischen Chemie", Bd. *1, Georg Thieme Verlag, Stuttgart/New York* **1999**.

KRIPYLO, P.; WENDLANDT, K.P.; VOGT, F.: „Heterogene Katalyse in der chemischen Technik", *Deutscher Verlag für Grundstoffindustrie, Leipzig/Stuttgart* **1993**.

3.2.3
Dehydrierung von Ethylbenzen

Technisch-chemischer Bezug

Styren ist ein wichtiges Monomer für die Herstellung von verschiedenen Polymeren. Die Herstellung von Styren erfolgt über die **katalytische Dehydrierung** von Ethylbenzen in Gegenwart von überhitztem Wasserdampf. Durch den Einsatz von Wasserdampf und die Variation anderer reaktionstechnischer Parameter kann die Selektivität und die Ausbeute bei dieser reversiblen Reaktion beeinflusst werden.

Grundlagen

Die Dehydrierung von Ethylbenzen zu Styren ist von großtechnischem Interesse, weil Styren neben Vinylchlorid und Ethen das mengenmäßig bedeutendste polymerisationsfähige Monomer darstellt. Styren lässt sich **homopolymerisieren** und liefert ein glasklares Polystyren von hoher Steifigkeit und Härte. Zur Verbesserung der mechanischen Eigenschaften wird Styren mit anderen Monomeren **copolymerisiert** oder gemischt (Polymerblends). Wichtige Copolymerisate sind Acrylnitril-Butadien-Styren-Copolymere (ABS, Styrenanteil 50–65%) und Styren-Butadien-Kautschuk (SBR, Styrenanteil ca. 25%).

Die technische Herstellung von Styren erfolgt in 2 Stufen:

1. Stufe: Alkylierung von Benzen mit Ethen zu Ethylbenzen in Anwesenheit von AlCl$_3$ als Katalysator bei 80–100 °C im Blasenreaktor und anschließende destillative Aufarbeitung des Alkylierungsgemisches

2. Stufe: Dehydrierung von Ethylbenzen über einem Fe$_2$O$_3$-CrO$_3$-KOH-Katalysator in einem Rohrbündelreaktor in Gegenwart von Wasserdampf mit anschließender destillativen Trennung des Reaktionsgemisches (BASF-Verfahren)

Bei der katalytischen Dehydrierung von Ethylbenzen handelt es sich um eine endotherme Gleichgewichtsreaktion:

Der verwendete Katalysator ist ein wasserdampfbeständiger Dehydrierkatalysator mit ca. 90% Fe$_2$O$_3$. Die Dehydrierung kann daher zweckmäßigerweise in Gegenwart von überhitztem Wasserdampf durchgeführt werden, der den Partialdruck des Ethylbenzens herabsetzt und somit die Verkokung des Katalysators vermindert sowie als Wärmeüberträger für die endotherme Reaktion dient. Störende Nebenreaktionen sind vor allem die Dealkylierung von Ethylbenzen zu Benzen, die hydrierende Spaltung von Styren in Toluen und Methan sowie die Polymerisation von Styren, die zur Bildung

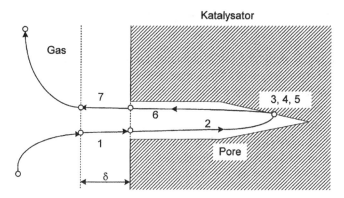

Abb. 3.15. Teilschritte einer heterogen katalysierten Gasreaktion

teerähnlicher Substanzen führt. Durch die Verminderung des Drucks auf ca. 0,1 – 0,5 bar und den Zusatz von Wasserdampf können diese Nebenreaktionen unterdrückt werden. Der Umsatz von Ethylbenzen erreicht Werte von 60 – 70%. Die Selektivität für die Bildung von Styren beträgt dabei 90%, sinkt aber mit zunehmendem Umsatz ab. Durch die Alterungsprozesse verschlechtern sich mit der Zeit sowohl die Aktivität als auch die Selektivität des Katalysators. Diesem Prozess wird in der Praxis durch die Anhebung der Reaktortemperatur und durch Verminderung des Ethylbenzen-Partialdruckes entgegengewirkt. Nach maximal 3 Jahren ist der Katalysator verbraucht und muss ersetzt werden.

Da es sich bei der Dehydrierung von Ethylbenzen um eine **heterogen katalysierte Gasreaktion** handelt, die sich durch das Vorliegen von mindestens zwei Phasen auszeichnet, müssen die Reaktionspartner über Stofftransportvorgänge (Konvektion, Diffusion) miteinander in Kontakt kommen. Diese Stofftransportvorgänge können entscheidend die Geschwindigkeit einer Umsetzung beeinflussen.

Im allgemeinen Fall einer chemischen Reaktion an der Oberfläche eines porösen Katalysatorteilchens, an welchem die fluide Phase, in der die Reaktionspartner enthalten sind, vorbeiströmt, laufen hintereinander folgende Teilschritte ab (vgl. Abb. 3.15):

1. Stoffübergang der Reaktionspartner von der Hauptströmung durch eine Grenzschicht an die äußere Oberfläche des Katalysatorkorns,
2. Transport der Reaktionspartner durch einen Diffusionsvorgang von der äußeren Oberfläche in die Poren des Katalysatorkorns,
3. Adsorption eines oder mehrerer Reaktionspartner an der inneren Katalysatoroberfläche,
4. **Oberflächenreaktion** der adsorbierten Species miteinander oder mit Reaktionspartnern aus der fluiden Phase unter Bildung der Reaktionsprodukte,
5. Desorption der Reaktionsprodukte,
6. Transport der Reaktionsprodukte durch einen Diffusionsvorgang von der inneren Oberfläche an die äußere Oberfläche des Katalysatorkorns,

7. Stoffübergang der Reaktionsprodukte von der Phasengrenzfläche in die Hauptströmung.

Man unterscheidet zwischen der Kinetik der Oberflächenreaktion und deren Zusammenwirken mit den Transportvorgängen an der Phasengrenzfläche und in den Phasen. Für einfache Reaktionen kann durch bestimmte Kriterien abgeschätzt werden, ob der Reaktionsablauf durch Transport- oder Diffusionsvorgänge beeinflusst wird. Wenn Stoffübergang oder Porendiffusion den Ablauf einer katalytischen Umsetzung bestimmen, weicht die beobachtbare, d. h. **effektive Reaktionsgeschwindigkeit** r_{eff} von derjenigen der Oberflächenreaktion ab. Ein Maß für die Beeinflussung der Reaktionsgeschwindigkeit durch die innere Diffusion ist der Wirkungsgrad η (**Porennutzungsgrad**) $\eta = r_{eff}/r$. Die Bestimmung von η kann über die THIELE-Zahl (THIELE-Modul) Φ erfolgen, die die Wirksamkeit einer Pore in bezug auf die Reaktion kennzeichnet:

$$\Phi = R_0 \sqrt{\frac{k \cdot c^{n-1}}{D_{eff}}}, \text{ mit} \quad \begin{array}{ll} R_0 & \text{Kornradius,} \\ n & \text{Reaktionsordnung,} \\ D_{eff} & \text{effektiver Diffusionskoeffizient.} \end{array}$$

Bei starker Diffusionsbeeinflussung kann $\eta \sim 1/\Phi$ gesetzt werden. Das hat zur Folge, dass sehr aktive Katalysatoren, wie sie in der Praxis angestrebt werden, nur kleine Porennutzungsgrade aufweisen. Darüber hinaus wird durch die Porendiffusion die Reaktionsordnung stets in Richtung auf scheinbare 1. Ordnung abgewandelt und die Aktivierungsenergie der chemischen Reaktion bis auf die Hälfte des wahren Wertes gesenkt. Es ist deshalb wichtig, dass bei der Interpretation von katalytischen Messergebnissen ein möglicher Diffusionseinfluss berücksichtigt wird. Bei der Diffusion im Porensystem des Katalysators wird zwischen der Normaldiffusion und der KNUDSEN-Diffusion unterschieden. Die Normaldiffusion liegt vor, wenn der Porendurchmesser d größer als die mittlere freie Weglänge $\bar{\lambda}$ der Moleküle ($d/\bar{\lambda} \gg 1$) ist. Wenn der Porendurchmesser d kleiner als die mittlere freie Weglänge $\bar{\lambda}$ ist ($d/\bar{\lambda} \ll 1$), kommt es häufiger zum Kontakt des Moleküls mit der Porenwand als zum Zusammenstoß der Moleküle untereinander. In beiden Fällen gelten die Diffusionsgesetze (1. und 2. FICKsches Gesetz). Die entsprechenden Diffusionskoeffizienten sind nicht identisch.

Für die katalytische Dehydrierung von Ethylbenzen zu Styren ergibt sich für die effektive Reaktionsgeschwindigkeit (unter der Annahme, dass die Reaktion nach einem Geschwindigkeitsgesetz erster Ordnung verläuft):

$$(r_{eff})_{m_{Kat}} = (k_{eff})_{m_{Kat}} (p_{EB} - \frac{1}{K} p_{St} p_{H_2}), \text{ mit}$$

$(k_{eff})_{m_{Kat}}$ effektive Reaktionsgeschwindigkeitskonstante bezogen auf die Katalysatormasse,

K Gleichgewichtskonstante,

p_{EB}, p_{St}, p_{H_2} Partialdruck von Ethylbenzen, Styren und Wasserstoff.

Aufgabenstellung

Das Ziel des Versuches ist die Untersuchung des Einflusses von verschiedenen reaktionstechnischen Parametern auf den Umsatz und die Selektivität der katalytischen Dehydrierung von Ethylbenzen.

Es ist die Zusammensetzung der Reaktionsprodukte in Abhängigkeit

- von der Reaktionstemperatur,
- von der Verweilzeit,
- vom Wasserdampfzusatz

zu ermitteln.

Nach einem vorgegebenen Optimierungsverfahren (z. B. Simplex-Verfahren) sind die günstigsten Versuchsparameter zu bestimmen. Zielgröße ist die Ausbeute an Styren.

Versuchsaufbau und -durchführung

Der schematische Aufbau der Versuchsapparatur ist in Abb. 3.16 dargestellt. Die in den Messbüretten befindlichen Ausgangsstoffe (Ethylbenzen, Wasser) werden mit Hilfe von Dosierpumpen in den Rohrreaktor gefördert. Im Reaktor sind 100 g Katalysator als Schüttschicht eingebracht. Die Reaktortemperatur wird mittels eines Temperaturreglers konstant gehalten. Das Spannungssignal eines weiteren Thermoelements oberhalb der Katalysatorschicht kann über ein Registriergerät verfolgt werden. Der Produktstrom wird in einem Kühler kondensiert und in einem Abscheider gesammelt.

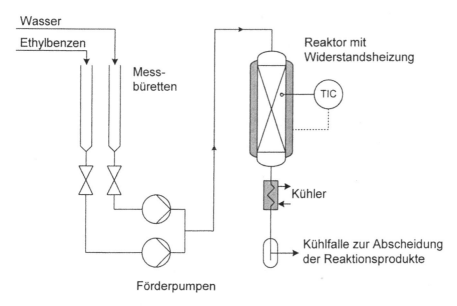

Abb. 3.16. Schematische Darstellung der Versuchsapparatur

Vorbereitung der Messungen

- Vor Beginn des Versuches sind die Ausgangsstoffe Ethylbenzen und Wasser in die Messbüretten einzufüllen. Während des Versuches wird die zeitliche Volumenänderung zur Kontrolle der Volumenströme genutzt.
- Der Versuchsstand ist in Betrieb zu nehmen, die vorgegebenen Versuchsparameter (Temperatur, Durchflussmengen) sind einzustellen.
- Das Kühlwasser für die Produktkühlung ist anzustellen und die Gefäße zur Abscheidung der Reaktionsprodukte sind vorzubereiten.
- Nach Erreichen der Reaktionstemperatur wird die geforderte Zulaufmenge an Ethylbenzen und Wasser durch das Verändern des Pumpenhubs eingeregelt. Aus der Flüssigkeitsabnahme pro Zeiteinheit in den Messbüretten ist eine Kontrolle möglich.

Durchführung der Messungen

- Mit dem Öffnen der Bürettenhähne und dem Einschalten der Pumpen beginnt der Dosiervorgang in den Reaktor.
- Die in den ersten 15 min aufgefangenen Reaktionsprodukte werden verworfen.
- Nach Einstellung des stationären Zustandes werden für 15 min die Reaktionsprodukte gesammelt, das Wasser im Scheidetrichter abgetrennt und die organische Phase mit $CaCl_2$ getrocknet.
  Achtung: Das Reaktionsgemisch enthält Benzen!
- Anschließend erfolgt die Auswaage und die gaschromatografische Analyse.
- Mit veränderten Parametern werden weitere Versuche durchgeführt.

Hinweise zur Auswertung und Diskussion

1. Die Reaktionsprodukte werden gaschromatografisch analysiert. Die Retentionsreihenfolge der Hauptprodukte ist: Benzen, Toluen, Ethylbenzen und Styren.
2. Der Umsatz des Ethylbenzens als Zielgröße der Dehydrierung ist von den drei Parametern Verweilzeit (τ), Reaktionstemperatur (T) und dem Stoffmengenstromverhältnis Wasser/Ethylbenzen $N = \dot{n}_{H_2O}/\dot{n}_{EB}$ abhängig. Um bei gegebenen Werten für τ, T und N die geeigneten Volumenströme an Ethylbenzen und Wasser einzustellen, sind folgende Berechnungen nötig:

$$\dot{v}_{H_2O} = \frac{V_{Kat} \cdot M_{H_2O}}{\tau \cdot (1 + \frac{1}{N}) \cdot \rho_{H_2O} \cdot V_m} \cdot \frac{T_0}{T},$$

$$\dot{v}_{EB} = \frac{V_{Kat} \cdot M_{EB}}{\tau \cdot (1 + N) \cdot \rho_{EB} \cdot V_m} \cdot \frac{T_0}{T},$$

mit T_0, T   Raumtemperatur, Reaktortemperatur in K,

        V_{Kat} Katalysatorvolumen 50 ml,

        $\dot{v}_{EB}$, $\dot{v}_{H_2O}$ Volumenströme bei Raumtemperatur,

M_{EB}, M_{H_2O}, ρ_{EB}, ρ_{H_2O} Molmassen und Dichten der Edukte
($\rho_{EB} = 0,867$ g/cm^3),

V_m Molvolumen des idealen Gases.

Für jede Parametereinstellung sind zu berechnen:
- die Volumenströme für Ethylbenzen und Wasser,
- der Umsatz an Ethylbenzen in %,
- die Ausbeute an Styren in %,
- die Auswaage der organischen Phase,
- die Katalysatorbelastung, $m_{Kat} = 100$ g.

3. Welche der eingestellten Betriebsparameter waren für den Dehydrierungsprozess die günstigsten? Welcher Parameter beeinflusst die Ausbeute an Styren am stärksten?

Literatur

BAERNS, M.; HOFMANN, H.; RENKEN, A.: „Chemische Reaktionstechnik – Lehrbuch der Technischen Chemie", Bd. *1, Georg Thieme Verlag, Stuttgart/New York* **1999**.

KRIPYLO, P.; WENDLANDT, K.P.; VOGT, F.: „Heterogene Katalyse in der chemischen Technik", *Deutscher Verlag für Grundstoffindustrie, Leipzig/Stuttgart* **1993**.

ONKEN, U.; BEHR, A.: „Chemische Prozesskunde – Lehrbuch der Technischen Chemie", Bd. *3, Georg Thieme Verlag, Stuttgart/New York* **1996**, Kapitel 8.2.6.

3

3.2.4
Optimierung der Methanoloxidation

Technisch-chemischer Bezug

Eine grundlegende Aufgabe der industriellen Forschung ist die Untersuchung der Abhängigkeiten zwischen Einflussgrößen und Versuchsergebnissen. Am Beispiel der Oxidation von Methanol zu Formaldehyd soll der Zusammenhang zwischen Arbeitsbedingungen und Umsatz mittels **Versuchsplanung** auf der Basis mathematisch-statistischer Methoden untersucht werden.

Die Herstellung von Formaldehyd erfolgt großtechnisch durch partielle Oxidation von Methanol mit Luftsauerstoff. Beim FORMOX-**Verfahren** wird ein Methanol/Luftgemisch mit Methanolgehalten von weniger als 8% über einen oxidischen Molybdän/Eisenkatalysator mit Cobaltzusatz geleitet. Die Aktivkomponente des Katalysators ist dabei die Verbindung $Fe_2(MoO_4)_3$, die als Sauerstoffüberträger wirkt. Durch die stabilisierenden Cobaltzusätze erreicht der Katalysator in den technischen Anlagen Nutzungszeiten von 2 Jahren. Der maximale Umsatz beträgt 95 bis 98,5%. Die Reaktion läuft in einem Röhrenofen bei Temperaturen von 270 bis 380 °C an der Katalysatoroberfläche ab:

$$CH_3OH + Kat_{(ox)} \rightleftharpoons CH_2O + H_2O + Kat_{(red)} \qquad\qquad \Delta_R H = -159 \text{ kJ/mol}$$

$$Kat_{(red)} + 0.5\ O_2 \rightarrow Kat_{(ox)}.$$

Die entstehende Wärme wird abgeführt und zur Dampferzeugung genutzt. Der Formaldehyd wird in einer Absorptionskolonne durch Wasser aus den abgekühlten Reaktionsgasen entfernt. Als Endprodukt steht eine 40 bis 55%ige Formaldehydlösung mit 0,5 bis 1,5% Methanol und weniger als 0,05% Ameisensäure zur Verfügung. Die Ausbeute übersteigt 90%. Anlagen nach diesem Verfahren werden bis zu Durchsätzen von 20 kt/a errichtet.

Grundlagen

Versuchsplanung

Beeinflussen viele Parameter wie Reaktionstemperatur, Zusammensetzung des Reaktionsgemisches, Verweilzeit am Katalysator usw. den Ablauf einer Reaktion, ist die Aufklärung der Abhängigkeiten zwischen Einflussgrößen und Versuchsergebnissen mit einem hohen experimentellen Aufwand verbunden.

Die Versuchsplanung auf der Basis mathematisch-statistischer Methoden ermöglicht eine erhebliche Reduzierung des experimentellen Aufwandes und eine ausführliche, statistisch abgesicherte Interpretation der Ergebnisse. Dabei kommen standardisierte Versuchspläne zum Einsatz, die gleichzeitig die Variation mehrerer Einflussgrößen zulassen. Als Ergebnis erhält man **Regressionsgleichungen**, welche die Zusammenhänge zwischen Einflussgrößen und Versuchsergebnissen beschreiben. Für ein lineares Modell mit 3 Einflussgrößen hat die Regressionsgleichung (ohne Berücksichtigung von Wechselwirkungen zwischen den Einflussgrößen) die Form:

$$y = \tilde{f}(x_k) = b_0 + b_1 x_1 + b_2 x_2 + b_3 x_3. \tag{1}$$

Die Bestimmung der Koeffizienten in dieser Gleichung erfolgt über einen 2^3-Faktorplan. Jede der 3 Einflussgrößen x_k (Faktoren, Exponent im Ausdruck 2^3) nimmt im Faktorplan 2 Werte (Niveaus, Basis im Ausdruck 2^3) an, die gleichweit (Schrittweite h_k) vom vorgegebenen Zentrum $x_{k,0}$ des Versuchsplanes entfernt sind. Der Wert des Ausdruckes $2^3 = 8$ gibt die Gesamtzahl der Versuche an. Die Einflussgrößen x_k werden in die dimensionslosen Werte ϑ_k transformiert:

$$\vartheta_k = \frac{x_k - x_{k,0}}{h_k}. \tag{2}$$

Die Größe ϑ_k nimmt damit die Werte $+1$ oder -1 an, entsprechend der Addition oder Subtraktion des Wertes der Schrittweite vom Zentrum des Versuchsplanes. Durch systematische Kombination der Niveaus aller Einflussgrößen wird die **Planmatrix** des Versuchsplanes aufgebaut:

Nr. Versuch	ϑ_1	ϑ_2	ϑ_3
1	-1	-1	-1
2	$+1$	-1	-1
3	-1	$+1$	-1
4	$+1$	$+1$	-1
5	-1	-1	$+1$
6	$+1$	-1	$+1$
7	-1	$+1$	$+1$
8	$+1$	$+1$	$+1$

Nach experimenteller Abarbeitung des Versuchsplanes erhält man 8 Versuchsergebnisse y_i, auf deren Grundlage die Ermittlung des normierten linearen Regressionsansatzes

$$y = \tilde{f}(\vartheta_k) = a_0 + a_1 \vartheta_1 + a_2 \vartheta_2 + a_3 \vartheta_3 \tag{3}$$

erfolgt:

$$a_0 = \frac{1}{n} \sum_{i=1}^{n} y_i, \qquad a_k = \frac{1}{n} \sum_{i=1}^{n} \vartheta_{ik} y_i. \tag{4}$$

3

Die Koeffizienten der Regressionsgleichung mit den dimensionsbehafteten Größen (1) lassen sich über Gleichung (2) ermitteln:

$$b_0 = a_0 - \sum_{k=1}^{n} b_k x_{k,0}, \qquad b_k = \frac{a_k}{h_k}. \tag{5}$$

In die Regressionsgleichung gehen sowohl Versuchsfehler, als auch Fehler, die durch die Wahl des Modells (lineares Modell, obwohl tatsächlich nichtlineare Zusammenhänge vorliegen) ein. Das Ergebnis muss deshalb durch statistische Tests abgesichert werden.

Der Test auf **Adäquatheit** eines Modellansatzes mit dem betrachteten System beruht auf dem Vergleich zwischen Versuchs- und Modellfehler. Das Maß für den Versuchsfehler ist die Versuchsstreuung s_F. Sie ist zugänglich über die Fehlerquadratsumme FQS:

$$FQS = \sum_{i=1}^{n} \sum_{j=1}^{c_j} (\bar{y}_i - y_{ij})^2, \tag{6}$$

$s_F^2 = \dfrac{FQS}{FG2}$, mit $\quad$ FG2 $\;=\;$ N - n, Freiheitsgrade des Versuchsfehlers,

$\qquad\qquad\qquad\qquad$ n $\qquad$ Anzahl der Versuchspunkte,

$\qquad\qquad\qquad\qquad$ c_j $\qquad$ Anzahl der Versuche an einem Versuchspunkt,

$\qquad\qquad\qquad\qquad$ N $\quad=\;$ $\sum\limits_{i=1}^{n} c_j$, Gesamtzahl der Versuche.

Das Maß für den Modellfehler ist die Modellstreuung s_D, die über die Defektquadratsumme DQS zugänglich ist.

$$DQS = \sum_{i=1}^{n} c_j \left(\tilde{y}_i - \tilde{f}_i \right)^2, \tag{7}$$

$s_D^2 = \dfrac{DQS}{FG1}$, mit $\quad$ FG1 $\;=\;$ n − m − 1, Freiheitsgrade des Modellfehlers,

$\qquad\qquad\qquad\qquad$ $\tilde{f}$ $\qquad$ aus Regressionsgleichung berechneter Wert für das Versuchsergebnis [n = 8 (8 Versuchspunkte), m = 3 (3 Einflussgrößen) für einen 2^3-Versuchsplan].

Der Adäquatheitstest (F-Test) prüft das Verhältnis Modellfehler zu Versuchsfehler. Ein kleiner Modellfehler im Vergleich zum Versuchsfehler weist die Brauchbarkeit des Modells aus. Wenn gilt:

$$F_{ber} = \frac{s_D^2}{s_F^2} < F_{\alpha,\, FG1,\, FG2}\,,$$

Tab. 3.2. Werte der F-Verteilung für eine Irrtumswahrscheinlichkeit α von 5%

FG1 FG2	1	2	3	4	5	6	12	24	∞
1	164,4	99,5	215,7	224,6	230,2	234,0	241,9	219,0	254,3
2	18,5	19,2	19,2	19,3	19,3	19,3	19,4	19,5	19,5
3	10,1	9,6	9,3	9,1	9,0	8,9	8,7	8,6	8,5
4	7,7	6,9	6,6	6,4	6,3	6,2	5,9	5,8	5,6
5	6,6	5,8	5,4	5,2	5,1	5,0	4,7	4,5	4,4
6	6,0	5,1	4,8	4,5	4,4	4,3	4,0	3,8	3,7
8	5,3	4,5	4,1	3,8	3,7	3,6	3,3	3,1	2,9
12	4,8	3,9	3,5	3,3	3,1	3,0	2,7	2,5	2,3
24	4,3	3,4	3,0	2,8	2,6	2,5	2,2	2,0	1,7
120	3,9	3,1	2,7	2,5	2,3	2,2	1,8	1,6	1,3
∞	3,8	3,0	2,6	2,4	2,2	2,1	1,8	1,5	1,0

($F_{\alpha, FG1, FG2}$, ist der Wert der FISCHER-Verteilung, für eine Irrtumswahrscheinlichkeit α von 5% (vgl. Tab. 3.2)), dann ist der Modellansatz adäquat, d. h. die Regressionsgleichung spiegelt die tatsächlichen Zusammenhänge im Rahmen der Irrtumswahrscheinlichkeit α richtig wider. Bei großem Versuchsfehler findet man auch für ungenaue Modelle (große Defektquadratsumme) Adäquatheit. Mit zunehmenden Modellfehler werden aber die Koeffizienten ungenauer. Im **Signifikanztest** werden die Vertrauensintervalle der Koeffizienten ermittelt und damit entschieden, ob der Koeffizient tatsächlich oder nur zufällig Einfluss auf das Ergebnis hat.

Dazu berechnet man das Vertrauensintervall Δa_k für die einzelnen Koeffizienten a_k:

$$a_k \pm \Delta a_k = a_k \pm t_{\alpha, FG} \sqrt{s_a^2} . \tag{8}$$

Unter der Voraussetzung, dass der Modellansatz adäquat ist und an jedem Versuchspunkt im Faktorplan nur ein Versuch durchgeführt wurde, berechnet sich die Koeffizientenstreuung nach:

$$s_a^2 = \frac{\sum\limits_{i=1}^{n}(y_i - \tilde{f}_i)^2}{n(n - m - 1)}, \quad \text{mit} \quad \begin{array}{l} FG = n - m - 1, \\ t_{\alpha,FG} \text{ Wert der STUDENT-Verteilung (s. Tab. 3.3)} \end{array}$$

Der wahre Wert des Koeffizienten liegt dann mit der Wahrscheinlichkeit $P = 1 - \alpha$ innerhalb des Intervalls

Tab. 3.3. Werte der t-Verteilung

Anzahl der Freiheitsgrade FG		**P und α in % für zweiseitige Fragestellung**					
	P	90	95	98	99	99,8	99,9
	α	10	5	2	1	0,2	0,1
1		6,31	12,7	31,82	63,7	318,3	637,0
2		2,92	4,30	6,97	9,92	22,33	31,6
3		2,35	3,18	4,54	5,84	10,22	12,9
4		2,13	2,78	3,75	4,60	7,17	8,61
5		2,01	2,57	3,37	4,03	5,89	6,86
6		1,94	2,45	3,14	3,71	5,21	5,96
8		1,86	2,31	2,90	3,36	4,50	5,04
12		1,78	2,18	2,68	3,05	3,93	4,32
24		1,71	2,06	2,49	2,80	3,47	3,74
120		1,66	1,98	2,36	2,62	3,17	3,37
∞		1,64	1,96	2,33	2,58	3,09	3,29
	α	5	2,5	1	0,5	0,1	0,05

α in % für einseitige Fragestellung

$$a \pm t_{\alpha,\, FG} \sqrt{s_a^2}.$$

Die Einflussgröße a_k ist signifikant (übt eine Wirkung auf das Ergebnis aus), wenn gilt:

$$|a_k| > t_{\alpha,\, FG} \sqrt{s_a^2}.$$

Optimierung

Technisch-chemische Prozesse müssen unter Bedingungen durchgeführt werden, die für den Betreiber das beste Ergebnis liefern. Die Suche nach diesen Bedingungen bezeichnet man als Optimierung. Auf der Basis eines Regressionsansatzes, der das Verhalten der zu optimierenden Größe (Zielgröße) in Abhängigkeit von den Einflussgrößen beschreibt, lässt sich mit Hilfe des Verfahrens nach BOX-WILSON ein Gradient ermitteln, der in die Richtung des besten Funktionswertes führt. Durch Versuche auf diesem Gradienten wird ein Funktionswert bestimmt, der das Optimum darstellt oder als Startpunkt für eine neue Suche auf der Basis eines neuen Versuchsplanes dient.

Die BOX-WILSON-Methode geht von den statistisch gesicherten Koeffizienten a_k des adäquaten linearen Regressionsansatzes aus. Für den Koeffizienten a_b mit dem stärksten Einfluss ($a_b = \max(a_k)$) wird eine Suchschrittweite Δx_b vorgegeben. Üblicherweise wird die doppelte Schrittweite der dazugehörigen Einflussgröße des Faktorplanes gewählt. Die restlichen Schrittweiten werden berechnet nach:

$$\Delta x_k = \frac{\Delta x_b}{a_b \cdot h_b} \cdot a_k \cdot h_k.$$

Mit diesem Satz Schrittweiten Δx_k werden ausgehend vom Mittelpunkt des Faktorplanes die neuen Versuchspunkte festgelegt:

$$x_{k,1} = x_{k,0} + \Delta x_k.$$

Ist das Versuchsergebnis im Punkt $x_{k,1}$ besser als im Punkt $x_{k,0}$, wird ein neuer Versuchspunkt

$$x_{k,2} = x_{k,1} + \Delta x_k$$

berechnet. Der Vorgang wird so oft wiederholt, bis sich die Versuchsergebnisse nicht weiter verbessern:

$$|f(x_{k,(n+1)})| < |f(x_{k,n})|$$

oder Grenzen des Versuchsgebietes überschritten werden.

Aufgabenstellung

Die Abhängigkeiten des Methanolumsatzes von den Versuchsparametern Temperatur, Luftdurchsatz und Methanolkonzentration ist durch einen linearen Regressionsansatz darzustellen. Der Ansatz ist mit statistischen Methoden auf Adäquatheit zu prüfen. Die Koeffizienten sind auf Signifikanz zu untersuchen. Dazu wird ein Versuchsplan aufgestellt (Dimension, Mittelpunkt und Schrittweiten werden vorgegeben), experimentell abgearbeitet und statistisch ausgewertet. Die Ermittlung des Optimums für den Methanolumsatz im Suchgebiet erfolgt nach der BOX-WILSON-Methode auf der Grundlage des ermittelten Regressionsansatzes.

Versuchsaufbau und -durchführung

Die Versuchsanlage ist für die katalytische Oxidation von Methanol nach dem FORMOX-Verfahren ausgelegt. Das Schema der Versuchsapparatur zeigt Abb. 3.17. Der Reaktor enthält ca. 2 g des Fe/Mo-Katalysators. Die mit Methanol bis zu einem Volumenanteil von max. 6 % angereicherte Luft wird im Reaktionsrohr aufgeheizt und passiert dann den Katalysator. Bis zum Probeneinlasssystem des Gaschromatografen wird die Temperatur des Reaktionsgemisches auf ca. 120 °C gehalten, um Kondensationsreaktionen zu vermeiden.

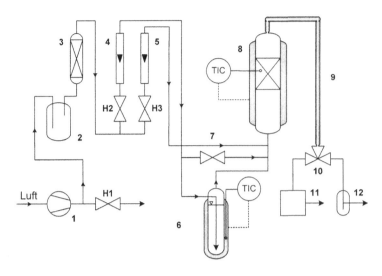

1	Verdichter Luft	7	Magnetventil
2	Druckausgleichsgefäß	8	Reaktor
3	Luftreinigung	9	Produktrohr
4	Durchflussmesser Luft/Methanol	10	Gasprobeneinlassventil
5	Durchflussmesser Luft	11	Gaschromatograf
6	Sättiger Methanol	12	Abscheider

Abb. 3.17. Schematische Darstellung der Versuchsapparatur

Die Pumpe 1 erzeugt einen Luftstrom, der im Windkessel 2 beruhigt (Eliminierung der durch die Luftpumpe verursachten Pulsationen) und im Turm 3 getrocknet wird. Der im Nebenschluss liegende Hahn H1 ermöglicht die Grobeinstellung des Luftdurchsatzes. Nach Verlassen des Trockenturms wird der Luftstrom aufgeteilt. Über H3 und den Durchflussmesser 5 gelangt der größte Teil der Luft direkt in den Reaktor. Der über H2 und den Durchflussmesser 4 einstellbare Teilstrom wird während der Bestimmung des Methanolumsatzes (Betriebsart „Sättiger eingeschaltet", Magnetventil 7 geschlossen) durch den zweistufigen Sättiger 6 geleitet. Diese Aufteilung der Luftströme ist erforderlich, um die geringen Methanolkonzentrationen einzustellen. Beim Regenerieren des Katalysators (Betriebsart „Sättiger ausgeschaltet") ist das Magnetventil 7 geöffnet und die Luft strömt ohne Passieren des Sättigers in den Reaktor ein.

In dem thermostatierten Sättiger perlt die Luft in einem Spiralrohr durch das Methanol. Die Verweilzeit der Luft im Kontakt mit dem Methanol ist dabei ausreichend für die Einstellung des Gleichgewichtes Luft/Methanol in der Gasphase. Die Luft/Methanolmischung verlässt den Sättiger mit einem durch Druck und Sättigertemperatur festgelegten Methanolgehalt. Zusammen mit der Luft über H3 und den Durchflussmesser 5 strömt die Mischung von unten in den Reaktor zur Formaldehydsynthese ein.

Der Reaktor 8 besteht aus einem Chromnickel-Stahlrohr, welches im Inneren den Katalysator als Schüttung von ca. 1,7 cm^3 Volumen auf einem Metallnetz enthält. Die Temperierung erfolgt über einen Heizstromkreis, der das Reaktionsrohr mit einschließt. Der notwendige hohe Heizstrom wird durch einen Niederspannungstrafo erzeugt. Die Temperatur des Reaktors wird über einen Regler konstant gehalten. Zur Messung der Temperatur dient ein Fe/Konstantan-Thermoelement. Durch Anpassung der Heizleistung über einen Regeltrafo werden die Temperaturschwankungen im Reaktor minimiert.

Das Reaktionsgemisch passiert nach dem Verlassen des Reaktors das beheizte Produktrohr 9 zum Gaschromatografen 11. Die Dosierung des Reaktionsgemisches erfolgt über das Ventil 10. Wasser, Formaldehyd und nichtumgesetztes Methanol werden in einer Vorlage 12 aufgefangen, der Rest des Reaktionsgases (Luft) wird in den Abzug geleitet.

Vorbereitung der Messungen

- Der Versuchsstand einschließlich Gaschromatograf (GC) ist in Betrieb zu nehmen, der Katalysator ist bei 400 °C im Luftstrom 20 min zu regenerieren.
- Danach erfolgt die Aufstellung des Faktorplanes und der Versuchsliste sowie die Berechnung der Volumenströme (Einstellwerte am Versuchsstand).

Durchführung der Messungen

- Die Abarbeitung des Versuchsplanes erfolgt in zufälliger Reihenfolge:
  - Zu Beginn des Versuches ist der Sättiger einzuschalten.
  - Nach Einregulierung der Versuchsparameter (Temperatur, Volumenstrom Luft und Volumenstrom Luft/Methanol-Gemisch) ist ca. 10 min bis zur Einstellung des stationären Zustandes zu warten.
  - Die Bestimmung der Methanolkonzentration erfolgt durch die Aufnahme von 2 Gaschromatogrammen; die Chromatogramme sind abzuspeichern und **sofort** auszuwerten.
  - Die Parameter für den nächsten Versuch sind einzustellen; die Messbereitschaft des GC ist wieder herzustellen.
- Nach Abarbeitung aller Versuchspunkte (einschließlich Mittelpunktsversuch und Wiederholungen für die statistische Auswertung) wird der Sättiger ausgeschaltet, der GC bleibt in Betriebsbereitschaft.
- Die Auswertung der Versuche im Versuchsplan erfolgt durch Ermittlung der Koeffizienten für die Regressionsgleichung einschließlich ihrer statistischen Absicherung.
- Die Optimierung des Umsatzes von Methanol erfolgt nach der Box-Wilson-Methode durch Bestimmung des Gradienten für den steilsten Anstieg des Umsatzes aus den Koeffizienten der Regressionsgleichung. Es ist mindestens ein Versuch auf diesem Gradienten durchzuführen.

Hinweise zur Auswertung und Diskussion

1. Zur Ermittlung des Umsatzes wird nur der Methanolpeak im Gaschromatogramm herangezogen, da Formaldehyd gaschromatografisch schlecht quantitativ bestimmbar ist. Die Retention der einzelnen Komponenten erfolgt in der Reihenfolge: Luft, Wasser, Formaldehyd, Methanol.

2. Die Bestimmung der Methanolkonzentration erfolgt durch Vergleich der Peakflächen mit einem Referenzchromatogramm. Für alle am Versuchsstand einstellbaren Reaktionsbedingungen kann vorausgesetzt werden, dass sich Methanol nahezu äquimolar in Formaldehyd umwandelt:

$$CH_3OH + 0,5\ O_2 \rightarrow CH_2O + H_2O.$$

Der Umsatz von Methanol (Index Me) errechnet sich nach:

$$U_{Me} = \frac{c_{Me}^{ein} - c_{Me}^{aus}}{c_{Me}^{ein}}.$$

Die Ausbeute an Formaldehyd (Index F, in g/h) berechnet sich nach:

$$\dot{m}_F^{aus} = 0,94\ \dot{m}_{Me}^{ein}\ U_{Me}.$$

Der Methanolstrom am Eingang des Reaktors ist aus dem Luftdurchsatz und dem Methanolgehalt der Luft (Index L) errechenbar:

$$\dot{m}_{Me}^{ein} = \dot{v}_{L,Me}\rho_L Y_{Me},$$

$$\text{mit}\quad Y_{Me} = \frac{m_L}{m_{Me}} \qquad \text{Beladung der Luft mit Methanol (s. Tab. 3.4),}$$

$$\rho_L = \frac{1,293\ pT_0}{p_0 T}\ g/l \quad \text{Korrektur der Luftdichte auf die Umgebungsbedingungen.}$$

3. Bei der Diskussion der Versuchsergebnisse ist auf folgende Fragen einzugehen:
   - Welche Nebenreaktionen sind bei der katalytischen Methanoloxidation möglich? Wie kann man den Anteil der Nebenreaktionen (z. B. durch Veränderung der Konzentration der Ausgangsstoffe oder der Temperatur) beeinflussen?
   - Wie sind die Abhängigkeiten des Methanolumsatzes und der Formaldehydausbeute von den Betriebsparametern zu erklären? Unter welchen Bedingungen wird man in der Industrie arbeiten?
   - Welche systematischen Fehler können bei der Bestimmung der Methanolkonzentration und bei der Umsatzermittlung auftreten? Der Einfluss der einzelnen Fehlerquellen ist zu wichten.

Tab. 3.4. Sättigungsbeladung Y_{Me} von Luft mit Methanol (g Methanol / g Luft) in Abhängigkeit vom Luftdruck p_L (in hPa) und von der Sättigertemperatur ϑ_S (in °C)

ϑ_S in °C	Luftdruck in hPa				
	98,66	99,99	101,32	102,66	103,99
25	0,216	0,212	0,209	0,206	0,203
26	0,230	0,226	0,222	0,219	0,216
27	0,244	0,240	0,237	0,233	0,229
28	0,260	0,256	0,252	0,248	0,244
29	0,277	0,272	0,268	0,263	0,259
30	0,295	0,290	0,285	0,281	0,276
31	0,314	0,309	0,303	0,298	0,294
32	0,335	0,329	0,323	0,318	0,313
33	0,357	0,351	0,345	0,339	0,333
34	0,381	0,374	0,367	0,361	0,355
35	0,406	0,399	0,392	0,385	0,379

Literatur

SCHEFFLER, E.: „Einführung in die Praxis der statistischen Versuchsplanung", *Deutscher Verlag für Grundstoffindustrie, Leipzig* **1986**.

WEISSERMEL, K.; ARPE, H.-J.: „Industrielle Organische Chemie", *VCH, Weinheim* **1988,** Kapitel 2.3.2.

3

3.2.5
Alkalichloridelektrolyse nach dem Membranverfahren

Technisch-chemischer Bezug

Seit mehr als 100 Jahren wird durch die Alkalichloridelektrolyse der Bedarf der chemischen Industrie an Chlor und Natronlauge gedeckt. Die beiden derzeit im Weltmaßstab noch überwiegend genutzten Verfahren – das **Amalgamverfahren** und das **Diaphragmaverfahren** – sind sehr energieintensiv und können nur durch hohe Aufwendungen umweltverträglich betrieben werden. Deshalb wurde seit 1970 das energetisch günstigere und ohne Asbest und Quecksilber auskommende **Membranverfahren** entwickelt.

Kernstück dieses Elektrolyseverfahrens ist eine chemikalien- und temperaturbeständige, flüssigkeitsdichte und vorzugsweise nur für Natriumionen durchlässige **Ionenaustauschermembran**.

Das Membranverfahren ist derzeit das modernste Verfahren zur Herstellung von Chlor und Natronlauge im industriellen Maßstab. Der Anteil dieses Verfahrens an der Herstellung von Chlor und Natronlauge nimmt kontinuierlich zu.

Grundlagen

Elektrochemische Verfahren zur Herstellung von Grundchemikalien sind Großverbraucher elektrischer Energie. Die minimal erforderliche Energie für eine chemische Stoffumwandlung ist unter isobaren Bedingungen die freie Reaktionsenthalpie $\Delta_R G$. Sie steht bei elektrochemischen Reaktionen im Zusammenhang mit der theoretisch erforderlichen Ladung $z_R F$ und der reversiblen Zellspannung E:

$$\Delta_R G = -z_R \cdot F \cdot E.$$

Der praktische Energieverbrauch ist höher. Nebenreaktionen laufen ab, die nicht zu den gewünschten Produkten führen. Die Zellspannung liegt bei den technisch gebräuchlichen Stromdichten immer über dem reversiblen Wert. Ein rationeller Energieeinsatz gebietet, Elektrolyseverfahren bei möglichst geringen Zellspannungen zu betreiben.

Zellspannungen
Die Zellspannung bestimmt maßgeblich den Energieverbrauch einer Elektrolysereaktion. Bei Elektrolysen besteht die Zellspannung U_Z aus:
- der Gleichgewichtszellspannung   E,
- der Elektrodenpolarisation (Überspannung) η,
- den OHMschen Spannungsverlusten   U,

$$U_Z = E + |\eta| + U.$$

Die Gleichgewichtszellspannung setzt sich aus den reversiblen Potenzialen von Anode E_A und Kathode E_K zusammen.

$$E = E_A - E_K$$

Die Abhängigkeit der **Gleichgewichtszellspannung** von den Aktivitäten der Reaktionspartner ist durch die NERNSTsche Gleichung gegeben:

$$E = E^\ominus - \frac{RT}{z_R F} \cdot \ln \Pi a_i^{v_i}.$$

Gleichgewichtsspannungen werden im stromlosen Zustand gemessen. Dabei ist zu gewährleisten, dass sich die Aktivität (Konzentration) der Reaktionspartner an der Elektrodenoberfläche nicht verändert.

Als **Überspannung** bezeichnet man die durch den Stromfluss hervorgerufene Abweichung der Elektrodenspannung von der Gleichgewichtsspannung. Sie ist Ausdruck für die Größe der kinetischen Hemmungen einzelner Teilschritte der Elektrodenreaktion. Für viele Elektrodenreaktionen lässt sich der Zusammenhang zwischen Überspannung und Stromdichte durch die TAFEL-Gleichung angeben:

$$\eta = a + b \cdot \lg i.$$

Die Parameter a und b enthalten die kinetischen Konstanten für den jeweils geschwindigkeitsbestimmenden Teilschritt der Reaktion. Überspannungen ermittelt man aus der Differenz zwischen dem Elektrodenpotenzial unter Stromfluss und dem Gleichgewichtspotenzial der Elektrode.

Bei der elektrolytischen Chlorherstellung wird die anodische Überspannung vorwiegend durch die elektrokatalytische Aktivität des Elektrodenmaterials bestimmt. Weiteren Einfluss üben Transportprozesse, insbesondere der Abtransport des Chlors von der Elektrodenoberfläche, aus. Überspannungen lassen sich minimieren, wenn ausreichend beständige Elektrodenmaterialien hoher elektrokatalytischer Aktivität zum Einsatz kommen und die Transportwege durch eine optimale Gestaltung der Elektrolysezelle und der Elektrode kurz gehalten werden.

OHMsche Spannungsverluste sind Spannungsabfälle, die durch den **OHMschen Widerstand** in Stromzuleitungen, bei Kontaktübergängen und im Elektrolyten auftreten. Hier liegen große Reserven zur Verminderung der Zellspannung. Da der überwiegende Teil der OHMschen Spannungsverluste durch die relativ geringe Leitfähigkeit des Elektrolyten nach:

$$U = i \cdot d / \kappa, \text{ mit } \quad d \quad \text{Elektrodenabstand,}$$
$$\kappa \quad \text{spezifische Leitfähigkeit des Elektrolyten.}$$

verursacht wird, ist die Verminderung des Elektrodenabstandes eine wesentliche Quelle zur Senkung der Zellspannung. An gasentwickelnden Elektroden befinden sich immer Gasblasen im Elektrodenzwischenraum. Die spezifische Leitfähigkeit des Elektrolyten nimmt mit zunehmendem relativen Gasblasenanteil ε ab:

$$\varepsilon = V_g/(V_g + V_l),$$

$$\kappa = \kappa_0(1 - \varepsilon)^{3/2}.$$

An senkrechten gasentwickelnden Elektroden wie beim Membranverfahren nimmt der Gasblasengehalt des Elektrolyten von unten nach oben zu, wenn nicht für die Entfernung der Blasen gesorgt wird. Für großtechnische Anlagen verwendet man heute deshalb strukturierte, durchbrochene Elektroden, die einen Aufstieg der Gasblasen an der Rückseite der Elektrode ermöglichen.

Bedingt durch die intensive Gasentwicklung findet in den Elektrodenräumen der Elektrolysezelle eine intensive Durchmischung des Elektrolyten statt. Es bilden sich keine Gradienten für Konzentration und Temperatur aus. Die Umsätze sind niedrig. Die Zelle kann damit näherungsweise als Differenzialreaktor beschrieben werden.

Kenngrößen technischer Elektrolysen (Umsetzungen ohne Veränderungen der Molzahl)

- Elektrochemische Stromausbeute
  Bei technischen Elektrolysen finden meistens Nebenreaktionen statt, für die ein Teil des eingesetzten Stromes verloren geht. Die Stromausbeute α_i gibt das Verhältnis des für die Bildung des Produktes i benötigte Stromstärke I_i zum Gesamtstrom I an:

  $$\alpha_i = I_i/I.$$

  Unter Verwendung des FARADAYschen Gesetzes ergibt sich:

  $$\alpha_i = m_i \cdot z_i \cdot F/M_i \cdot t \cdot I.$$

- Energieausbeute
  Die Energieausbeute gibt das Verhältnis zwischen theoretisch (im Gleichgewichtszustand) erforderlicher Energie und praktisch benötigter Energie an:

  $$\gamma_i = \alpha_i \cdot (|\Delta_R G|/U_Z \cdot z_R \cdot F),$$

  $$\gamma_i = \alpha_i \cdot (|E|/U_Z).$$

  Geringe Energieausbeuten sind charakteristisch für elektrochemische Reaktionen, die unter hohen Überspannungen und OHMschen Spannungsverlusten bzw. mit geringen Stromausbeuten ablaufen.

- spezifischer Elektroenergieverbrauch
  Diese Kenngröße ist der Quotient aus der aufgewendeten elektrischen Arbeit und der dabei produzierten Stoffmenge:

  $$W_i = I \cdot U_Z \cdot t/m_i.$$

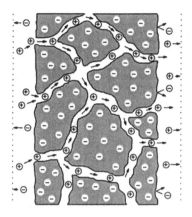

Abb. 3.18. Struktur einer Kationenaustauschermembran

Stofftransport durch Ionenaustauschermembranen

Eine Ionenaustauschermembran besteht aus einem quellfähigen Polymeren, welches anionische (Kationenaustauscher, z. B. $-COO^-$) oder kationische (Anionenaustauscher, z. B. $-NR_3^+$) Gruppen enthält (s. Abb. 3.18).

Die Festionen in der Matrix des Ionenaustauschers stoßen Ionen gleicher Ladung ab. Entgegengesetzt geladene Ionen werden aufgenommen. Diese wandern bei Anlegen eines elektrischen Feldes durch die Membran. Die Selektivität der Membran, d.h. ihre Durchlässigkeit für ein bestimmtes Ion, wird durch ihre Mikrostruktur und die Art und Anzahl der Festionen bestimmt. Konzentration und Zusammensetzung der Elektrolyte sowie die Arbeitsbedingungen der Elektrolyse beeinflussen ebenfalls die Selektivität der Membran.

Anionen werden auf Grund ihrer Ladung in einer Kationenaustauschermembran von den ebenfalls negativ geladenen Festionen abgestoßen und können deshalb nicht von dem Gradienten des elektrischen Potenzials durch die Membran transportiert werden. Sie können aber in geringen Mengen die Membran durch Diffusion passieren.

Aufgabenstellung

- Bestimmung der Spannungsbilanz der Membranzelle
  Unter vorgegebenen Arbeitsbedingungen (Temperatur, Elektrolytkonzentrationen) ist die Abhängigkeit der Zellspannung, der Elektrodenpotenziale und des OHMschen Spannungsabfalls von der Stromstärke in der Elektrolysezelle zu messen und zu diskutieren.
- Untersuchung der kathodischen Stromausbeute in der Membranzelle und der Reinheit der Lauge.
  An der Versuchsanlage ist unter vorgegebenen Arbeitsbedingungen (Laugekonzentration, Stromstärke) die erzeugte Menge an Natronlauge zu ermitteln und die Stromausbeute und der spezifische Energieverbrauch für die Bildung von NaOH zu berechnen.

Versuchsaufbau und -durchführung

Kernstück des Versuchsstandes (s. Abb. 3.19) bildet die Elektrolysezelle 1. Sie besteht aus einem Anoden- und einem Kathodenteil, die miteinander verschraubt sind. Zwischen den beiden Teilen befindet sich die Ionenaustauschermembran, welche die Elektrodenräume flüssigkeitsdicht trennt. Die Natriumchloridlösung (Sole) für den Anodenraum und destilliertes Wasser für den Kathodenraum werden über die Membrandosierpumpen 2 und 3 zugeführt. In den Zwischenbehälter 4 fließt die Sole nach Passieren der Elektrolysezelle zurück. Hier müssen das Chlor entfernt und der pH-Wert eingestellt werden. Aus dem Zwischenbehälter wird die Sole (wenn erforderlich über die Ionenaustauschersäule 7 zur Entfernung von mehrwertigen Kationen) in den Vorratsbehälter gefördert. Das Umschalten der Förderwege für die Sole erfolgt durch 3-Wege-Ventile 8 (A: Versorgung der Zelle mit Reinsole, B: Reinigung der Sole

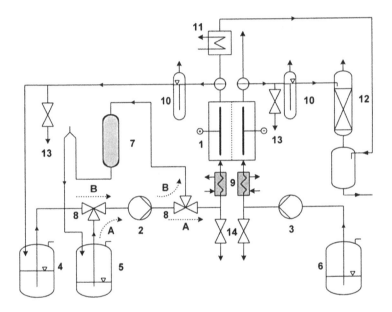

1 Elektrolysezelle	8 3-Wege-Ventile
2 Dosierpumpe Sole	9 Wärmetauscher
3 Dosierpumpe Wasser	10 Tauchungen
4 Vorratsbehälter Reinsole	11 Chlorkühler
5 Zwischenbehälter	12 Chlorabsorption
6 Vorratsbehälter Wasser	13 Probenahmeventile
7 Ionenaustauscher	14 Ablassventile

A   Versorgung der Zelle mit Reinsole
B   Reinigung der Sole über Ionenaustauscher

Abb. 3.19. Schematische Darstellung des Versuchsaufbaus

über Ionenaustauscher). Zum Vorwärmen der Elektrolyte dienen die Wärmetauscher 9. Sole und Natronlauge verlassen die Elektrodenräume mit unterschiedlichen hydrostatischen Niveaus, um einen geringen Überdruck auf der Kathodenseite zu gewährleisten. Damit wird ein Kontakt zwischen Kathode und Membran verhindert. Die der Zelle nachgeschalteten Tauchungen 10 unterbinden den Gasaustrag von Chlor bzw. Wasserstoff mit dem Elektrolytstrom. Das Chlor wird nach Passieren eines Kühlers 11 in den Rundkolben geleitet. Hier reagiert es mit der kathodisch gebildeten Natronlauge zu Hypochlorit. Zur Absorption und Reduktion des Chlors wird die Natronlauge über eine Kolonne mit Co-aktivierten Graphitkörnern 12 im Gegenstrom zum Chlor geführt. Die Hypochloritlösung kann über eine Wasserstrahlpumpe abgezogen werden. Die Ventile 13 ermöglichen die Probenahme für die Sole und die Lauge. Die unterhalb der Zelle befindlichen Ablassventile 14 sind für die Entleerung der Zelle erforderlich.

Vorbereitung der Messungen

- In den Elektrodenräumen befindet sich zum Schutz der Ionenaustauschermembran eine 2%ige $NaHCO_3$-Lösung. Vor Versuchsbeginn wird diese Lösung abgelassen. Der Anodenraum wird über die Dosierpumpe mit der Sole gefüllt. In den Kathodenraum wird eine 5%ige $NaOH$ eingefüllt.
- Die Temperierung der Zelle und der Wärmetauscher zum Vorwärmen des Elektrolyten sind in Betrieb zu nehmen, die Durchflüsse für Sole (ca. 1 l/h) und Wasser (ca. 150 ml/h) sind einzustellen, Belüftung und Elektrolysestrom (5 A) sind einzuschalten.
  Achtung: In der Elektrolyseanlage entstehen Chlor und Natronlauge!

Durchführung der Messungen

- Spannungsbilanz
  Die Elektrolytbrücken zwischen der Arbeitselektrode und der Bezugselektrode sind auf Abwesenheit von Luftblasen zu überprüfen und bei Bedarf zu spülen (1%ige KNO_3-Lösung).
  Die Messungen von Zellspannung und Elektrodenpotenzialen erfolgen ca. 20 min nach Einschalten des Elektrolysestromes. Dazu werden die vorgegebenen Stromstärken und die für die Gewährleistung einer gleichbleibenden Laugenkonzentration erforderlichen Fördermengen der Wasserpumpe eingestellt und Zellspannungen und Elektrodenpotenziale gemessen.
- Stromausbeute
  Stromstärke und Laugekonzentrationen (über Wasserdosierung) sind vorzugeben, bis zur Probenahme ist zur Einstellung des stationären Zustandes eine Wartezeit von 3 Raumzeiten (Katholytvolumen: 80 ml) einzuhalten. Mit der Probenahme erfolgt die exakte Bestimmung der Durchflussmenge der Natronlauge, durch Titration ihr Gehalt an $NaOH$ und Chlorid.

3

Hinweise zur Auswertung und Diskussion

1. Spannungsbilanz

   Der Zusammenhang zwischen der Stromdichte und den Elektrodenpotenzialen sowie der Zellspannung und dem OHMschen Spannungsabfall ist grafisch darzustellen (E/i-Diagramm, Kathodenpotenzial als Absolutwert, Potenziale gegen die Wasserstoffelektrode, die zur Messung benutzte Silberchloridelektrode weist ein Potenzial von +198 mV gegen die Wasserstoffelektrode auf). Die Gleichgewichtspotenziale für die Elektrodenreaktionen bzw. für die Zellreaktion werden näherungsweise durch Extrapolation auf die Stromdichte i = 0 (unteres Kurventeil verwenden) erhalten. Der OHMsche Spannungsabfall ist die Differenz zwischen der Zellspannung und der Summe der Elektrodenpotenziale ($E_A + |E_K|$).

   Die Überspannungen für die Elektrodenreaktionen sind aus der Differenz zwischen Elektrodenpotenzial und Gleichgewichtspotenzial zugänglich. Der Zusammenhang zwischen Überspannung und Stromdichte wird in einem Diagramm nach der TAFEL-Gleichung dargestellt, die TAFEL-Parameter sind zu ermitteln!

   Die Gleichgewichtspotenziale für die Wasserstoff- und die Chlorelektrode unter den gewählten Arbeitsbedingungen (Konzentration, Temperatur) sind nach der NERNSTschen Gleichung zu berechnen.

   Worauf lassen sich die Unterschiede zu den experimentell ermittelten Werten zurückführen?

2. Stromausbeute

   Stromausbeute, spezifischer Energieverbrauch für die Natronlauge und die Energieausbeute für die Elektrolysereaktion sind zu ermitteln!

   Wie stark ist die Natronlauge durch Chlorid verunreinigt (Ermittlung des Chloridgehaltes erfolgt durch potenziometrische Titration)?

   Für die Stromausbeute ist eine Fehlerabschätzung durchzuführen (fehlerbehaftete Messgrößen: Stromstärke (0,5% vom Skalenendwert), Volumen (2% des Messvolumens), Zeit und Konzentration der Natronlauge (Titrationsfehler)).

   Wovon hängt unter industriellen Bedingungen die Wahl der Stromdichte für einen Elektrolyseprozess ab?

3. Zur Auswertung notwendige Daten

Elektrodenfläche (geometrisch):		$38\ cm^2$	
Volumen der Elektrodenräume je:		$81\ cm^3$	
Standardpotenziale:	$E^{\ominus}\ (H_2/H^+)$	0,0 V	pH 0
	$E^{\ominus}\ (O_2/H_2O)$	1,23 V	pH 0
	$E^{\ominus}\ (Cl_2/Cl^-)$	1,35 V	
	$E^{\ominus}\ (sAg/AgCl)$	0,198 V	

Literatur

ONKEN, U.; BEHR, A.: „Chemische Prozesskunde – Lehrbuch Technische Chemie", Bd. *3*, *Georg Thieme Verlag, Stuttgart/New York* **1996**, Kapitel 10.3.

WENDT, H.; KREYSA, G.: „Electrochemical Engineering", *Springer-Verlag, Berlin/Heidelberg/New York* **1999**, Chapter 6.8.

3.2.6
Abwasserreinigung nach dem Belebtschlammverfahren

Technisch-chemischer Bezug

Die Anforderungen an die Behandlung von Abwasser werden durch die Novellierung der nationalen Wassergesetze erheblich verschärft. Nach § 7a des Wasserhaushaltsgesetzes (WHG) müssen Abwässer, soweit sie Stoffgruppen enthalten, „die wegen der Besorgnis einer Giftigkeit, Langlebigkeit, Anreicherungsfähigkeit oder einer krebserzeugenden, geruchsschädigenden oder erbgutverändernden Wirkung als gefährlich zu bewerten sind", nach dem Stand der Technik behandelt werden.

Wasser wird in der Industrie, im Gewerbe und im Haushalt als bevorzugtes Lösungs- und Reinigungsmittel verwendet. Demzufolge ist der Anfall an Abwasser entsprechend hoch. Die kostengünstige Reinigung und Entsorgung in speziellen Anlagen ist deshalb von besonderer Bedeutung und stellt eine wesentliche Entlastung der Umwelt dar.

In der chemischen Industrie fällt Wasser vor allem in Form von **Kühl**- und **Produktionsabwasser** an. Die Menge des Abwassers kann durch den Einsatz von Kreisläufen, durch Rückgewinnung von Wasserinhaltsstoffen, Beseitigung von Rückständen, sowie Anwendung abwasserarmer Verfahren minimiert werden. Trotz dieser Maßnahmen liegt das Abwasseraufkommen der chemischen Industrie der BRD bei mehr als 4×10^9 m^3 pro Jahr. Ein wesentlicher Teil dieses Wassers ist nach Durchlaufen des Produktionsprozesses mit Anteilen von Ausgangs-, Neben- und Reaktionsprodukten beladen und muss einer **Wasseraufbereitungsanlage** zugeführt werden, bevor es, gereinigt, in ein Gewässer eingeleitet werden kann.

Grundlagen

Zu den bekanntesten Verfahren der Abwasserbehandlung gehören:
- biologische Behandlung
- Adsorption an Adsorberharzen / Aktivkohle
- Membranverfahren
- katalytische UV-Oxidation
- biologisch-chemisch-physikalische Behandlungsverfahren

Betriebe der chemischen Industrie reinigen ihr Abwasser in der Regel in einer mechanisch-biologischen Abwasseraufbereitungsanlage. Diese Anlagen bestehen im Wesentlichen aus folgenden Stufen:
1. Sand- und Grobmaterialabtrennung
2. Neutralisationsstufe
3. Absetzbecken I (Vorklärung)
4. Biologische Reinigung (Belebungsbecken)

3

5. Absetzbecken II (Nachklärung)
6. Schlammaufbereitung

Sand- und Grobmaterialabtrennung

Grobstoffe und Sand werden in Rechenwerken, Sandfängen und Siebanlagen abgeschieden. Diese Einrichtungen dienen dem störungsfreien Betrieb von Abwasseraufbereitungsanlagen.

Neutralisationsstufe

Als Voraussetzung für die erfolgreiche biologische Reinigung von Abwässern wird ein pH-Wert um den Neutralpunkt verlangt. Saure Abwässer sind deshalb mit Natronlauge oder Kalkmilch, alkalische mit Schwefel- oder Salzsäure zu neutralisieren.

Sind im Abwasser Schwermetallionen enthalten, so muss zunächst bei pH 8 – 10 die Ausfällung zu wasserunlöslichen Hydroxiden erfolgen, ehe neutralisiert werden kann. Auch kolloidal gelöste Stoffe im Abwasser werden vor der Neutralisation durch Zugabe von Aluminium- oder Eisensalzen ausgeflockt.

Absetzbecken I (Vorklärung)

In der Vorklärungsstufe werden wasserunlösliche Inhaltsstoffe des Abwassers abgeschieden. Diese Abscheidung erfolgt durch Verringerung der Strömungsgeschwindigkeit im Absetzbecken, wobei Stoffe mit größerer Dichte als Wasser zu Boden sinken, Stoffe mit geringerer Dichte aufschwimmen.

Biologische Reinigung (Belebungsbecken)

Das vom Grobmaterial befreite, auf einen pH-Wert zwischen 6 und 8 eingestellte, vorgeklärte Abwasser wird der Belebungsstufe der Abwasseraufbereitungsanlage zugeführt. Hier erfolgt die biologische Reinigung, wobei Bakterien abbaubare Wasserinhaltsstoffe zu CO_2 und H_2O umsetzen.

Das Belebungsbecken enthält Belebtschlamm bestehend aus Bakterien, Pilzen und anderen Mikroorganismen, die sich bei entsprechendem „Nahrungsangebot" und Sauerstoffzufuhr schnell vermehren. Die Belebtschlamm-Konzentration in der biologischen Reinigungsstufe wird in g Trockensubstanz pro Liter Flüssigkeit im Belebungsbecken angegeben. Sie kann Werte zwischen 1 g/l bis 6 g/l für hochbelastete Anlagen erreichen.

Neben dem Angebot an abbaubarer Substanz ist die Zufuhr von Luftsauerstoff für die Abbauleistung im Belebungsbecken entscheidend, damit der aerobe Abbau durch die Mikroorganismen erfolgen kann.

Daher muss das Belebungsbecken so konzipiert sein, dass eine große Oberfläche zwischen Begasungsluft und Abwasser erzeugt wird. Je nachdem, welche der beiden fluiden Phasen dispergiert wird, unterscheidet man in der aeroben Abwasserreinigung zwischen dem **Tropfkörper-** und **Belebtschlammverfahren**.

Als weitere technische Varianten der biologischen Abwasserreinigung seien der **Bio-Hochreaktor** und das **Tiefschachtverfahren** genannt.

Die Behandlung von Abwässern mit sehr hohen Anteilen organischer Inhaltsstoffe (Zuckerfabriken) erfolgt nach dem sog. **Faulverfahren**. Die organischen Bestandteile werden dabei durch anaerobe Bakterien unter Ausschluss von Sauerstoff in CO_2 und Methan umgewandelt. Der Abbau erfolgt durch unterschiedliche Bakterienstämme über mehrere Stufen. Das Verfahren zeichnet sich durch niedrige Energiekosten aus.

Absetzbecken II (Nachklärung)

Im Absetzbecken II erfolgt die Trennung von gereinigtem Abwasser und Belebtschlamm durch Sedimentation. Die durch den Abbau der Abwasserinhaltsstoffe zuwachsende Schlammmenge wird als Überschussschlamm abgezogen, der Rest wird in das Belebungsbecken zurückgeführt, so dass dort eine konstante Schlammkonzentration aufrechterhalten werden kann.

Über ein Wehr verlässt das gereinigte Abwasser das Nachklärbecken und wird in den Vorfluter geleitet.

Schlammaufbereitung

Die Schlammaufbereitung in einer Kläranlage verursacht einen wesentlichen Teil der Betriebskosten. Der bei der Nachklärung anfallende Überschussschlamm wird in Eindickern durch Sedimentation auf 3–5% Feststoffgehalt entwässert. Durch Zusatz von Fe^{2+}-Sulfat und Kalkmilch werden die Bakterienzellen denaturiert, so dass eine weitere Entwässerung im Vakuumzellenfilter möglich ist. Der Filterkuchen wird deponiert, kompostiert oder in Verbrennungsanlagen verbrannt.

Abwasseranalyse

Da Abwasser in allen Lebensbereichen anfällt, enthält es praktisch auch alle Stoffe die im menschlichen Lebensraum anfallen. Es ist weder analytisch möglich noch wirtschaftlich tragbar, alle diese Stoffe erfassen zu wollen. Deshalb werden meist Summenparameter zur Charakterisierung verwendet, die nach genormten Methoden bestimmt werden:

1. TOC: gesamter organischer Kohlenstoff (engl.: total organic carbon)
2. DOC: gelöster organischer Kohlenstoff (engl.: diluted organic carbon)
3. CSB: chemischer Sauerstoffbedarf (engl.: chemical oxygen demand, COD)
4. BSB: biochemischer Sauerstoffbedarf (engl.: biochemical oxygen demand, BOD)

Chemischer Sauerstoffbedarf

Das Abwassergesetz sieht den CSB als wichtigsten Parameter zur Überwachung der organischen Belastbarkeit von Abwassereinleitungen an. Der CSB erfasst alle unter den Versuchsbedingungen oxidierbaren Verbindungen (anorganische als auch organische Komponenten).

Der chemische Sauerstoffbedarf ist die auf Sauerstoff umgerechnete Masse an Oxidationsmittel ($K_2Cr_2O_7$), die bei der Oxidation von Abwasserinhaltsstoffen unter festgelegten Bedingungen benötigt wird.

3

Die Bestimmung kann durch Titration oder fotometrisch erfolgen. In beiden Fällen dient Kaliumdichromat als Sauerstofflieferant, der bei Sauerstoffabgabe in das grüne Cr^{3+}-Ion übergeht. Die Oxidation läuft unter genau einzuhaltenden Bedingungen ab: Schwefelsäure dient als Reaktionsmedium, Silbersulfat als Katalysator, Reaktionszeit 120 min, Reaktionstemperatur 148 °C. Nach Ablauf der Reaktionszeit, d. h. wenn alle oxidierbaren Wasserinhaltsstoffe umgesetzt sind, kann aus dem Gehalt des noch vorhandenen Dichromates bzw. des entstandenen Cr^{3+}-Ions auf den chemischen Sauerstoffbedarf des Abwassers geschlossen werden. Durch Titration lässt sich der Dichromatüberschuss mit $(NH_4)_2Fe(SO_4)_2$-Lösung bestimmen. Fotometrisch ist die Intensitätszunahme der grünen Färbung des entstandenen Cr^{3+}-Ions bei 620 nm zu messen.

Biochemischer Sauerstoffbedarf

Der Biochemische Sauerstoffbedarf ist die Masse des gelösten Sauerstoffs, die von adaptierten Mikroorganismen beim Abbau der in einem Liter Probewasser enthaltenen, biochemisch oxidierbaren Inhaltsstoffe des Wassers unter festgelegten Bedingungen innerhalb von 5 Tagen (Index 5) benötigt wird. Der BSB_5 ist kein Maß für die Gesamtheit der organischen Inhaltsstoffe des Wassers. Der Wert des BSB_5 ist niedriger als der des CSB, da bei der CSB-Bestimmung die Oxidationskraft des Kaliumdichromates in schwefelsaurer Lösung die der Mikroorganismen übertrifft. Bei biologisch gut abbaubaren Abwässern liegt das Verhältnis CSB : BSB bei etwa 1,5.

Aufgabenstellung

Es ist eine kontinuierlich arbeitende Laborkläranlage zu betreiben. Dazu sind folgende Betriebsparameter nach Vorgaben einzustellen und im Versuchsverlauf zu kontrollieren:
- Verweilzeit des Abwassers im Bioreaktor und Absetzgefäß,
- Luftdosierung im Bioreaktor,
- pH-Wert des Abwassers im Vorratsgefäß, im Bioreaktor und im Wasserablauf,
- Sauerstoffgehalt im Bioreaktor,
- Absetzvolumen des Belebtschlammes,
- Rückführung des Belebtschlammes aus dem Absetzgefäß in den Bioreaktor kontinuierlich oder in Intervallen, ggf. Auskreisung von Belebtschlamm.

Die Abbauleistung des Belebtschlammes wird durch Analyse des CSB, BSB_5 und weiterer analytischer Kontrollen der Proben aus dem Vorratsgefäß, Bioreaktor und Absetzbecken bestimmt. Die Versuchsergebnisse sind tabellarisch zu erfassen und zu diskutieren.

Versuchsaufbau und -durchführung

Die Laborkläranlage zur Reinigung von Abwasser arbeitet kontinuierlich im Dauer-betrieb. Abbildung 3.20 zeigt den schematischen Aufbau der Versuchsanlage. Der im Reaktor befindliche Belebtschlamm ist auf ein synthetisches Abwasser, bestehend aus Stärke, Saccharose, Kaliumhydrogenphosphat, Harnstoff, Natriumacetat und Ammo-niumchlorid, adaptiert, dem verschiedene Mengen einer organischen Substanz (z. B. Methanol) zugegeben werden. Ein Wechsel der zugesetzten organischen Komponente bedarf dabei einer längeren Adaptionszeit der Mikroorganismen (14 Tage), so dass während eines Praktikumsdurchganges lediglich die Konzentration geändert werden kann.

Die Anlage zur Abwasseraufbereitung besteht aus dem Vorratsgefäß (25 l), verse-hen mit einem Rührer zur Homogenisierung des Abwassers. In diesem Vorratsgefäß wird das zur Reinigung vorgesehene synthetische Abwasser mit den abzubauenden organischen Stoffen belastet und sein pH-Wert auf ca. 7 eingestellt.

Das neutralisierte Abwasser wird über eine Schlauchpumpe dem Bioreaktor, einem 4,4 l fassenden zylindrischen Gefäß, zugeführt. Im Bioreaktor befindet sich der für den biologischen Abbau benötigte Belebtschlamm. Am Boden des Gefäßes wird Luft, welche von einer Membranpumpe gefördert und deren Menge durch einen Strömungs-messer mit Regulierventil einstellbar ist, über eine Fritte im Bioreaktor verteilt. Durch einen im Bioreaktor angebrachten seitlichen Überlauf gelangt das behandelte Abwas-ser zusammen mit Teilen des Belebtschlammes in ein 2 l fassendes Absetzgefäß. Hier sedimentiert der Belebtschlamm vom biologisch behandelten Abwasser, welches über einen weiteren Überlauf abfließen kann. Der abgesetzte Belebtschlamm wird peri-

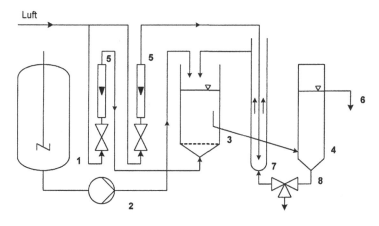

1	Vorratsgefäß mit Rührer	5	Luftdosierung
2	Pumpe	6	Überlauf
3	Bioreaktor	7	Schlammrückführung
4	Absetzgefäß	8	Schlammaustrag

Abb. 3.20. Schematische Darstellung der kontinuierlichen Laborkläranlage

odisch bzw. stetig in den Bioreaktor zurückgefördert. Vorhandener Überschuss-schlamm kann aus dem Absetzgefäß abgezogen werden.

Zur Versuchsdurchführung werden außerdem Volumenmessgeräte, ein pH-Messgerät und ein Sauerstoffmessgerät vom Typ OXI 96 benötigt.

Vorbereitung der Messungen

- Aus einem Abwasserkonzentrat o. g. Inhaltsstoffe ist im Vorratsgefäß durch Verdünnen mit Leitungswasser ein Abwasservorrat bereitzustellen. Hierzu ist kurzzeitig die Dosierung in den Bioreaktor zu unterbrechen und der vorgegebene Volumenanteil an Methanol (50 bis 500 ppm) zuzugeben.
- Der Inhalt im Vorratsgefäß wird durch Rühren homogenisiert und der pH-Wert überprüft. Weicht der gemessene pH-Wert von dem vorgegebenen Bereich zwischen pH 6,5 bis 7,8 ab, ist dieser durch Zugabe von wässriger NaOH bzw. H_2SO_4 einzustellen.
- Die Verweilzeit des Abwassers im Bioreaktor ist im Bereich von einer bis vier Stunden variabel; der Wert dieser Verweilzeit wird vor Versuchsbeginn festgelegt und soll mindestens dreimal während des Versuches kontrolliert werden.
- Der pH-Wert im Bioreaktor und im Vorratsgefäß ist während des Versuches mindestens dreimal zu kontrollieren.
- Die Sauerstoffkonzentration in Bioreaktor und Vorratsgefäß ist mit dem Sauerstoffmessgerät ebenfalls mindestens dreimal während des Versuches zu überprüfen. Die Sauerstoffkonzentration ist dabei von der Temperatur im Bioreaktor und der Abbauleistung der Mikroorganismen abhängig. Die Luftdosierung ist im Bereich von 10 bis 60 l/h einstellbar. Die Einstellung ist so auszuwählen, dass die Sauerstoffkonzentration im Bioreaktor nicht unter 1,0 mg O_2/l absinkt.

Durchführung der Messungen

- Nach einer und drei Stunden Betriebszeit sind Proben aus dem Vorratsgefäß und dem Klärwasserablauf zu entnehmen. Diese sind für die Bestimmung des CSB-Wertes vorgesehen.
- Die Klärwasserprobe ist durch Filtration über einen Papierfilter von Schwebstoffen zu befreien; die Probe aus dem Vorratsgefäß braucht nicht filtriert zu werden.
- Die Bestimmung des CSB-Wertes erfolgt nach folgendem Plan:

nach einer Stunde	Abwasserprobe (Vorratsgefäß)	2 Bestimmungen
	filtrierte Klärwasserprobe	2 Bestimmungen
	Blindwert	2 Bestimmungen,
nach drei Stunden	Abwasserprobe (Vorratsgefäß)	2 Bestimmungen
	filtrierte Klärwasserprobe	2 Bestimmungen
	Kontrollstandard	2 Bestimmungen
	Kontrollstandard (vorgegeben)	1 Bestimmung.

- Die Ermittlung des CSB-Wertes dieser Proben erfolgt titrimetrisch. Von weiteren Proben kann der CSB-Wert zum Vergleich fotometrisch mit Hilfe des Rundküvettentests im Filterfotometer Nanocolor PT-2 bestimmt werden.

Die CSB-Analyse wird für alle Proben nach folgendem Schema durchgeführt:
1. In 6 Aufschlussröhrchen werden je 1 ml Kaliumdichromatlösung pipettiert.
2. Dazu werden 2 ml Abwasser- bzw. Klärwasserprobe und für den Blindwert 2 ml destilliertes Wasser gegeben (Doppelbestimmung).
3. In die so vorbereiteten Probengläser werden noch je 3 ml $AgSO_4$-haltige Schwefelsäure gegeben.
4. Die Probengläser werden mit den Kappen dicht verschraubt und kurz geschüttelt. **Vorsicht:** Erwärmung!
5. Die fest verschraubten Gläser werden in den Aufschlussblock gestellt und das Temperaturregime (148 °C, 120 min) eingeschaltet.
6. Nach 2 Stunden Behandlung und ca. 10 Minuten Abkühlzeit wird der Inhalt der Reagenzgläser vollständig in ERLENMEYER-Kolben überführt (Proben gut mit destilliertem Wasser nachspülen).
7. Es sind 3 ml konz. H_2SO_4 zu jeder Probe zu geben.
8. Nach dem Abkühlen der Proben je 2 Tropfen Ferroin-Indikator zugeben; im Anschluss an eine Karenzzeit von weiteren 2 min mit $(NH_4)_2Fe(SO_4)_2$-Lösung bis zum Farbumschlag von blau nach rot titrieren.

- Der CSB-Wert lässt sich wie folgt aus den Titrationswerten errechnen:

$$CSB = \frac{(b - a) \cdot F \cdot 200}{V} \text{ in mg } O_2/l,$$

mit   a   Verbrauch $(NH_4)_2Fe(SO_4)_2$-Lösung in ml,
      b   Verbrauch Blindwert in ml (Mittelwert aus 2 Bestimmungen),
      V   Probevolumen in ml,
      F   Faktor der $(NH_4)_2Fe(SO_4)_2$-Lösung.

- Die fotometrische Bestimmung des CSB-Wertes erfolgt mit Hilfe des NANOCOLOR-Analysensystems, wobei käuflich erworbene Fertigtestküvetten mit Probelösung versehen und aufgeschlossen werden. Die Auswertung erfolgt mit Hilfe eines Filterfotometers PT-2. Die Dateneingabe erfolgt über testspezifische Programmkarten; das Ergebnis CSB wird in mg O_2/l angezeigt.
- Die BSB-Analyse ist auf alle Wässer anwendbar, deren BSB_5 zwischen 3 und 250 mg O_2/l liegt. Proben mit einem BSB_5 über 250 mg O_2/l müssen mit einem speziellen Verdünnungswasser (s. u.) vermischt werden.
- Herstellung des Verdünnungswassers: Je 5 ml der vier bereitstehenden Lösungen werden aus einem Becherglas pipettiert und mit 5 l Leitungswasser aufgefüllt; Belüftung bis zur Sättigung (mindestens 1 h).
- Zur BSB-Analyse werden Proben aus Zulauf und Klärwasser entnommen, in je einem 1 l-Maßkolben dosiert und mit dem luftgesättigten Verdünnungswasser bis zur Kalibriermarke aufgefüllt. Die Verdünnung wird wie folgt vorgenommen:

3

CSB	zu erwartender BSB$_5$-Gehalt	Anteil der Wasserprobe in den Mischungen		
in mg O$_2$/l	in mg O$_2$/l	in ml/l		
50–100	40–80	25	50	75
100–150	80–120	15	30	45
150–300	120–250	10	20	30

- Je zwei Sauerstoffmessflaschen (Füllvolumen ca. 300 ml) für die Zulaufprobe, die Klärwasserprobe und die Blindwertprobe sind bereit zu stellen.
- Die Sauerstoffmessflaschen mit den jeweiligen Lösungen werden vorgespült und bis zum Schliff aufgefüllt. Nun wird der Sauerstoffgehalt erneut gemessen und die Flaschen luftblasenfrei verschlossen.
- Eine Sauerstoffmessflasche wird nur mit Verdünnungswasser gefüllt.
- Alle Verdünnungsansätze in den Sauerstoffmessflaschen werden für fünf Tage bei ca. 20 °C an einen lichtgeschützten Ort gestellt. Nach Ablauf dieser fünf Tage wird der Sauerstoffgehalt abschließend bestimmt. Die Differenz der Messwerte ergibt den Probenwert. Die Differenz der Messwerte vom Wert des Verdünnungswassers ergibt den Wasserwert. Die Sauerstoffzehrung der Probe wird aus dem Probenwert minus dem Wasserwert berechnet. Daraus folgt:

$$BSB_5 = \frac{\text{Sauerstoffzehrung der Probe} \cdot 1000}{\text{Verdünnung}} \text{ in mg O}_2/l.$$

Hinweise zur Auswertung und Diskussion

1. Alle Mess- und Auswertedaten sind tabellarisch zusammenzustellen und zu diskutieren.
2. Wie ist die Reinigungsleistung der Anlage unter den eingestellten Betriebsbedingungen einzuschätzen? Die Messergebnisse sind zu quantifizieren!

Literatur

HARTMANN, L.: „Biologische Abwasserreinigung", Springer-Lehrbuch, *Berlin/Heidelberg/New York* **1992**, Kapitel 1, 6, 8, 9, 13.

ONKEN, U.; BEH, A.: „Chemische Prozesskunde – Lehrbuch der Technischen Chemie", Bd. *3, Georg Thieme Verlag, Stuttgart/New York* **1996**, Kapitel 3.4.2.

3.3
Wärmetransport und Reaktion

Bei jeder chemischen Umsetzung treten je nach Reaktionsenthalpie mehr oder weniger starke Wärmeeffekte auf. Analog zur Stoffbilanz kann für jedes Reaktionssystem eine Enthalpiedichtebilanz aufgestellt werden. Sie beschreibt die zeitliche Änderung der Enthalpie in einem Volumenelement, hervorgerufen durch Konvektion, Leitung, Übergang und chemische Reaktion. Grundlage dafür ist der Satz von der Erhaltung der Energie. Verbal und in koordinatenfreier Form lautet die **Wärmebilanzgleichung**:

zeitl. Änderung der Enthalpie-dichte		Änderung durch Konvektion		Änderung durch Wärmeleitung		Änderung durch Wärmeaustausch		Änderung durch chem. Reaktion
$\rho c_p \dfrac{\partial T}{\partial t}$	$=$	$-\rho c_p \operatorname{div}(\vec{w} \cdot T)$	$-$	$\operatorname{div}(-\lambda \operatorname{grad} T)$	$+$	$k_W A_{W,v}(T_W - T)$	$+$	$\sum_j r_j (-\Delta_R H_j)$

Bei der Anwendung dieser allgemeinen Gleichung auf konkrete reaktionstechnische Systeme sind folgende Besonderheiten zu beachten:

- Durch die im Term „Änderung durch chemische Reaktion" auftretenden temperatur- und konzentrationsabhängigen Reaktionsgeschwindigkeiten ist die Enthalpiedichtebilanz mit den Stoffbilanzgleichungen (vgl. Abschnitt 3.2) gekoppelt. Sie müssen also bei Berechnungen in einem Gleichungssystem zusammengeführt werden.
- Wärmebilanzgleichungen sind mit Ausnahme rein adiabatischer Prozesse immer mit der Unstetigkeit des Wärmedurchganges durch eine Wärmeaustauschfläche A_W auf ein Heiz- oder Kühlmedium der Temperatur T_W verbunden. Nur bei ideal durchmischten Reaktoren kann der Übergangsterm problemlos in die rechnerische Auswertung der Bilanzgleichung einbezogen werden. Treten in einer Reaktionsmasse jedoch Wärmeleitungsvorgänge auf, dann ist der Wärmedurchgang in Form von Randbedingungen oder von Kopplungsgleichungen zwischen den Enthalpiedichtebilanzgleichungen für zwei Phasen zu formulieren.

Aus der Anwendung der allgemeinen Wärmebilanzgleichung auf konkrete reaktionstechnische Systeme lassen sich grundlegende Schlussfolgerungen für die Reaktionstechnik ziehen:

- Beim **diskontinuierlichen Idealkessel (DIK)** ist durch die ideale Vermischung die Temperatur der Reaktionsmasse an allen Punkten gleich. In der Bilanzgleichung entfällt somit der Term „Änderung durch Wärmeleitung", weil keine Temperaturgradienten auftreten. Die Temperatur der Reaktionsmasse kann sich aber zeitlich ändern, wenn die bei Reaktionsablauf verbrauchte oder freiwerdende Enthalpie nicht durch Wärmeaustauschmaßnahmen kompensiert wird.
- Bei einem **kontinuierlichen Idealkessel (KIK)** ist im stationären Zustand die Temperatur sowohl örtlich als auch zeitlich konstant. Aus der Differenzialgleichung

3

wird eine algebraische Gleichung. Mit ihr läßt sich rechnerisch ermitteln, ob bei exothermen Reaktionen ein adiabatischer Betrieb zulässig ist oder wie groß die erforderliche Wärmeaustauschleistung sein muss, damit ein vorgegebener Wert für die stationäre Temperatur der Reaktionsmasse nicht überschritten wird.

- Laufen chemische Prozesse mit deutlich von null verschiedener Reaktionsenthalpie in einem turbulent durchströmten Rohrreaktor ab (**Idealrohr, IR**), dann tritt bei adiabatischer Prozessführung im stationären Zustand über die Rohrlänge ein zeitlich stabiles Temperaturprofil auf. Radiale Temperaturgradienten können sich dabei nicht ausbilden, weil die turbulente Strömung für eine hohe Quervermischung sorgt. Durch einen äußeren Wärmeaustauschmantel kann das axiale Temperaturprofil abgeflacht werden, eine einheitliche Temperatur über die gesamte Rohrlänge ist praktisch aber nicht erreichbar. Dieser Betriebszustand zwischen isothermer und adiabatischer Reaktionsführung kann bei allen Reaktortypen auftreten und wird als **polytrope Reaktionsführung** bezeichnet. Sie ist in der chemischen Industrie häufig anzutreffen, weil es bei vielen Reaktionen völlig ausreicht, z. B. durch Kühlung das Überschreiten vorgegebener Maximaltemperaturen zu verhindern. Das entstehende Temperaturprofil lässt sich für den stationären Zustand aus der Bilanzgleichung berechnen. Sie weist dabei die Form einer gewöhnlichen Differenzialgleichung auf, in der nur die Ableitung der Temperatur nach der Rohrlänge auftritt, weil die Ableitung der Temperatur nach der Zeit im stationären Zustand den Wert null ergibt.

- Bei nicht turbulent durchströmten Rohrreaktoren oder solchen mit einem im Verhältnis zur Länge relativ großem Durchmesser oder mit einer Festbettfüllung kann es zu erheblichen radialen Temperaturgradienten kommen. Wenn sich diese negativ auf das **Stabilitätsverhalten** oder das Reaktionsergebnis auswirken, lässt sich das nur durch Änderung der Reaktorkonstruktion umgehen. Die Bilanzgleichungen für Enthalpiedichte und Stoffkonzentrationen weisen beim Auftreten axialer und radialer Temperatur- und Konzentrationsgradienten die Form partieller Differenzialgleichung auf, die nur numerisch lösbar sind.

Welcher Reaktortyp und welche Temperaturführung für einen optimalen Ablauf (hohe Reaktionsgeschwindigkeit, hoher Umsatz, hohe Ausbeute, wenig Nebenprodukte) eines chemischen Prozesses erforderlich sind, hängt in erster Linie vom Typ der beteiligten chemischen Reaktionen und deren thermodynamischen und kinetischen Parametern ab. Wenn diese Aspekte bekannt sind, lässt sich mit Hilfe der Stoff- und Enthalpiebilanzgleichungen eine numerische **Prozesssimulation** zur Ermittlung optimaler Reaktionsbedingungen durchführen. Für die meisten nichtkomplexen Prozesse ist die isotherme oder polytrope, teilweise auch die adiabatische Reaktionsführung geeignet. Für Folgereaktionen, Parallelreaktionen und Gleichgewichtsreaktionen (Ammoniaksynthese, SO_2-Oxidation) ist eine umsatzabhängige Temperaturführung erforderlich. Rohrreaktoren mit zonenweise unterteiltem Wärmeaustauschmantel, Rührkesselkaskade oder Hordenreaktoren mit Zwischenkühlung sind dafür besonders geeignet. Bei sehr schnellen exothermen Reaktionen kann die Reaktionswärme oft nur mit dem Stoffstrom oder quasiadiabatisch aus der Reaktionszone abgeführt werden und muss unmittelbar danach in leistungsfähigen Kühleinrichtungen entfernt werden. Bei komplexen Reaktionssystemen ist in Abhängigkeit von der Temperatur ein unerwünschter Reaktionsablauf möglich. In Extremfällen kann es dabei zum Durchgehen des Reaktors kommen. Um dieser Möglichkeit vorzubeugen, sind rechnerische Untersuchungen zum Stabilitätsverhalten des Reaktors mit Schlußfolgerungen für die Reaktionsführung erforderlich.

Geringfügige Störungen der Prozessparameter sind in der Praxis nicht vermeidbar. Da Wärme- und Stoffbilanz über den Reaktionsgeschwindigkeitsterm gekoppelt sind, bedingen Konzentrationsänderungen Temperaturänderungen und umgekehrt. Ein chemischer Reaktor arbeitet dann an einem **stabilen Betriebspunkt**, wenn sich der stationäre Zustand nach Beseitigung der Störung wieder einstellt. Durch Lösung des Bilanzgleichungssystems lässt sich das Verhalten eines Reaktors bei derartigen Störungen berechnen.

Literatur

BAERNS, M.; HOFMANN, H.; RENKEN, A.: „Chemische Reaktionstechnik – Lehrbuch der Technischen Chemie", Bd. *1*, 3. Auflage, *Georg Thieme Verlag, Stuttgart/New York* **1999**, Kapitel 2.

FITZER, E.; FRITZ, W.; EMIG, G.: „Technische Chemie – Einführung in die Chemische Reaktionstechnik", Springer-Lehrbuch, 4. Auflage, *Berlin/Heidelberg/New York* **1995**, Kapitel 6, 7, 8.

3

3.3.1
Stabilitätsverhalten eines KIK – Adiabatische Reaktionsführung

Technisch-chemischer Bezug

Verzichtet man bei einer exothermen Reaktion auf technisch aufwendige und teure Temperaturlenkungsmaßnahmen, so verbleibt ein wesentlicher Teil der Reaktionswärme im Reaktor. Die Reaktion verläuft dann „quasiadiabatisch", weil nur noch Wärme über den Produktstrom aus dem Reaktor ausgetragen werden kann. Diese ökonomisch günstige Betriebsweise, weil mit niedrigen Investitionskosten verbunden, findet in der chemischen Industrie breite Anwendung. Beispiele sind in der heterogenen Gaskatalyse (Formaldehyd-Synthese), aber auch bei Flüssigphasenreaktionen (Emulsionspolymerisation) anzutreffen. Auch die adiabatische Absorption von HCl-Gas zur Herstellung von 33%iger Salzsäure im Gegenstromabsorber ist ein großtechnisches Beispiel für **Reaktionen ohne Temperaturlenkung**. Die beträchtliche Absorptionswärme wird durch verdampfendes Wasser (Absorptionsmittel) ausgetragen.

Grundlagen

Ein kontinuierlicher Idealkessel arbeitet bei vollständiger Rückvermischung homogen bezüglich Temperatur und Konzentration. Damit ergibt sich eine örtlich und zeitlich konstante Reaktionsgeschwindigkeit im Reaktor.

Bei einer irreversibel verlaufenden Reaktion 1. Ordnung $A \rightarrow P$ gilt für die Konzentration der Komponente A im stationären Betriebszustand mit $V_R \cdot d\, c_A/dt = 0$ folgende Stoffbilanz:

$$c_A^{ein} \cdot \dot{v}^{ein} \; - \; c_A^{aus} \cdot \dot{v}^{aus} = -V_R\, r_A, \text{ mit } r_A = v_A \cdot r = -k \cdot c_A. \tag{1}$$

Unter Berücksichtigung der Umsatzdefinition und der Raumzeit τ wird aus Gleichung (1):

$$\tau_{KIK} = -c_{A,0} \cdot U_A/r_A. \tag{2}$$

Die Wärmebilanz des kontinuierlichen Idealkessels im stationären Zustand wird bestimmt durch den bei exothermer Reaktion erzeugten Wärmestrom und den durch Wärmeabführung verminderten Wärmestrom.

Im Falle der **adiabatischen** Arbeitsweise gilt für eine volumenbeständige Reaktion die Wärmebilanz:

$$\dot{v}\rho c_p \left(T^{aus} \; - \; T^{ein}\right) = r\left(-\Delta_R H\right) \cdot V_R. \tag{3}$$

Trotz des konvektiven Wärmetransportes aus dem Reaktor handelt es sich definitionsgemäß um eine adiabatische Reaktionsführung, weil die Reaktionswärme in den abströmenden Volumenelementen der Reaktionsmasse verbleibt. Kombiniert man die Wärmebilanzgleichung (3) mit der Stoffbilanzgleichung (2) und formt um, so erhält man

$$T^{aus} - T^{ein} = \frac{c_{A,0} \, (-\Delta_R H)}{\rho \cdot c_p} \cdot U_A. \tag{4}$$

Aus Gleichung (4) ergibt sich mit

$$(T^{aus} - T^{ein}) \cdot \frac{1}{U_A} = \Delta T_{ad}$$

die bei adiabatischer Arbeitsweise und vollständigem Umsatz ($U_A = 1$) maximal erreichbare Temperaturerhöhung im Reaktor ΔT_{ad}. Die Einschränkung, dass ein Teil der Reaktionswärme zum Aufheizen des Reaktors verbraucht wird, wie das beim Batch-Reaktor der Fall ist, gilt für den stationären KIK nicht.

Stabilitätsverhalten des kontinuierlich betriebenen Idealkessels (KIK)

Stellt man den im KIK durch exotherme Reaktion anfallenden Wärmestrom $\dot{Q}_R$ in einem Wärmestrom/Temperatur-Diagramm dar (s. Abb. 3.21), so ergibt sich eine S-förmige **Wärmeerzeugungskurve**. Dieser nichtlineare Verlauf hat seine Ursache in der exponentiellen Abhängigkeit der Reaktionsgeschwindigkeit von der Temperatur im Reaktionsterm der Wärmebilanzgleichung:

$$\dot{Q}_R = k_0 \, e^{-E_A/RT} \cdot c_A \, (-\Delta_R H) \, V_R.$$

Unter der vereinfachenden Annahme, dass die Dichte und die Wärmekapazität der Reaktionsmasse konstant sind, errechnet sich der konvektiv mit dem austretenden Stoffstrom abgeführte Wärmestrom $\dot{Q}_K$ zu:

$$\dot{Q}_K = \dot{v}\rho c_p \, (T^{aus} - T^{ein}). \tag{5}$$

Das ist die Gleichung für die **Wärmeabführungsgerade.** Im Schnittpunkt von Wärmeerzeugungskurve und Wärmeabführungsgeraden arbeitet der Reaktor stationär (s. Gl. (3)). Durch Vergrößerung des Volumenstromes $\dot{v}$ wird die Neigung der Wärmeabführungsgerade von a nach b verändert (s. Abb. 3.21). Die Erhöhung der Eingangstemperatur von T_1^{ein} nach T_2^{ein} verschiebt die Wärmeabführungsgerade von a nach c. Dabei ändert sich die Zahl der möglichen stationären Betriebszustände. Betrachtet man die in Abb. 3.21 dargestellten stationären Betriebspunkte S_1, Z, S_2 und S_3, so kann man aus dem Anstieg der sich in den Punkten kreuzenden Kurven Aussagen

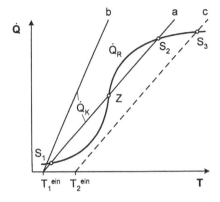

Abb. 3.21. Arbeitspunkte eines adiabatisch betriebenen kontinuierlichen Rührkessels für eine exotherme, irreversible Reaktion

über das Betriebsverhalten in der Umgebung dieser Punkte machen. Verläuft die Wärmeerzeugungskurve in einem Punkte (z. B. Punkt Z) steiler als die Wärmeabführungsgerade, so wird bei einer geringen Temperaturänderung, die durch äußere Störungen hervorgerufen wird, dieser Zustand verlassen. Ist die Störung eine Temperaturerniedrigung, wird der neue Betriebspunkt S_1 sein, ist die Störung eine Temperaturerhöhung, wird die Reaktion auf dem höheren Temperaturniveau S_2 fortgesetzt. Der Arbeitspunkt Z ist ein **instabiler, stationärer Betriebspunkt**. Die stationären Arbeitspunkte S_1, S_2, S_3 sind **stabile Betriebspunkte**, weil hier die Wärmeabführungsgerade steiler als die Wärmeerzeugungskurve verläuft. Temperaturstörungen werden durch eine mögliche höhere Kühlleistung ausgeglichen. Ein stabiler Betriebspunkt liegt gewöhnlich dann vor, wenn nach Aufhebung der Störung das System von selbst in den alten Zustand zurückkehrt. Als **Stabilitätskriterium** gilt die Ungleichung:

$$\frac{d\,\dot{Q}_K}{dT} > \frac{d\,\dot{Q}_R}{dT}.$$

Aufgabenstellung

Am Beispiel einer irreversiblen, exothermen, volumenbeständigen Reaktion soll in einem kontinuierlichen Idealkessel (KIK) der stationäre Betriebszustand eingestellt und seine Stabilität untersucht werden. Im Experiment läuft die Hydrolyse von Essigsäureanhydrid (ESA) in einer homogene Flüssigphasenreaktion

$$(CH_3CO)_2O + H_2O \rightarrow 2\ CH_3COOH \qquad \Delta_R H = -37{,}3\ kJ/mol$$

nach pseudoerster Ordnung ab, wenn die Bedingung $c_{H_2O} \gg c_{ESA}$ erfüllt ist.

Der KIK wird **adiabatisch** betrieben, d. h. die Abfuhr der Reaktionswärme aus dem Reaktor ist nur über die strömende Reaktionsmasse möglich.

Variable Betriebsparameter sind:
- die Eingangskonzentrationen $c_{H_2O}^{ein}$, c_{ESA}^{ein},
- die Eingangstemperaturen der Edukte,
- die Raumzeit.

Für zwei Versuche mit variierten Parametern sind die stationären Betriebspunkte zu bestimmen. Die Umsatzbestimmung erfolgt nach drei verschiedenen Methoden (Berechnung aus der Raumzeit τ, Titration der gebildeten Essigsäure, Leitfähigkeitsmessung).

In einem Wärmestrom/Temperatur-Diagramm sind die Wärmeerzeugungskurve und die Wärmeabführungsgerade grafisch darzustellen. Dieses Diagramm sowie die Genauigkeit der Methoden zur Umsatzbestimmung sind zu diskutieren.

Versuchsaufbau und -durchführung

Der Versuchsaufbau ist schematisch in Abb. 3.22 dargestellt. Aus den Vorratsgefäßen für destilliertes Wasser und Essigsäureanhydrid werden die Edukte mit Hilfe zweier Schlauchpumpen 2 zunächst durch Wärmetauscher 3 zum Erreichen konstanter Eingangstemperaturen und dann in das Reaktionsgefäß 1 gepumpt. Der Reaktor selbst ist ein mit Vakuummantel versehenes Glasgefäß. **Achtung:** Essigsäureanhydrid ist stark ätzend sowie haut- und schleimhautreizend!

Die Reaktionsprodukte werden über einen Überlauf 7, mit dessen Hilfe der Füllstand im Reaktor verändert werden kann, ausgetragen. Die Durchmischung der Edukte erfolgt mit einem KPG-Rührer.

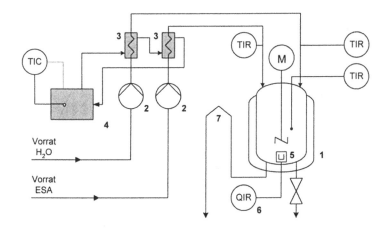

1	Reaktor mit evakuiertem	4	Thermostat
	Doppelmantel	5	Leitfähigkeitsmesszelle
2	Schlauchpumpe	6	Leitfähigkeitsmessung
3	Wärmetauscher	7	Überlauf zum Produktaustrag

Abb. 3.22. Schematische Darstellung der Versuchsapparatur

Über die Leitfähigkeitsmesszelle 5 am Reaktorboden kann der Reaktionsverlauf erfasst werden. Die Eingangstemperaturen der Edukte sowie die Reaktortemperatur werden mit Hilfe von Thermoelementen gemessen und registriert.

Vorbereitung der Messungen
- Die Eingangstemperatur der Edukte ist am Thermostat 4 einzustellen.
- Die Volumenströme für Wasser und Essigsäureanhydrid (ESA) sind an den Schlauchpumpen 2 einzustellen.
- Bei konstanter Temperatur im Thermostatbad kann durch Starten beider Pumpen der Versuch begonnen werden.

Durchführung der Messungen
- Die Füllzeit des Reaktors bei eingeschaltetem Rührer wird gestoppt (vom Pumpenstart bis zum Flüssigkeitsaustritt am Reaktorüberlauf). Der Zeitwert dient zur Berechnung der Raumzeit τ. Reaktionsbeginn ($t = 0$) ist der gefüllte Reaktor.
- Die Eingangstemperaturen (Wasser, ESA), die Reaktortemperatur und die Leitfähigkeit werden kontinuierlich von einem Registriergerät erfasst.
- In Intervallen von 10 min ist am Auslauf des Reaktors ca. 15 ml Probe zur Umsatzbestimmung durch Titration zu entnehmen.
- Davon werden je 5 ml Probe in 2 ERLENMEYER-Kolben gegeben. In Kolben 1 (Probe 1) ist 1 ml Anilin vorzulegen und nach Probenzugabe gut zu schütteln, damit das nicht umgesetzte Anhydrid mit Anilin gebunden werden kann (weiß-gelber Niederschlag). Probe 2 bleibt unbehandelt.
- Beide Proben werden dann mit Bromthymolblau gegen 1 n NaOH titriert (Farbumschlag gelb – blau).
  Erklärung der Titration:

Probe 1:

$$CH_3COOH + NaOH \rightarrow CH_3COONa + H_2O$$

Probe 2: $\quad CH_3COOH + NaOH \rightarrow CH_3COONa + H_2O$
$(CH_3CO)_2O + 2\,NaOH \rightarrow 2\,CH_3COONa + H_2O$

- Ist der stationäre Zustand im Reaktor erreicht (ca. 50 bis 60 min), kann der Versuch durch Abschalten der Pumpen beendet werden.
- Der gesamte Reaktorinhalt wird zur Ermittlung des Reaktorvolumens V_R in einen Messzylinder entleert.

Achtung: Nach Abschluss aller Versuche sind die Zuleitungen und der Reaktor mit Wasser zu spülen!

Hinweise zur Auswertung und Diskussion

1. Aus den vorgegebenen Volumenströmen sind die entsprechenden Masse- und Stoffmengenströme sowie die Zulaufkonzentrationen zu berechnen.
2. Die im stationären Zustand aus Berechnung (U_B), Titration (U_T) und Leitfähigkeit (U_L) ermittelten Umsatzwerte sind zu vergleichen und zu diskutieren.
3. Aus U_B ist für den stationären Zustand die erzeugte Wärmemenge und mit der Konvektionsgleichung die abgeführte Wärmemenge zu berechnen.
   Die benötigten Reaktor- bzw. Eingangstemperaturen sind durch Mittelwertbildung aus den letzten 10 registrierten Messdaten zu gewinnen. Als Raumzeit für die Umsatzberechnung ist der Mittelwert aus der Füllzeit und der aus $\tau = V_R/\dot{v}$ berechneten Raumzeit zu verwenden.
4. Für die Berechnung der Wärmeerzeugungskurve sind der theoretische Umsatz und daraus die erzeugte Wärmemenge zu ermitteln, wenn die gemittelte Raumzeit τ und die Abhängigkeit der Reaktionsgeschwindigkeitskonstanten der Hydrolyse von Essigsäureanhydrid von der Temperatur bekannt sind:

T in K	373	363	353	343	333	323	313	303	293	283	273	263	253
k in min⁻¹	5,4	3,8	2,45	1,55	1,025	0,6	0,38	0,21	0,118	0,057	0,027	0,013	0,005

Damit ist eine grafische Darstellung der Wärmeerzeugungskurve im $\dot{Q}$-T-Diagramm möglich. In dieses Diagramm ist die Wärmeabführungsgerade für den gefundenen stationären Betriebspunkt einzutragen. Sie ist die Verbindung zwischen Eingangstemperatur (Mittelwert T_{ESA}, T_{H_2O}, $\dot{Q}_R = 0$) und dem Punkt für die stationären Bedingungen (T^{aus}; $\dot{Q}_R = \dot{Q}_{R,stat.}$).

5. In der Diskussion sind die Umsatzbestimmungsmethoden zu vergleichen. Die Lage der Wärmeerzeugungskurve, der Wärmeabführungsgeraden und ihre Schnittpunkte sind zu diskutieren.
6. Berechnungsalgorithmus:
   Volumenstrom $\dot{v}$ in ml min⁻¹

$$\dot{v} = \dot{v}_{ESA} + \dot{v}_{H_2O}$$

Massenstrom $\dot{m}$ in g min⁻¹   Dichte ρ in g ml⁻¹

$$\dot{m}_{ESA} = \dot{v}_{ESA} \cdot \rho_{ESA} \qquad \rho^{20}_{ESA} = 1,081$$
$$\dot{m}_{H_2O} = \dot{v}_{H_2O} \cdot \rho_{H_2O} \qquad \rho^{20}_{H_2O} = 0,998$$
$$\dot{m} \quad = \dot{m}_{ESA} + \dot{m}_{H_2O}$$

Molenstrom $\dot{n}$ in mol min⁻¹   Molmasse M in g mol⁻¹

$$\dot{n}_{ESA} = \dot{m}_{ESA}/M_{ESA} \qquad M_{ESA} = 102,09$$
$$\dot{n}_{H_2O} = m_{H_2O}/M_{H_2O} \qquad M_{H_2O} = 18,00$$

Eingangskonzentration c in g ml⁻¹

$$c_{ESA} = \dot{m}_{ESA}/\dot{v}$$
$$c_{H_2O} = \dot{m}_{H_2O}/\dot{v}$$

3

Raumzeit τ in min	V_R	Volumen der Reaktionsmasse
$\tau = V_R/\dot{v}$	k	Geschwindigkeitskonstante (s. Tabelle)
	w	Verbrauch an NaOH in ml für Probe 1 und 2

Umsatz (berechnet)	c_{HAc}	Konzentration der Essigsäure
$U_{ESA,B} = (1 + 1/k\,\tau)^{-1}$	M_{HAc}	60,05 g mol^{-1}
	$\Delta_R H$	$-37{,}3$ kJ/mol

Umsatz (Titration)
$$U_{ESA,T} = (2\,w_1/w_2) - 1$$

Umsatz (Leitfähigkeitsmessung)
$$U_{ESA,L} = 2\,\dot{n}_{HAc}/\dot{n}_{ESA}$$
$$U_{ESA,L} = 2\,c_{HAc}m/M_{HAc}\,\dot{n}_{ESA}$$

Reaktionswärme $\dot{Q}_R$
$$\dot{Q}_R = -\Delta_R H \cdot \dot{n}_{ESA} \cdot U_{ESA,B}$$

Durch Konvektion abgeführte Wärmemenge
$$\dot{Q}_K = c_{p,ESA}\,(T^{aus} - T^{ein}_{ESA})\dot{m}_{ESA} + c_{p,H_2O}\,(T^{aus} - T^{ein}_{H_2O})\dot{m}_{H_2O}$$

Literatur

FITZER, E.; FRITZ, W.; EMIG, G.: „Technische Chemie – Einführung in die Chemische Reaktionstechnik", Springer-Lehrbuch, 4. Auflage, *Berlin/Heidelberg/New York* **1995**, Kapitel 8.5.

3.3.2
Stabilitätsverhalten eines KIK –
Isotherme Reaktionsführung

Technisch-chemischer Bezug

Bei der chemischen Prozessführung ist die Reaktionstemperatur eine der wichtigsten Variablen. Chemische Reaktionen, bei denen eine beträchtliche Wärmetönung auftritt, bedürfen einer Führung des Temperaturverlaufs während der Reaktion. Der starke Einfluss der Temperatur auf die Reaktionsgeschwindigkeit erfordert Maßnahmen, die eine unzulässige Erhöhung oder Absenkung der Temperatur im Reaktor verhindern (**Temperaturlenkung**).

Eine Maßstabsvergrößerung vom Labor- über den Technikums- zum großtechnischen Reaktor verstärkt diese Problematik noch dadurch, dass z. B. Vermischungsvorgänge und Wärmetransportvorgänge im großen Maßstab schwerer beherrschbar sind.

Allgemein gilt, dass Abweichungen der Temperatur vom optimalen Wert unerwünschte Auswirkungen auf den Reaktionsablauf (zu schneller oder zu langsamer Verlauf), die Produktmenge (Ausbeuteverminderung bei Gleichgewichtsreaktionen), die Produktqualität und -selektivität (durch Neben- und Folgereaktionen) sowie die Reaktorsicherheit (Durchgehen des Reaktors) nach sich ziehen können. Reaktorauslegungen müssen deshalb unter Berücksichtigung des Wärmetransportes erfolgen.

Grundlagen

Die isotherme Arbeitsweise eines KIK ist dadurch gekennzeichnet, dass die Temperaturen der zu- und ablaufenden Volumenelemente gleich groß sind: $T^{aus} = T^{ein}$.

Um das zu erreichen, muss gegenüber dem adiabatischen Betrieb die gesamte Reaktionswärme durch leistungsfähige Wärmeübertragungseinrichtungen zu- (endotherme Reaktion) oder abgeführt (exotherme Reaktion) werden. Die Wärmebilanzgleichung (s. Gl. (3) im Versuch 3.3.1 „Stabilitätsverhalten eines KIK – Adiabatische Reaktionsführung" ist dann um den Austauschterm (Wärmedurchgangskoeffizient multipliziert mit der Austauschfläche und der Temperaturdifferenz Reaktionsmasse – Kühlmittel) zu erweitern:

$$r(-\Delta_R H) \cdot V_R = \dot{v}\rho c_p \left(T^{aus} - T^{ein}\right) + k_W \cdot A_W \left(T^{aus} - T_K\right). \tag{1}$$

In Abb. 3.23 ist der Austauschterm als Gerade b eingezeichnet. Konvektive Wärmeabfuhr a und Kühlung b summieren sich zur Wärmeabführungsgeraden c.

Im Falle des temperaturgelenkten KIK (isotherme Reaktionsführung) reicht das für den adiabatischen KIK formulierte Stabilitätskriterium nicht aus, um stets eine stabile Betriebsweise zu gewährleisten. Wie aus der simultanen Lösung der Stoff- und Wär-

3

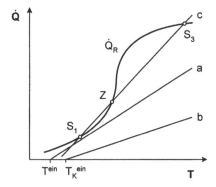

Abb. 3.23. Arbeitspunkte eines isotherm betriebenen kontinuierlichen Rührkessels für eine stark exotherme, irreversible Reaktion

mebilanzgleichungen für den instationären Betriebszustand hervorgeht, kann es zu Instabilitäten (z. B. oszillierende Temperatur- und Konzentrationsschwankungen) im Reaktionsablauf kommen, obwohl nach dem Steigungskriterium ein stabiler Betriebspunkt vorliegt.

Aufgabenstellung

In einem kontinuierlich betriebenen Idealkessel (KIK) wird nach Einstellung der geforderten Werte für die Betriebsparameter im allgemeinen ein **stationärer Betriebszustand** erreicht. Bei stark exothermen Reaktionen ist jedoch für bestimmte Arbeitsbereiche **instabiles Verhalten** möglich. Es werden Schwingungen der Konzentration und der Reaktionstemperatur gemessen, die zu einem stabilen Zyklus (oszillatorische Instabilität) oder zum Durchgehen der Reaktion führen können.

Anhand der durch Fe^{3+}-Ionen katalysierten exothermen Oxidation von Ethanol mit Wasserstoffperoxid zur Essigsäure

$$C_2H_5OH + 2\,H_2O_2 \rightarrow CH_3COOH + 3\,H_2O$$

soll in einem KIK mit Kühlung instabiles Verhalten untersucht werden.

Variable Versuchsparameter sind die Zulaufkonzentrationen, die Katalysatorkonzentration und die Kühlbedingungen (Kühlwasservolumenstrom, -temperatur). Im Versuch soll gezeigt werden, dass der KIK als ein System von Energie- und Massespeicher angesehen werden kann, bei dem das dynamische Wechselspiel zwischen Wärmeerzeugung und Stoffumsatz zu **Oszillationen** der Temperatur (Enthalpie) und der Konzentration der Reaktionsmasse führt.

Versuchsaufbau und -durchführung

Abbildung 3.24 zeigt das Schema der Versuchsapparatur.

Vor Versuchsbeginn sind folgende Edukte bereitzustellen:

- Die Konzentration der wässrigen Ethanollösung ist im Bereich von 1,3 bis 1,5 mol/l variabel (Dichte von Ethanol: 0,789 g/cm³). Pro Liter ethanolischer Lösung sind 0,33 g $Fe(NO_3)_3$ als Katalysator einzusetzen.
- Die Konzentration des Wasserstoffperoxids ist im Bereich von 2 bis 4 mol/l variabel. Es kommt 30%iges H_2O_2 zum Einsatz (Dichte: 1,11 g/cm³).

Die gut durchmischten Lösungen werden in die Vorratsgefäße der Apparatur überführt.

Achtung: Wasserstoffperoxid verursacht bei Hautkontakt Verätzungen!

Vorbereitung der Messungen

- Nach Inbetriebnahme aller Geräte wird die Thermostattemperatur für die Temperierung der Edukte auf 55 °C gestellt.

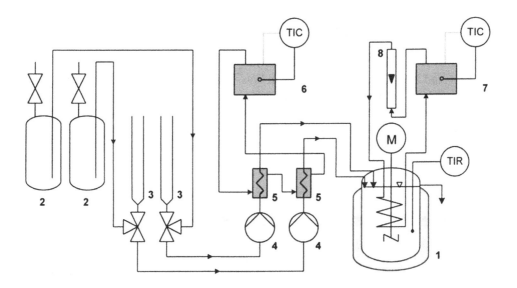

1	Reaktor mit Isolierung	5	Wärmetauscher
2	Vorratsgefäße für ethanolische und H_2O_2-Lösung	6	Thermostat zur Temperierung der Edukte
3	Messbürette	7	Thermostat zur Reaktorkühlung
4	Dosierpumpe	8	Rotameter für Kühlwasserstrom

Abb. 3.24. Schematische Darstellung der Versuchsapparatur

- Die Thermostattemperatur zur Reaktorkühlung muss 50 °C betragen. Sind die Thermostattemperaturen konstant, folgen die Arbeitsschritte:
- Einregulierung der Reaktorkühlung auf den vorgegebenen Volumenstrom und Konstanthaltung während der Dauer des Versuches.
- Es ist für einen luftblasenfreien Übertritt der Edukte aus dem Vorratsgefäß in die Messbüretten zu sorgen.
- Durch Inbetriebnahme der Dosierpumpe ist zunächst nur alkoholische Lösung in den Reaktor zu pumpen. Die Messbüretten gestatten die Einstellung eines konstanten Eduktstromes. Der Volumenstrom der ethanolischen Lösung soll max. 3 l/h betragen.

Durchführung der Messungen

- Ist der Reaktor mit ethanolischer Lösung gefüllt (Überlauf), wird der Rührmotor gestartet und die Dosierung der H_2O_2-haltigen Lösung zugeschaltet.
- Die Messung des Volumenstromes der H_2O_2-haltigen Lösung erfolgt gleichfalls mittels einer Messbürette.
- Die Konstanz der Volumenströme ist während des Versuches zu kontrollieren.
- Die H_2O_2-Dosierung ist ca. 2 Stunden zu betreiben. Während dieser Zeit ist der Temperaturverlauf am Registriergerät zu verfolgen.
- Ist auf dem Registriergerät das erste Temperaturmaximum erreicht, wird in Intervallen von 10 min. am Reaktorausgang eine Probe entnommen und das nicht umgesetzte H_2O_2 gegen 0,1 n $KMnO_4$-Lösung zurücktitriert.
  Dazu sind 5 ml Probe mit destilliertem Wasser zu verdünnen, mit 2 ml konzentrierter H_2SO_4 anzusäuern und nach ca. 1 min mit 0,1 n $KMnO_4$-Lösung bis zum bleibenden Farbumschlag nach rosa zu titrieren.
- Nach ca. 2 Stunden Versuchsdauer wird die Dosierung der Edukte beendet. Vorratsgefäße und Reaktor sind zu entleeren und einschließlich aller Zuleitungen mit Wasser zu spülen.

Hinweise zur Auswertung und Diskussion

1. Aus den Titrationswerten ist die Konzentration und der Umsatz des Wasserstoffperoxids zu berechnen und tabellarisch zusammenzustellen.
2. Die Zulaufkonzentration ist aus der Ansatzlösung durch Titration zu bestimmen.
3. Die Umsatz-Zeit-Kurve ist als Diagramm darzustellen:
   Ordinate → Umsatzwerte,
   Abszisse → normierte Zeitwerte (Zeitwert dividiert durch die Raumzeit, $\tau = V_R / \dot{v}$ mit $V_R = 700$ ml).
4. Die Temperatur-Zeit-Kurve ist als Diagramm darzustellen:
   Ordinate → normierte Temperaturwerte (erreichte Maximaltemperatur dividiert durch den aktuellen Temperaturwert)
   Abszisse → normierte Zeitwerte.

5. Der Verlauf beider Kurven ist zu diskutieren. Dabei ist die Dynamik zwischen Masse- und Energiespeicher als Ursache für einen Oszillationszyklus zu erklären.
6. Welche Art der Instabilität wurde erreicht: stabiler Schwingungszyklus, abklingende oder ansteigende Temperatur- und Konzentrationsschwingungen? Es ist Frequenz und Schwingungsdauer zu bestimmen.

Literatur

FITZER, E.; FRITZ, W.; EMIG, G.: „Technische Chemie – Einführung in die Chemische Reaktionstechnik", Springer-Lehrbuch, 4. Auflage, *Berlin/Heidelberg/New York* **1995**, Kapitel 8.

3

3.3.3
Adiabatische und polytrope Reaktionsführung im DIK

Technisch-chemischer Bezug

Die **Temperaturführung** im chemischen Reaktor kann **adiabatisch, isotherm** oder in einer Mischform, **polytrop**, erfolgen. Um eine optimale Temperaturführung im Reaktor zu gewährleisten sind sowohl thermodynamische und kinetische Aspekte der Reaktion als auch konstruktive Elemente des Reaktors zu berücksichtigen. Zu letzterem zählen neben dem Reaktortyp auch Maßnahmen zur Temperaturlenkung wie **direkter oder indirekter Wärmeaustausch**.

Reaktoren ohne Temperaturlenkung arbeiten adiabatisch, Reaktoren mit Temperaturlenkung isotherm oder polytrop.

Da Temperaturlenkungsmaßnahmen zusätzlichen technischen Aufwand und damit Kosten verursachen, wird man versuchen, die Reaktionswärme im System zu belassen und adiabatisch zu arbeiten. Bei stark exothermen Reaktionen ist das infolge der starken Wärmeentwicklung oft nicht möglich, z. B. im DIK. Auch die isotherme Arbeitsweise ist in großvolumigen Reaktionsapparaten infolge unvollständiger Durchmischung, die zu Temperaturgradienten im Reaktor führt, nicht realisierbar, so dass nur die polytrope Temperaturführung als Ausweg bleibt.

Mit der polytropen Reaktionsführung akzeptiert man örtliche (IR, KIK) und zeitliche (DIK) Temperaturänderungen im Reaktor, die man durch direkten oder indirekten Wärmeaustausch verringern kann.

Grundlagen

Exotherme Flüssigphasenreaktionen werden im technischen Maßstab vielfach im indirekt gekühlten (Kühlschlange, Mantelkühlung) oder direkt gekühlten (Verdampfung einer Komponente) Batch-Reaktor durchgeführt. Im Labormaßstab kann man im adiabatischen Batch-Reaktor kinetische Daten für die thermische Auslegung eines technischen Prozesses gewinnen. Weiterhin liefert der adiabatisch betriebene DIK Informationen über das Betriebsverhalten, z. B. über sicherheitstechnische Anforderungen.

Da der adiabatisch arbeitende Reaktor keine Wärme mit der Umgebung austauscht, gilt für die Energiebilanz bei konstanter spezifischer Wärme:

$$\frac{dT}{dt} = \frac{r\,(-\Delta_R H)}{\rho c_p}. \tag{1}$$

Die Stoffbilanz des DIK lautet bei konstantem Reaktionsvolumen für eine einfache Reaktion 1. Ordnung $A \rightarrow P$:

$$\frac{d\,c_A}{dt} = -\,k\,c_A = r_A. \tag{2}$$

Durch Differenziation der Umsatzgleichung $U_A = \dfrac{c_{A,0} - c_A}{c_{A,0}} = \left(1 - \dfrac{c_A}{c_{A,0}}\right)$ zu:

$$d\,U_A = -\frac{d\,c_A}{c_{A,0}}$$

und Einsetzen in die Gleichung (2) ergibt sich:

$$c_{A,0}\,\frac{d\,U_A}{dt} = -r_A = r. \tag{3}$$

Aus der Gleichung (3) und Gleichung (1) erhält man durch Eliminieren von r:

$$dT = \frac{c_{A,0}\,(-\Delta_R H)}{\rho c_p} \cdot d\,U_A. \tag{4}$$

Die Integration von Gleichung (4) liefert:

$$T - T_0 = \frac{c_{A,0}\,(-\Delta_R H)}{\rho c_p} \cdot U_A. \tag{5}$$

In Gleichung (5) ist

$$\frac{c_{A,0}\,(-\Delta_R H)}{\rho c_p} = \Delta T_{ad} \tag{6}$$

die bei vollständigem Umsatz ($U_A = 1$) und adiabatischer Betriebsweise maximal erreichbare Temperaturerhöhung. Weil jedoch ein Teil der durch Reaktion erzeugten Wärme zum Aufheizen des Reaktors verloren geht, gilt:

$$\Delta T_{ad} = \Delta T_{max}(1 + b), \text{ mit } b > 0, \quad \text{d. h. } \Delta T_{max} < \Delta T_{ad}. \tag{7}$$

Führt man eine hinreichend schnelle exotherme Reaktion im DIK adiabatisch durch, so lässt sich ΔT_{max} als Maximalwert des zeitlichen Temperaturverlaufes der Messkurve direkt entnehmen. ΔT_{ad} lässt sich aus den Stoffwerten berechnen (s. Gl. (6)). Für Polymerisationen können adiabatische Temperaturerhöhungen um hundert bis über tausend Grad errechnet werden. Das hat zur Folge, dass bei großen Reaktionsvolumina und ungünstigem Verhältnis von Volumen der Reaktionsmasse zu Kühlfläche erhebliche Wärmeabführungsprobleme auftreten können. Legt man die Stoffbilanzgleichung des DIK (2) zugrunde, so lassen sich mit der Beziehung

$$U_A = \frac{T - T_0}{\Delta T_{max}}, \text{ für } b \ll 1, \text{ vgl. Gleichungen (5) und (7)} \qquad (8)$$

durch Messung der adiabatischen Temperaturerhöhung die aufwendigen Umsatz-bestimmungen durch Temperaturmessungen ersetzen.

Dazu setzt man in Gleichung (3) für $r_A = -k\, c_{A,0}\, (1 - U_A)$ ein und erhält:

$$\frac{d\, U_A}{1 - U_A} = k \cdot dt. \qquad (9)$$

Mit Gleichung (8) liefert die Stoffbilanz einer Reaktion erster Ordnung die zur Berechnung von Reaktionsgeschwindigkeiten bei adiabatischen Messungen zu verwendende Gleichung:

$$k = f(T) = \frac{1}{\Delta T_{max}(1 - \dfrac{T - T_0}{\Delta T_{max}})} \cdot \frac{dT}{dt}. \qquad (10)$$

Aufgabenstellung

Es ist das thermische Verhalten eines diskontinuierlich betriebenen Rührkessels (DIK) zu untersuchen, in dem die stark exotherme Zersetzungsreaktion

$$H_2O_2 \xrightarrow{Fe^{3+}} H_2O + 0{,}5\ O_2 \qquad \Delta_R H = -94{,}8 \text{ kJ/mol}$$

unter adiabatischen bzw. polytropen Bedingungen abläuft. Die Zersetzungsreaktion verläuft irreversibel, nach 1. Ordnung bezüglich H_2O_2, und wird durch Fe^{3+}-Ionen homogen katalysiert.

- Für vorgegebene Werte der Starttemperatur und der H_2O_2-Konzentration ist unter **adiabatischer Reaktionsführung** eine Temperatur-Zeit-Kurve aufzunehmen.
- Die im Experiment erreichte Maximaltemperatur ΔT_{max} ist zu ermitteln und mit der maximal erreichbaren Temperaturänderung ΔT_{ad} zu vergleichen.
- Die Geschwindigkeitskonstante des H_2O_2-Zerfalls ist in Abhängigkeit von der Temperatur zu berechnen und die Aktivierungsenergie grafisch zu ermitteln.
- Für die H_2O_2-Zerfallreaktion sind für variable Versuchsparameter bei **polytroper Prozessführung** Temperatur-Zeit-Kurven aufzunehmen. Der Kurvenverlauf und die erreichten Maximaltemperaturen sind hinsichtlich der gewählten Versuchsbedingungen zu diskutieren.

Versuchsaufbau und -durchführung

Die Aufnahme des zeitlichen Temperaturverlaufs der Zerfallsreaktion unter adiabatischen Bedingungen wird in einem DEWAR-Gefäß (s. Abb. 3.25a) bzw. unter polytropen Bedingungen in einem temperierten Reaktionsgefäß (s. Abb. 3.25b) durchgeführt. In beiden Fällen wird durch die Messung der Thermospannung eines im Reaktionsgefäß befindlichen Thermoelementes über ein Registriergerät die Temperatur-Zeit-Kurve aufgenommen.

Adiabatische Reaktionsführung
- Die Versuchsapparatur entspricht der schematischen Darstellung in Abb. 3.25a.
- Die Edukte (H_2O_2-Lösung, Katalysatorlösung) sind in die temperierbaren Zulauftrichter zu überführen. **Achtung:** Wasserstoffperoxid verursacht bei Hautkontakt Verätzungen!
- Zur Temperierung der Edukte ist der Thermostat auf die gewünschte Temperatur einzustellen.
- Nach ausreichender Temperierung der Lösungen (ca. 10 min) sind die Hähne beider Zulauftrichter **gleichzeitig** zu öffnen. Die Edukte fließen bei eingeschaltetem Rührer in den Reaktor (Reaktionsstart). Ab dem Start der Reaktion ist der Temperaturverlauf bis zum Abklingen der Temperatur-Zeit-Kurve nach Erreichen des Temperaturmaximums ΔT_{max} aufzunehmen.

Polytrope Reaktionsführung
- Die Versuchsapparatur entspricht der schematischen Darstellung in Abb. 3.25b.
- Die gewünschte Thermostattemperatur ist einzustellen.
- Im Reaktor ist die H_2O_2-Lösung vorzulegen und zu temperieren.

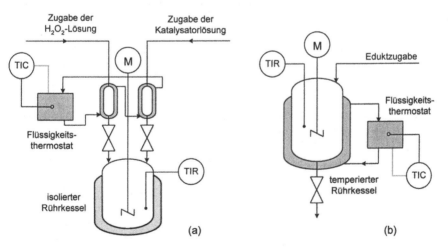

Abb. 3.25. Schematische Darstellung der Versuchsapparaturen für adiabatische (a) und polytrope (b) Reaktionsführung

- Die Katalysatorlösung ist in einem Reagenzglas im Thermostatbad vorzutemperieren.
- Rührer und Registriergerät sind einzuschalten.
- Nach erreichter Temperaturkonstanz ist die Katalysatorlösung zügig zum Reaktorinhalt hinzu zu geben und der Temperaturverlauf im Reaktor bis zum Abklingen der Temperatur-Zeit-Kurve nach Erreichen des Temperaturmaximums aufzunehmen.
- Nach Ablassen der Reaktionslösung durch das Bodenablassventil und Spülen des Reaktors können weitere Versuche durchgeführt werden.

Hinweise zur Auswertung und Diskussion

1. Es ist mit Hilfe der reaktionsspezifischen Konstanten des H_2O_2-Zerfalls die adiabatische Temperaturerhöhung ΔT_{ad} für den vollständigen Umsatz zu berechnen ($\Delta_R H = -94{,}8$ kJ/mol, $c_p = 4{,}1$ J/kg, $\rho = 1{,}2$ g/cm^3) und mit der gemessenen Temperaturänderung ΔT_{max} zu vergleichen. Die ermittelten Daten ΔT_{ad}, ΔT_{max} und b sind zu diskutieren.
2. Es ist das Wärmeerzeugungspotenzial Σ nach $\Sigma = \Delta T_{ad} \cdot \dfrac{E_A}{RT^2}$ zu berechnen. Dabei ist für T der Mittelwert aus Anfangstemperatur und Maximaltemperatur einzusetzen.
3. Die Reaktionsgeschwindigkeitskonstante der Zerfallsreaktion bei verschiedenen Temperaturen ist zu berechnen. Dazu wird an mindestens 5 verschiedenen Punkten der unter adiabatischen Bedingungen gemessenen Temperatur-Zeit-Kurve die Steigung $\Delta T / \Delta t$ bestimmt. Die Gleichung (10) liefert die Reaktionsgeschwindigkeitskonstante.
4. Die Aktivierungsenergie der Reaktion ist grafisch aus der Temperaturabhängigkeit der Geschwindigkeitskonstanten (ARRHENIUS-Gleichung) zu bestimmen.
5. Für die polytrope Reaktionsführung ist die Parameterempfindlichkeit des Reaktors zu diskutieren. Als Einflussgrößen kommen die Konzentration des Wasserstoffperoxids, der Wärmedurchgang zum Kühlmittel (Kühlmitteltemperatur) und die Wärmekapazität des Reaktors in Frage.

Literatur

FITZER, E.; FRITZ, W.; EMIG, G.: „Technische Chemie – Einführung in die Chemische Reaktionstechnik", Springer-Lehrbuch, 4. Auflage, *Berlin/Heidelberg/New York* **1995**, Kapitel 6